21世纪高等院校移动开发人才培养规划教材
21Shiji Gaodeng Yuanxiao Yidong Kaifa Rencai Peiyang Guihua Jiaocai

Android移动应用开发项目教程

李新辉 邹绍芳 主编　陈云志 周昕 吴红娉 副主编

Android Mobile Application
Development Tutorial

人民邮电出版社
北京

图书在版编目（CIP）数据

Android移动应用开发项目教程 / 李新辉，邹绍芳主编. -- 北京：人民邮电出版社，2014.9（2019.12重印）
21世纪高等院校移动开发人才培养规划教材
ISBN 978-7-115-35995-7

Ⅰ. ①A… Ⅱ. ①李… ②邹… Ⅲ. ①移动终端－应用程序－程序设计－高等学校－教材 Ⅳ. ①TN929.53

中国版本图书馆CIP数据核字(2014)第127247号

内 容 提 要

本书通过精心设计的 7 个工作项目，全程贯彻"做中学"理念，先实践认知，后理论拓展，由浅入深，让读者逐步掌握 Android 应用程序用户界面布局设计、2D 绘图和游戏设计、传感器、网络访问、LBS 地图相册开发等技术，在项目实践过程中理解 Android 基本开发技术、调试方法、项目重构技巧和规范的编码风格，掌握开发 Android 应用程序的方法。

本书项目 1 阐述 Android 应用程序开发环境的搭建；项目 2 讲解 BMI 体质指数计算器的开发，着重阐述基本组件的使用；项目 3 讲解 ColorCard 色卡应用程序的开发，着重阐述通过灵活布局组件构建动态界面的技术；项目 4 讲解 PT 拼图游戏的开发，着重阐述 2D 绘图知识、线程和游戏开发技术；项目 5 讲解 PhoneSecurity 手机防盗器的开发，着重阐述传感器、短信和电子邮件发送技术；项目 6 讲解 NewsReader 新闻阅读器的开发，着重阐述 ListView 等高级组件的使用和 XML/JSON 数据处理技术；项目 7 讲解 MapPhotos 地图相册的开发，着重阐述在应用程序中使用地图和相机拍照的技术。本书配有教学视频、习题参考等教学资源，方便老师教学。

本书可作为各高等院校移动互联网 Android 开发技术的教材，也可作为软件开发人员的参考用书。

◆ 主　编　李新辉　邹绍芳
　 副主编　陈云志　周　昕　吴红娉
　 责任编辑　王　平
　 责任印制　焦志炜

◆ 人民邮电出版社出版发行　北京市丰台区成寿寺路 11 号
　 邮编　100164　电子邮件　315@ptpress.com.cn
　 网址　http://www.ptpress.com.cn
　 北京九州迅驰传媒文化有限公司印刷

◆ 开本：787×1092　1/16
　 印张：20.75　　　　　　　 2014 年 9 月第 1 版
　 字数：535 千字　　　　　　2019 年 12 月北京第 6 次印刷

定价：46.00 元

读者服务热线：(010)81055256　印装质量热线：(010)81055316
反盗版热线：(010)81055315
广告经营许可证：京东工商广登字 20170147 号

前 言 PREFACE

Android 是 Google 公司和 OHA（开放手机联盟）开发的基于 Linux 的开源操作系统，主要用于智能手机、平板计算机等智能移动设备上。经过短短几年的发展，Android 系统在全球得到了大规模的推广，除智能手机和平板计算机外，还渗透到了智能电视、游戏机、可穿戴设备、汽车等领域，且有"连接一切"的趋势。据不完全统计，Android 系统已经占据了全球智能手机操作系统 80%以上的市场份额，中国市场占有率甚至超过 90%。

目前，作为国内高技能人才主要培养基地的高等院校，大部分都开设了计算机类相关专业。随着移动设备在人们日常工作和生活中的普及，近年来，不少院校还新增了移动互联网专业，在设置的课程中基本上都是把 Android 作为主要的移动应用开发技术。与此同时，市面上已经出现了一些 Android 技术开发的参考书，但针对本科或高职院校"职业教育过程"的 Android 技术教材不多，特别是学完之后就能具备实际项目开发能力的实用技术类教材更少。基于这一考虑，特编写本书。

本书具备如下 4 大特点。

（1）以 7 个相对独立的工作任务组织内容，践行"做中学"理念，进度符合学生认知规律，内容编排兼顾趣味性、知识性和实用性。

本书设计了 7 个相对独立的工作任务，除首个任务是搭建 Android 开发环境以外，其余 6 个工作任务都是经过精心设计的实用项目，包括体质指数计算器、色卡、拼图游戏、手机防盗器、新闻阅读器和地图相册。在这些项目的开发过程中，融入了 Android 开发的绝大部分技术，而且大部分项目都可以在 Google Play 市场找到相类似的产品。

在设计的 6 个项目中，每个项目都是按照"学习提示、任务引入、开发过程、知识拓展、问题实践"5 大步骤推进。

【学习提示】简要概述了本单元的任务目标、技术内容、知识点和技能目标。

【任务引入】阐述了项目开发背景，并提出待实现的具体功能，通过程序运行界面截图让学生对开发目标有初步的认识，然后让学生亲手在手机或模拟器上体验最终完成的项目程序的实际功能，从而对开发目标有更加直观的理解。

【开发过程】教材中提供了详细的项目设计和开发步骤，代码也不是直接通篇给出，而是根据功能模块过程按需提供代码片段。代码片段中包含了较为详尽的注释，之后通常还会进一步解释代码片段的含义。

【知识拓展】集中阐述本项目开发过程中涉及的知识内容，并适当进行拓展，完成"先实践体会，后理论归纳"的自然学习认知过程。

【问题实践】提出了项目开发过程中可以完善或扩展的技术功能，同时还提供了必要的解答提示或资料建议。问题实践部分的解答提示均以电子文档的形式提供下载。

此外，项目设计编排兼顾趣味性和实用性。兴趣是最好的老师，能让学生易于接受就相当于成功了一半。比如，拼图游戏、手机防盗器这样的 APP（应用程序）很易被学生理解和喜爱；新闻阅读器是当前热门 RSS 阅读器的原型，国内外各大门户（如新浪、搜狐）以及传统媒体（如南方周末等）都开发了各自的手机新闻阅读器 APP，选题有一定代表性和实用性；地图相册则是一个典型的 LBS 运用，综合使用了地图、相册、拍照、地理定位等技术，创意新颖，只要适当扩展即可成为一款实用 APP，如果考虑和云平台结合的话，还可实现一个基于网络的地图相册，甚至还可以加入流行的社交功能等。

（2）教学过程注重培养学生思考问题的习惯，教学内容兼顾够用原则且适当扩展。

在 6 个具体的项目开发过程中，不是所有待解决的问题都会给出解决方案，而是在适当的场合保留一点让学生能自主解决的问题，让他们独立完成，防止学生"盲目照做"，调动其主观能动性。根据教学实践发现，很多只会跟着做的学生即使在"顺利"完成任务后还是没什么实际收获，所以必须提供一个关联性的动脑区间，这样比较有利于巩固学习效果。

（3）知识技术兼顾实用性、新颖性和前瞻性。

因为版本变迁的缘故，Android SDK 中提供的很多 API 被标记为"过时"，因此项目中凡是涉及这样的内容都使用了 Android SDK 推荐的实现方法。比如，色卡程序和新闻阅读器本来可以使用 TabActivity 实现，但考虑到 TabActivity 已过时，就改用了其他办法；色卡程序采用的是自主设计布局界面模拟"选项卡"，学生在完成这一项目后能够加深理解一些标准组件的工作机制；新闻阅读器采用了 Fragment 这一重要的技术进行实现；地图相册用到了 Google Map V2 API，没有使用早期的组件实现，对于 Gallery 也是采用 SDK 推荐的 HorizontalScrollView 组件自主实现相册浏览的功能。

本课程的前导课程是 Java 语言基础，很多学生刚开始编写 Android 应用程序时，由于对 Android 开发大量涉及的内部类、匿名类、泛型、线程等 Java 语法现象不熟悉，导致后续学习困难。因此，本书在开发环境搭建环节的拓展部分提供了几个简单的例子让学生复习巩固这些关键 Java 语法的内容。还有，Android SDK 自带的 Sample 系列项目（如 ApiDemo 等），是学习 Android 开发技术的极佳素材，Hierarchy Viewer 和 Uiautomator Viewer 是分析复杂 Android 程序界面布局设计技巧的强大工具，对学生模仿学习一些优秀软件界面的设计是非常有意义的，这类内容在拓展部分也有介绍。

（4）为学生适应企业级开发做好准备。

学习 Android 开发技术最终是要为企业开发产品服务的，因此项目设计过程中用到的技术大多都不是浅层的。前 3 个项目的设计出于学习目的，后 3 个项目则加深了难度和深度。比如，色卡程序是通过布局组件的灵活运用设计出选项卡外观，地图相册则是完全自定义一个相机界面实现拍照功能。本书对实际开发工作中大量使用的 XML/JSON 数据解析做了详细阐述，还提供了 ListView 下拉刷新组件、侧滑菜单库的开源实现等多种参考资源。

总的来说，本书努力成为一本为学生而写的书，既适合教学，也适合学生自学，通过 7 个项目案例融入 Android 开发用到的大部分技术和知识内容，学生学习到的不是零散的知识点，而是在项目实践过程中理解体会 Android 开发技术，项目案例选择兼顾趣味性和实用性，通过学生的主动参与、综合运用和开发创新，培养学生的实际编程开发能力，提高了学生的学习兴趣。

本书项目开发过程中的代码格式约定如下。

```java
public class GameView extends View {
    ...
    private Paint paint;        // 绘制几何图形的画笔
    // 存储所有拼图块的动态数组
    private List<PuzzleCell> puzzCells = new ArrayList<PuzzleCell>();
    ...
}
```

其中，阴影部分是新增的代码，阴影部分前后通常会保留少许代码片段，可借助这些预留的代码片段确定阴影部分代码的具体位置。

另外，本书还提供了丰富的课程资源，包括教学项目源代码、主要内容教学录像、课件资料、习题答案等，可以到人民邮电出版社教学服务与资源网（http://www.ptpedu.com.cn）免费下载使用，或者直接通过 http://124.160.43.230/androidev/进行下载。

本书参考学时为 90 学时，其中各项目的学时分配推荐如下。

	项 目	推荐学时
1	Android 应用程序开发环境搭建	3
2	BMI 体质指数计算器的开发	9
3	ColorCard 色卡程序的开发	12
4	PT 拼图游戏的开发	18
5	PhoneSecurity 手机防盗器的开发	15
6	NewsReader 新闻阅读器的开发	15
7	MapPhotos 地图相册的开发	18

本书由杭州职业技术学院的李新辉和杭州电子科技大学的邹绍芳担任主编，杭州职业技术学院陈云志、周昕、吴红娉担任副主编，在编写过程中得到了人民邮电出版社的大力指导和支持，杭州电子科技大学徐彤、陈定坝、李丹阳和中国计量学院曹建军、张晓峰、应江娇等同学对本书提出了很多建设性的意见，在此谨向以上单位和人员致以诚挚的谢意。

由于编写组人员技术水平有限，书中难免存在不足之处，恳请广大读者批评指正，任何疑问、宝贵意见和建议请发邮件至 lixinhuixdx@163.com。

Android 移动应用开发项目教程教材编写组
2014 年 4 月

目 录 CONTENTS

项目 1　Android 应用程序开发环境搭建　1

1.1　安装文件准备　1
1.2　开发环境安装和配置　2
1.3　Android 应用程序编写　6
1.4　知识拓展　10
　　1.4.1　在设备上运行应用程序　10
1.4.2　安装 APK 应用到模拟器　12
1.4.3　Android 技术架构　13
1.4.4　Java 语法补充　15
1.5　问题实践　18

项目 2　BMI 体质指数计算器的开发　19

2.1　项目引入　19
2.2　BMI 项目准备　20
2.3　BMI 界面设计　20
2.4　BMI 功能实现　22
2.5　BMI 重构　26
2.6　BMI 属性菜单　29
2.7　知识拓展　35
　　2.7.1　Activity　35
　　2.7.2　RelativeLayout　38
　　2.7.3　AndroidManifest　39
　　2.7.4　ApiDemo　40
　　2.7.5　API Reference　42
2.8　问题实践　43

项目 3　ColorCard 色卡程序的开发　44

3.1　项目引入　44
3.2　ColorCard 项目准备　45
3.3　ColorCard 界面设计　46
　　3.3.1　主界面布局　46
　　3.3.2　色卡界面布局　50
　　3.3.3　检索界面布局　52
　　3.3.4　辨色界面布局　53
3.4　选项卡切换　54
3.5　色卡功能实现　63
3.6　检索功能实现　69
3.7　辨色功能实现　70
3.8　知识拓展　77
　　3.8.1　LinearLayout　77
　　3.8.2　px/dp/sp　79
　　3.8.3　Debug　80
　　3.8.4　UI Viewer　82
3.9　问题实践　84

项目 4 PT 拼图游戏的开发   85

4.1	项目引入	85	
4.2	拼图游戏项目准备	86	
4.3	拼图游戏背景显示	89	
4.4	拼图游戏界面设计	91	
4.5	拼图块分割	96	
4.6	拼图块触摸和移动	102	
4.6.1	触摸功能实现	102	
4.6.2	移动功能实现	105	
4.6.3	移动性能优化	107	
4.7	拼图块吸附与归位	114	
4.8	拼图游戏启动动画	119	
4.9	拼图归位音效	119	
4.10	游戏进度自动保存	122	
4.11	知识拓展	128	
4.11.1	背景音乐	128	
4.11.2	SurfaceView	129	
4.11.3	游戏中的动画	136	
4.11.4	Android 应用打包	138	
4.11.5	游戏引擎	140	
4.11.6	给初学者的建议	140	
4.11.7	连连看/消色块原理	143	
4.12	问题实践	150	

项目 5 PhoneSecurity 手机防盗器的开发   151

5.1	项目引入	151	
5.2	PhoneSecurity 项目准备	152	
5.3	距离检测与报警	154	
5.4	防盗功能实现	157	
5.5	追回技术分析	160	
5.6	手机信息保存	160	
5.7	SIM 卡检测和短信发送	167	
5.8	电子邮件发送	170	
5.9	知识拓展	179	
5.9.1	Service	179	
5.9.2	Broadcast Receiver	182	
5.10	问题实践	184	

项目 6 NewsReader 新闻阅读器的开发   185

6.1	项目引入	185	
6.2	NewsReader 项目准备	186	
6.3	NewsReader 界面设计	187	
6.3.1	主界面设计	187	
6.3.2	底部导航栏设计	189	
6.4	导航栏切换	193	
6.5	新闻获取	198	
6.6	RSS 数据源解析	203	
6.7	新闻条目加载	208	
6.8	新闻内容查看	215	
6.9	知识拓展	221	
6.9.1	Fragment	221	
6.9.2	HttpClient	224	
6.9.3	XML/JSON	225	
6.9.4	Notification	226	
6.9.5	ListView	228	
6.9.6	Handler/AsyncTask	230	
6.9.7	Android SDK Source	234	
6.10	问题实践	236	

项目 7　MapPhotos 地图相册的开发　237

7.1	项目引入	237
7.2	MapPhotos 项目准备	238
7.3	相册条目实现	242
7.4	地图实现	254
7.5	相机拍照实现	268
7.6	相册数据保存	281
7.7	地图相册实现	287
7.8	图库浏览	296
7.9	知识拓展	304

7.9.1	GoogleMap	304
7.9.2	Camera	307
7.9.3	SharedPreferences	308
7.9.4	SQLite	309
7.9.5	ContentProvider	311
7.9.6	Intent	314
7.9.7	Context	318
7.9.8	开发资源参考	319
7.10	问题实践	322

项目 1
Android 应用程序开发环境搭建

【学习提示】

- 项目目标：配置 ADT 开发环境，创建 Android 应用程序
- 知识点：Android 发展史；Android 技术架构；Java 关键语法（内部类、匿名类、匿名类的对象、泛型、集合元素循环、线程）
- 技能目标：能在 ADT 开发环境中创建 Android 应用程序；在真实设备上运行 Android 应用；安装外部 APK 应用到模拟器上

1.1 安装文件准备

Android 是建立在 Linux 系统基础上的一个面向移动设备的操作系统，它被设计成通过名为 Delvik 的虚拟机来执行应用程序，Android 支持 Java 语言编写的应用程序。开发 Android 应用程序的过程和普通的 Java 应用程序没有太大区别。当然，使用 Java 语言编写 Android 应用程序时，需要转换为 Dalvik 的虚拟机指令才能在 Android 平台上运行。实际上，Android 同样支持 C/C++语言编写的程序，但一般情况下都是使用 Java 进行开发，除非在一些特定的场合才会用到 C/C++语言，比如高性能游戏、密集计算、硬件控制或软件移植等。

在开发 Android 程序之前，需要先搭建相应的开发环境。本书所用的 Android 开发环境主要包括 JDK、Android SDK、Eclipse 和 ADT 等软件包，它们都可以通过互联网免费下载。其中，JDK 即 Java Development Kit，是编写 Java 应用程序所必需的开发包，Android SDK 是开发 Android 应用程序所必需的软件集合，Eclipse 则提供了一个功能强大的通用集成开发环境，ADT 是用于在 Eclipse 上开发调试 Android 应用程序的一个功能插件。

（1）下载 JDK 软件包。找到 www.oracle.com 站点，在其中的页面 http://www.oracle.com/technetwork/java/javasebusiness/downloads/java-archive-downloads-javase6-419409.html 中找到相应平台的下载链接进行下载（Win32、Win64、Mac、Linux 等）。本书使用的 32 位和 64 位版本的 JDK 软件分别是 jdk-6u43-windows-i586.exe 以及 jdk-6u43-windows-x64.exe，尽管目前最新的软件是 JDK 7，但由于 JDK 7 引入了部分新语法现象，这些新的语法现象目前还没有全部获得 ADT 的支持，因此推荐选择 JDK 6，如图 1.1 所示。

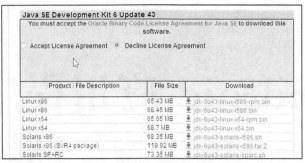

图 1.1　JDK 6 软件包下载

（2）下载 ADT 集成开发工具。打开 developer.android.com 站点下载 Android SDK 和 ADT 插件。对于 Windows 平台，已经提供了一个集成各种必备插件的 ADT Bundle 下载，它包括 Eclipse、Android SDK 和 ADT 等系列软件包。

在 http://developer.android.com/sdk/index.html 页面中，单击右侧 Download the SDK（ ADT Bundle for Windows）链接，选定下载 32 位还是 64 位版本，勾选同意软件协议，这样就开始了下载过程，如图 1.2 所示。

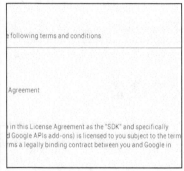

图 1.2　ADT 软件包下载

截至本书出版时，Google 已经发布了支持最新 Android 4.4 版本的 ADT 开发工具。值得注意的是，最新版本 ADT 开发工具新建的 Android 项目结构和源代码，相比之前版本有少许变化。为避免因开发工具版本问题导致的学习障碍，请下载本书编写时使用的 32 位或 64 位版本的 ADT 开发环境压缩包，它们分别是 adt-bundle-windows-x86-20130219.zip 和 adt-bundle-windows-x86_64-20130219.zip，可以到本书配套教学资源网页下载。

1.2　开发环境安装和配置

1．JDK 和 ADT 安装

Android 开发环境的搭建只要两步，即安装 JDK 和 ADT Bundle。

（1）找到下载的 JDK 安装文件，双击执行以启动安装过程。在本书编写时，安装的是 Windows 7 64 位版本的 JDK 6 软件包。JDK 的安装过程很简单，可根据需要在安装过程的第 2 步指定好安装目录，如图 1.3 所示，其余步骤默认即可。

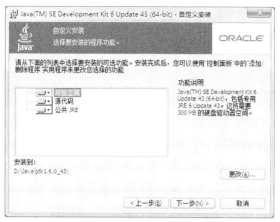

图 1.3　设定 JDK 安装目录

（2）安装 ADT 集成开发环境。考虑到已下载的 ADT Bundle 已经整合了 Android SDK、Eclipse 和 ADT 插件等软件包，因此只需将下载的文件解压到某个目录中就完成了安装工作。当然，为避免将来出现意外，在指定的目录中最好不要包含汉字或其他特殊字符。

2．环境变量设置

为方便起见，最好在 Windows 中添加 JAVA_HOME 和 PATH 这两个环境变量，它们会在后续的开发工作中用到。其中 JAVA_HOME 代表 JAVA 运行环境所在的目录，PATH 则提供了可执行命令的搜索目录。比如，在命令提示符窗体中输入 javac 命令时，Windows 会在 PATH 环境变量设置的目录中去寻找对应的可执行程序。

（1）打开系统属性中的环境变量窗体，如图 1.4 所示。

图 1.4　系统属性-环境变量

（2）单击环境变量窗体中的"新建"按钮，设定如下两个环境变量。其中，等号左侧是环境变量名，等号右侧是环境变量值。

```
JAVA_HOME=D:\Java\jdk1.6.0_43
PATH=D:\Java\jdk1.6.0_43\bin;D:\adt-bundle-windows\sdk\platform-tools;D:\adt-bundle-windows\sdk\tools;
```

当然，如果某个环境变量已经存在的话，那么只需修改它的值，否则就要新建它。JAVA_HOME 代表 JDK 的安装目录，PATH 则包含了 JDK 和 Android SDK 可执行程序所在的目录。

无论 JAVA_HOME 还是 PATH，都应根据实际指定的安装目录进行设置。另外，PATH 设置的目录之间应以英文分号隔开，否则所设置的内容将无效。

3．启动 ADT 集成开发环境

（1）找到 ADT 软件包解压所在的目录（这里是 D:\adt-bundle-windows 目录），双击执行其中的 eclipse 目录下的 eclipse.exe 程序，启动过程如图 1.5 所示。

图 1.5　ADT 启动过程

（2）在首次启动 ADT 集成开发环境时，会要求指定一个 Workspace 工作目录，该目录是 ADT 创建项目的默认保存路径。设置好 Workspace 对应的文件夹，勾选"Use this as the default and do not ask again"（使用当前指定路径作为默认的 Workspace 目录，并且不再询问），然后单击"OK"按钮，如图 1.6 所示。

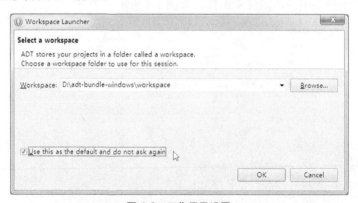

图 1.6　工作目录设置

（3）进入 ADT 集成开发环境后，首先看到的是欢迎界面。此时，单击左上角"Android IDE"标题右侧的关闭按钮，将欢迎界面关闭即可，如图 1.7 所示。

图 1.7　ADT 初始界面

（4）为方便起见，最好将 adt-bundle-windows 目录下的 eclipse.exe 可执行程序创建一个快捷方式放到桌面上，方法是：在 eclipse.exe 图标上单击鼠标右键，选择弹出菜单中的"发送到"→"桌面快捷方式"，然后将桌面上 eclipse.exe 快捷方式的名字改为"android_eclipse"之类的名字，如图 1.8 所示。

图 1.8　创建 ADT 快捷方式

4．升级 Android SDK

对于基本的 Android 应用程序开发，前面 ADT 集成开发环境的安装和配置工作就已经准备好了，因为 adt-bundle-windows 本身已附带一个包含基本内容的 Android SDK。为便于后续的开发工作，这里阐述一下如何升级 Android SDK 软件包。当然，这些工作现在也可以不做，因为本书配套教学资源网页提供下载的 adt-bundle-windows-x86-20130219.zip 压缩包中已包含完整内容的 Android SDK。

（1）单击 ADT 集成开发环境主界面的"Window"菜单中的"Android SDK Manager"项，如果网络连接正常可用的话，"Android SDK Manager"窗体中将列出当前已安装的 Android SDK 软件包和其他可用版本的 Android SDK 列表，如图 1.9 所示。

图 1.9　Android SDK 管理器

（2）勾选图 1.9 中列出的 2.3、4.0、4.1、4.2 等主要版本的 Android SDK，或者全部勾选，然后单击"Install x packages"按钮，此时就会通过网络从 Google 服务器下载这些软件包。视所选软件包的多少和网速快慢，下载时间可能需要耗费数小时之久，数据量为 2~5GB。

如果已经可以正常下载 Android SDK 软件包，下面的第（3）~（5）步请直接忽略不做。

（3）众所周知，如果在"Android SDK Manager"窗体中无法显示可用的 Android SDK 版本完整列表，可试着单击"Android SDK Manager"窗体主菜单"Tools"→"Options"项，勾选"Force https://... Sources to be fetched using http://"（强制使用 http 协议下载 https 协议的源内容），然后单击"Close"按钮关闭设置窗体，如图 1.10 所示。

图 1.10　Options 窗体

（4）单击"Android SDK Manager"窗体主菜单"Packages"→"Reload"，重新加载 Android SDK 版本的列表。

（5）如果加载仍然失败的话，此时只能通过 HTTP 代理服务器来连接了，最好是使用境外的代理服务器。方法是：在第（3）步的设置窗体中，填写可用的 HTTP 代理服务器和正确端口号，如图 1.11 所示，然后再通过第（4）步的 Reload 重试。

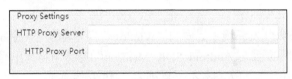

图 1.11　Options 窗体中的代理设置

1.3　Android 应用程序编写

1．创建 Android 项目

（1）启动 Android Developer Tools 集成开发环境（实际是启动集成了 ADT 插件、Android SDK 和 Eclipse 的集成软件包，后面一律简称为 ADT）。

（2）单击主菜单"File"→"New"→"Android Application Project"项，按图 1.1 2 所示的内容设置，然后单击"Next"按钮。

图 1.12　新建 Android 项目

（3）在项目设置界面，保持默认勾选项，直接单击"Next"按钮，如图 1.13 所示。

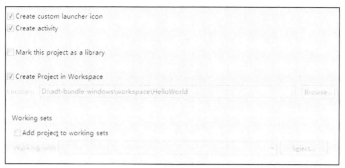

图 1.13 新建项目设置

（4）在配置程序图标界面，直接按默认设置，单击"Next"按钮进入下一步，如图 1.14 所示。

图 1.14 程序图标配置

（5）在新建 Activity 界面，保持勾选"Create Activity"项，并选中"Blank Activity"以创建一个空白的 Activity，单击"Next"按钮，如图 1.15 所示。

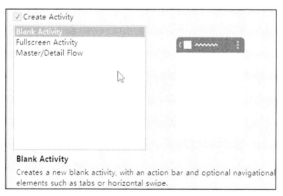

图 1.15 新建的 Activity 类型

（6）在最后一步，保持默认设置不变，直接单击"Finish"按钮完成项目的创建工作，如图 1.16 所示。

图 1.16 设定 Activity 和布局的名字

【提示】Android 应用项目创建完毕，ADT 会自动编译这里的 HelloWorld 程序。另外，如果 Android SDK 已经升级到最新版本的话，在新建 Activity 界面时应该选择"Empty Activity"而不是"Blank Activity"，因为后者已经改为使用 Fragment 构建界面了。有关 Fragment 的内容，在项目 6 的新闻阅读器单元中将予以详述。

2．运行 Android 程序

要运行 Android 应用程序，可以通过 Android 虚拟设备（或称之为 Android 模拟器）运行，也可以在一部 Android 系统的手机上运行。为简单起见，这里直接使用 Android 模拟器，本书大部分场合都是在模拟器中进行开发工作的。

（1）单击 ADT 主菜单"Window"→"Android Virtual Device Manager"项，在出现的窗体中单击"New"按钮，然后按如图 1.17 所示的内容进行设置，最后单击"OK"按钮完成 Android 模拟器的创建。

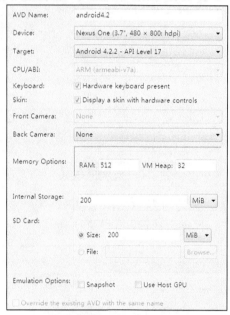

图 1.17　创建 Android 模拟器

（2）在"Android Virtual Device Manager"窗体中，选中刚刚创建的 android4.2 模拟器，如图 1.18 所示，单击"Start"按钮，并在随后出现的窗体中单击"Launch"按钮来启动这个模拟器。Android 模拟器一旦启动，"Android Virtual Device Manager"窗体就可以关闭了。

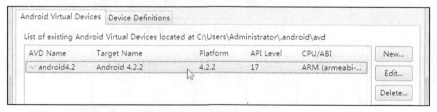

图 1.18　启动 Android 模拟器

不出意外的话，等待 3~5 分钟的时间，Android 模拟器就启动好了，如图 1.19 所示。一旦启动，请不要关闭它，而是一直让它保持运行状态，节省反复启动模拟器所耗费的时间。

图 1.19　Android 模拟器

（3）在 HelloWorld 项目名上单击鼠标右键，选择弹出菜单中的"Run As"→"Android Application"项，如图 1.20 所示。

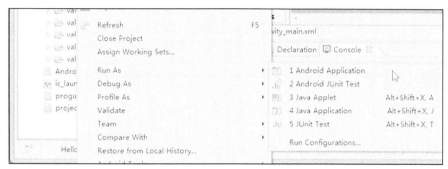

图 1.20　启动 HelloWorld 程序

稍候片刻，Android 模拟器中将显示出 HelloWorld 的程序运行界面，如图 1.21 所示。

图 1.21　HelloWorld 运行界面

目前，这就是 HelloWorld 程序的全部，它只是在模拟器中显示出一行简单的文本内容。毕竟一行代码都没开始编写，也只能得到这个相对简单的结果。

【提示】　就一般的 Android 应用程序而言，在模拟器和实际的 Android 设备（如智能手机或平板电脑）上运行，两者不会有太大的差异，但是一旦在程序中需要用到硬件传感器的功能（如蓝牙通信），此时模拟器就无济于事了，必须使用真实的 Android 设备才能进行开发测试。

最后，简单回顾一下 HelloWorld 项目的结构，如图 1.22 所示，这些内容的更多用途将在后续的开发工作中加深体会，目前只做初步的了解即可。

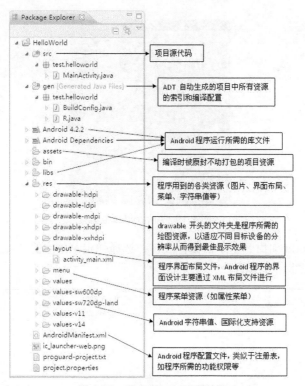

图 1.22　HelloWorld 项目结构

1.4　知识拓展

1.4.1　在设备上运行应用程序

如果有一部 Android 操作系统的设备（如 Android 手机或平板计算机），那么可以不使用 Androd 模拟器，而是直接让应用程序在 Android 设备上运行。在 Android 设备运行程序相比模拟器的好处是，程序运行的速度更快，而且能提供模拟器做不到的功能（如传感器）。下面，假定使用的是一部 Android 手机，如果没有实际设备的话，本节内容直接忽略即可。

（1）准备一根连接 PC 和手机的 USB 数据线，连接好后，安装对应的驱动程序。考虑到不同品牌的 Android 设备驱动程序一般都无法通用，目前全球几大主要的手机制造商如三星、摩托罗拉、HTC、小米等，都在市场上发布了多种型号的 Android 设备，所以只要下载对应品牌型号的 Android 驱动程序并安装到计算机中即可。

安装好了 Android 驱动程序，如图 1.23 所示，从中可以看出，当前正常驱动的设备是"Mot Composite ADB Interface"。

图 1.23　Android 设备驱动程序

（2）启用 Android 设备上的 USB 调试功能。

对于 Android 4.0 以上版本的系统，打开"设置"功能，找到"开发"→"USB 调试"并勾选它；如果是 4.0 以下版本的系统，在打开"设置"功能后，找到"应用程序"→"开发"→"USB 调试"项并勾选它。勾选"USB 调试"时，如出现提示是否允许 USB 调试，此时应单击"确认"按钮，如图 1.24 所示。

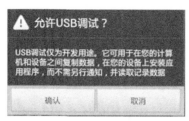

图 1.24　允许 USB 调试

（3）在 HelloWorld 项目名上单击鼠标右键，选择弹出菜单中的"Run As"→"Android Application"，此时会出现一个"Android Device Chooser"窗体，如图 1.25 所示，选定列出的手机设备，单击"OK"按钮，这样 HelloWorld 程序就在手机上运行了。

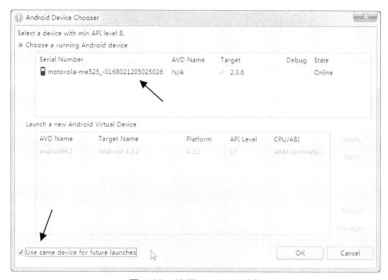

图 1.25　选择 Android 设备

【提示】　手机品牌和 Android 系统版本不同，实际看到的结果与书中可能会有所不同。一般来说，在 Android 设备上运行程序的速度通常总是要比模拟器快一些，如果可能的话，尽量使用 Android 真机来开发会更加方便。如果希望以后总是默认使用手机来开发 Android 程序，可以在选择 Android 设备的窗体中勾选"Use same device for future launches"选项，避免反复出现这个提示窗体。

如果在运行 HelloWorld 程序时，总是默认启动 Android 模拟器而无法显示图 1.25 所示的窗体，此时可以在项目上单击鼠标右键，选择弹出菜单中的"Run As"→"Run Configurations"项，然后按图 1.26 所示的界面，选定 Target 选项卡中的"Always prompt to pick device"项，并依次单击"Apply"和"Run"按钮。

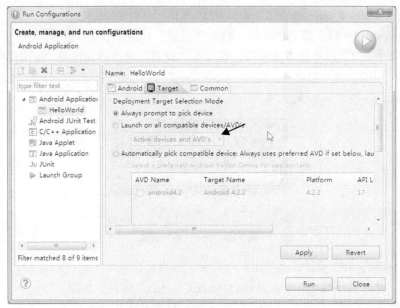

图 1.26　选择 Android 设备

1.4.2　安装 APK 应用到模拟器

对于 Android 手机或平板计算机，除了可以通过互联网在 Google Play 上下载免费或收费的 Android 应用程序，也可以通过国内很多类似的 Android 应用程序商店（如安卓市场、网易市场等）下载安装 Android 应用程序，这也是智能机与普通功能手机的最大区别。

对于单独的 Android 应用程序，也可以选择离线安装到 Android 设备上。当然，这种安装方法要求在 Android 系统中的安全设置中勾选"允许安装来自未知来源的应用"选项，如图 1.27 所示。

图 1.27　允许安装未知来源的应用程序

但如果仅仅只有 Android 模拟器的话，要安装 Android 应用程序就不像手机那么方便了。下面，阐述一下如何在模拟器上安装 Android 应用程序。假定准备安装到模拟器中的应用程序文件名为 test.apk，它位于"C:\"根目录下。

（1）启动 Android 模拟器，等待模拟器启动完成。

（2）开启一个命令提示符窗体，依次输入以下命令，如图 1.28 所示。

图 1.28 使用命令行安装 Android 应用程序

在这里，首先要进入当前目录的根目录下（即 C:\），接下来运行 adb 命令将 C:\test.apk 文件上传到模拟器中进行安装。假如出现了如图 1.29 所示的信息，则表明没有找到 adb.exe 这个可执行程序所在的目录，也就是说没有正确设置 PATH 环境变量的值。

图 1.29 运行 adb 命令错误提示信息

这个错误提示有两个解决方法，叙述如下。

一是正确设置 PATH 环境变量的值，将包含 adb.exe 可执行程序所在的目录（这里是 D:\adt-bundle-windows\sdk\platform-tools）添加到 PATH 环境变量中，然后重新开启一个命令提示符窗体，并重复执行前面的操作。

还有一个方法，是运行 adb 命令时直接指定 adb.exe 可执行文件所在的路径，如图 1.30 所示。

图 1.30 使用明确的 adb.exe 的路径

当然，为方便起见，建议还是像前面那样正确设置 JAVA_HOME 和 PATH 环境变量的值，这样可以省去很多不必要的麻烦。

【提示】　不只是模拟器可以这样安装程序，连接到计算机的手机也可以通过 adb 命令来安装 Android 应用程序，特别是在手机不支持外置 SD 卡的场合下。

1.4.3 Android 技术架构

Android 是一个基于 Linux 内核的操作系统，但对普通的用户而言，更多的印象则是诸如打电话、添加联系人、聊天和浏览器之类的 "可看见、可感知" 的应用程序。就像乘飞机一样，乘客关注的只是一个座位，但飞机能够在天上飞行却远不是这么简单。实际上，Android 系统包含了大量组件，其体系结构可以简单分为 4 层，按从上往下的顺序依次是应用程序（Applications）、应用程序框架（Application Framework）、系统库及 Android 运行时（Libraries and Android Runtime）和 Linux 内核（Linux Kernel）等。

下面将对这 4 个逻辑分层做一个简要的分析。

1．应用程序

应用程序层包含了众多可满足终端用户需要的一系列实际可运行的程序，Android 发布时已在应用层提供了一些现成的核心应用程序，如电话、短消息、联系人、地图和浏览器等。应用层是普通用户使用 Android 操作系统功能的一种最直观的手段。Android 应用程序通常以 Java 语言进行编写，其中还包含各种资源文件（放在 res 和 assets 目录中），Java 程序代码和相关资源经过编译后会生成一个 APK 包，这个 APK 包就相当于是一个完整的应用程序，它可以直接在 Android 系统中安装，就像平时在 Windows 系统中安装软件一样。

2．应用程序框架

应用程序框架层主要是一系列提供给最终 Android 应用程序使用的 API（包括类、方法等），普通的应用程序（如短信程序），可以通过这些 API 来调用 Android 系统提供的功能，最典型的就是提供了 Android 程序开发中所用的各种控件，如按钮、输入框等。应用程序框架提供的公共组件包括 Activity 管理器、窗口管理器、内容提供器和视图系统等。

3．系统库和运行时环境

系统库是指一些提供底层功能支持的库（主要由 C/C++编写的），包括 C 语言标准库、多媒体库、SGL 2D 图形引擎库、SSL 数据通信、OpenGL ES 3D 效果支持、SQLite 嵌入式数据库、Webkit 浏览器引擎、FreeType 位图及矢量字体库等。

此外，Android 运行环境也位于这一层，包括一些核心库和一个 Dalvik 虚拟机。Dalvik 虚拟机与 Java 虚拟机是类似的，但它执行的不是 Java 标准的.class 字节码，使用 Java 语言编写的 Android 应用程序最终会被编译成 Dalvik 虚拟机上可执行的指令（对应的文件扩展名是.dex）。

4．Linux 内核

Android 的内核目前主要基于 Linux Kernel 2.6 版本，主要负责驱动设备硬件工作，并为上层调用硬件提供接口。内核提供了显示驱动、键盘驱动、Flash 内存驱动、照相机驱动、音频驱动、蓝牙驱动、WiFi 驱动、Binder IPC 驱动和电源管理等。

Android 系统体系结构如图 1.31 所示。

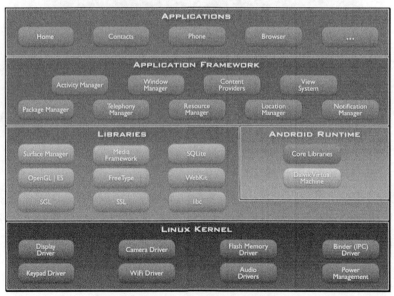

图 1.31　Android 系统体系结构

1.4.4　Java 语法补充

Android 应用程序的开发主要使用的是 Java 编程语言，以面向对象的理念进行开发。因此，除必要的基于 Eclipse 的 ADT 集成开发环境之外，还应该掌握 Java 语言的关键语法。下面将列出几种在 Android 应用程序开发过程中经常使用的 Java 语法，大家最好充分理解这些语法现象，以便更好地在实际开发工作中进行编程。为简单起见，这里只给出了最简单的几种例子，更多内容请参考专门的 Java 编程书籍。

1．内部类

Java 允许在类中再定义新类，如果这个新类在其他场合没有多大作用，或者是想特意对外界隐藏这个新类，此时，可以考虑在当前类里面直接定义这个新类。以下是一个在类 A 中定义类 B 的例子，代码如下。

```java
public class A {
    // 在类 A 里面定义了一个类 B
    class B {
        public void print(String s) {
            System.out.println("B==> " + s);
        }
    }
    // 创建内部类 B 的对象，并调用其中的方法
    public void hello() {
        B b = new B();
        b.print("Say hello");
    }
}
```

这里的类 B 是在类 A 中直接定义的，此时类 B 的代码被执行的前提是"类 A 的对象已经存在"。另外，还可以在定义类 B 的时候添加访问修饰符（public/protected/private），甚至还可以添加 static 修饰符，这样类 B 就具有与"类 A 的成员变量/成员方法"相似的访问限制效果。

一个类中除了可以定义内部类，还可以定义内部接口，做法与目的和内部类相同。

2．匿名类和匿名类的对象

当显性使用 class 关键字定义类的时候，这个类是可以重复使用的，但也存在某种情形下的类定义是临时性的，使用一次即可，此时就没有必要用 class 来显性定义类了。最典型的就是 Android 窗体中的按钮单击事件。下面是一个定义匿名类和创建匿名类的对象的代码例子：

```java
Button btn = ...;
btn.setOnClickListener(new OnClickListener(){
    public void onClick(View v) {
        // ...
    }
});
```

其中 btn 对象的 setOnClickListener()方法需要一个 OnClickListener 接口的对象作为参数，

阴影部分就是定义匿名类和创建匿名类的对象的例子，它们的等价代码如下。

```
class MyClickListener implements OnClickListener {
    public void onClick(View v) {
        // ...
    }
}
...
MyClickListener listener = new MyClickListener();
btn.setOnClickListener(listener);
```

从这里可以看出，匿名类的定义和匿名类对象的创建是"二合一"的，也就是说在创建对象时顺带把这个类也定义了。当然，定义匿名类需遵循一定条件，即这个匿名类必须实现某个接口，或者继承某个类，且实现接口和继承父类两者不可兼得。

3. 泛型

如果以前使用过 Java 集合类的话（如 ArrayList、HashSet 等），可以发现在向集合类对象里面添加元素时，元素的类型可以没有任何限制，任意不同的对象都能加入到同一个集合里面。比如，

```
List mylist = new ArrayList();
mylist.add("abc");
mylist.add(400);
mylist.add(new File("logs.txt"));
```

上面的代码存在极大的风险，也就是说在其他地方要使用 mylist 这个集合的时候就比较麻烦，因为任意取出的某个元素根本就无法预计它是什么确切的类型，只有到运行的时候才能确定。

为了限制集合中存放元素的类型，可以通过引入泛型来加以解决，代码如下。

```
List<Integer> mylist = new ArrayList<Integer>();
mylist.add(3);
mylist.add(200);
```

在 List 和 ArrayList 右侧增加 "<Integer>"，相当于指定 mylist 集合里面只能存放 Integer 整数对象，其他类型的元素再也不能加进来，这样从编译阶段就解决了元素类型不确定的问题。

当然，泛型还有很多其他用途，请读者自行搜集资料做进一步的了解。

4. 集合元素循环

在 Java 中，数组和 java.utils 包中的各种类和接口都可以视为集合，Java 提供了一种便捷的手段允许对集合的元素进行循环。例子代码如下。

```
List<Integer> mylist = new ArrayList<Integer>();
mylist.add(3);
mylist.add(200);

int[] myints = new int[]{3,4,1,2};
```

```
int sum1 = 0, sum2 = 0, sum3 = 0;
for (int i=0; i<myints.length; i++) {
    sum1 = sum1 + myints[i];
}
for (int x : myints) {
    sum2 = sum2 + x;
}
for (Integer y : mylist) {
    sum3 = sum3 + y;
}
```

上述代码中的第一个 for 循环是通过下标访问每个数组元素，而接下来的两个循环则是直接访问集合中的元素，相对来说，后面两个 for 循环的语法形式更加简单一些。当然，前提是不需要用到集合元素的下标，否则还必须得使用第一种形式的 for 循环。

5．线程

线程通常都是操作系统级别的概念，在 Java 里面也提供了对线程的支持。Java 中的两个方法一般来说都是有执行先后次序的，同一个地方的两条语句应该是依次从上往下执行，比如下面的代码例子。

```
B b1 = new B();
b1.print("This is b1");
B b2 = new B();
b2.print("This is b2");
```

上面 b1 的打印必定在 b2 的打印之前出现。

现在考虑一下这种情形，假如要编写一个游戏程序，由于游戏本身是对现实世界的一种娱乐化模拟，比如坦克大战游戏，每个坦克都是一个个活动的独立个体，它们之间并不会因为程序代码的先后导致"坦克 1 必须先移动，然后坦克 2 才能开炮"。换句话说，坦克 1 和坦克 2 应该是"并行"活动的，这种"并行活动"的现象就可以通过 Java 的线程来实现。下面给出两个线程定义的例子。

```
public class C implements Runnable {
    public void run() {
        B b1 = new B();
        b1.print("This is b1");
    }
}

public class D implements Runnable {
    public void run() {
        B b2 = new B();
        b2.print("This is b2");
    }
}
```

```
...
Thread t1 = new Thread(new C());
Thread t2 = new Thread(new D());

t1.start();
t2.start();
```

在这个例子中，首先定义了 C 和 D 这两个类，它们均实现 Runnable 接口，其中 run()方法里的代码就是希望"并行"执行的内容。接下来再创建两个 Thread 线程对象，并将 C 和 D 两个类的对象以参数形式传入，之后通过 start()方法便启动了这两个线程。值得注意的是，尽管 t1.start()位于 t2.start()语句之前，但当两个线程都启动起来之后，哪个线程里面的 run()方法先执行就不得而知，换句话说 b2 的 print()很可能在 b1 的 print()之前就执行了。

由于线程的执行顺序是由操作系统来安排和调度的，也是不可控的，更无法预知。因此，假如两个线程会出现"争抢"访问同一资源的现象，必须充分考虑它们的"同步"问题，以避免发生数据紊乱或死锁问题。线程同步可以使用 synchronized 关键字来处理，它可以用在方法上，也可以在方法内部作为代码块出现。如果存在多个线程需要同步访问同一对象，比如后续拼图游戏中的 backDrawing，此时可以在每个线程的 run()方法中增加下面的代码块。

```
synchronized(backDrawing) {
   ...
}
```

其中的 backDrawing 就是两个线程都能访问到的对象引用变量，这样，任意一个线程在进入 synchronized 代码块时，会首先对括号中的 backDrawing 对象进行加锁，只有获得锁后才能执行 synchronized 代码块中的代码，代码块执行完毕则自动解锁 backDrawing 对象，同时向操作系统发出解锁消息。但是，如果线程在试图对 backDrawing 对象加锁时，已有其他线程锁住了 backDrawing 对象，那么当前线程将被阻塞进入等候队列，等待操作系统的解锁通知。通过这种手段，有效避免了多个线程访问同一资源的同步问题。

有关线程的更多知识请参考相关资料。

1.5 问题实践

1. 将两个线程用到的 C 和 D 这两个类代码改成匿名类实现。
2. 通过在互联网上搜索，了解一下 HTC、三星、摩托罗拉等国际手机厂商都发布过哪些比较主流的 Android 手机和平板计算机，然后再了解一下国内的联想、中兴、华为、魅族、小米、锤子科技等企业都发布过什么 Android 手机或平板计算机。
3. 复习一下 Java 语言面向对象编程的基本概念，如类、接口、抽象类、继承、接口实现、集合框架类等内容。

项目 2
BMI 体质指数计算器的开发

【学习提示】

- 项目目标：开发一款体质指数计算器，实现输入身高和体重即可判定体型是否正常
- 知识点：Activity；布局；Widget 组件（EditText/Button/TextView）；属性菜单；Intent
- 技能目标：能使用 ADT 可视化布局设计器设计基本的程序界面；在开发过程中建立重构项目代码的意识

2.1 项目引入

对智能移动设备来说，无论是手机还是平板计算机都属于消费类的电子设备，它们的屏幕相比 PC 来说还是显得要小很多。因此，在开发 Android 应用程序的时候，必须考虑到界面设计不能像 PC 应用程序那样复杂，应以简洁、美观和实用为基本原则，这是在移动设备上开发应用程序的基本要求。从本单元开始，将陆续开发几个实用的 Android 应用程序，大家可以在实践过程逐步体会 Android 程序开发的基本步骤，掌握 Android API 的使用方法、界面设计技巧等内容，以此积累 Android 平台应用开发技能。

本项目单元是从一个基本的 Android 应用程序入手，实现了计算 BMI（Body Mass Index）体质指数的功能。在模拟器中，当输入身高和体重时，单击"计算体质指数"按钮便可判定出某人的体型是正常、偏胖还是偏瘦，程序运行效果如图 2.1 所示。

图 2.1 体质指数计算器运行效果

2.2　BMI项目准备

（1）启动Android Developer Tools集成开发环境，选择主菜单"File"→"New"→"Android Application Project"，按图2.2所示的内容进行设置。

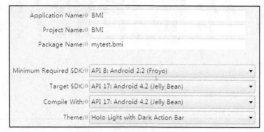

图2.2　创建BMI项目

（2）在应用程序图标配置界面，请提供一个预先设计好的图片，单击"Image"按钮，指定图标所用的图片，并按图2.3所示的内容进行设置。

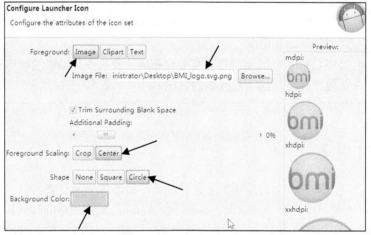

图2.3　BMI项目图标设置

（3）配置好了应用程序的图标，其余步骤按默认即可。在最后一步，请按照图2.4所示的内容设置，最终完成BMI项目的创建工作。

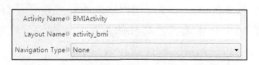

图2.4　设定BMI项目的Activity和布局文件

2.3　BMI界面设计

BMI项目创建完毕，ADT会自动打开项目资源文件夹layout下面的activity_bmi.xml文件，此时就可以对应用程序的界面进行设计了。这里的activity_bmi.xml文件也被称为是"界面布局文件"，是在Android应用程序运行时屏幕上显示的内容，它位于项目res下面的layout文件夹中，如图2.5所示。

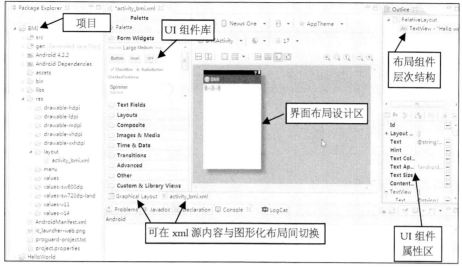

图 2.5 程序界面布局设计器

为了得到预期的 BMI 界面外观,下面对界面布局文件进行设计。

(1)单击界面布局设计区中的"Hello world!",或者单击布局组件层次结构中的"TextView → "Hello World",然后按下键盘上的<Delete>键将其删除。

(2)分别在 UI 组件库的"Form Widgets"和"Text Fields"分类中找到 TextView、Button、EditText 组件,将其拖入界面布局,并根据操作提示辅助线调整好它们的大小和位置(当把 UI 组件往界面中拖放的时候,会出现用来辅助定位的橙色虚线框、绿色箭头指示和黄色信息提示),如图 2.6 所示。

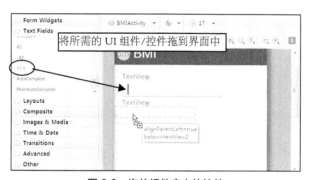

图 2.6 拖放组件库中的控件

加入的组件包括 3 个 TextView,两个用来输入浮点小数的 EditText,以及一个 Button,它们之间的相互位置关系可以从图 2.7 中看出。

图 2.7 设计完毕的 BMI 界面布局

【提示】 两个 EditText 组件的宽度要扩展至界面左右两端，Button 组件水平位置与界面中心对齐，在拖放控件时参照绿色的辅助线可以确定位置。

（3）为方便后面的工作，还需设定各组件的文字内容和 id 名字（类似于代码中的变量名）。方法是：在布局组件层次结构 Outline 窗体选中待修改的组件，单击鼠标右键，分别通过弹出菜单中的"Edit ID"和"Edit Text"项设定组件的 id 和文字显示内容，如图 2.8 所示。

最终设计完成的界面设计效果如图 2.9 所示。

图 2.8　设定组件 id 和显示文本内容　　　　图 2.9　BMI 界面设计效果

【提示】 组件属性的修改，还可以通过切换到 activity_bmi.xml 的文件内容去调整，这一点将在后面涉及。

（4）保存上述所做修改，试着运行 BMI 程序，检查一下模拟器上出现的界面是否和这里设计的界面完全一致，如图 2.10 所示。当然，因为没有编写任何功能代码，程序运行起来不会有任何实际作用。

图 2.10　BMI 程序界面运行结果

2.4　BMI 功能实现

1．BMI 原理分析

BMI 是 Body Mass Index 的缩写，即"体质指数"，它是目前公认的一种评定个人体质肥胖程度的分级方法，具体计算方法是以体重除以身高的平方，其公式如下：

$$体质指数(BMI)=体重(kg)/身高(m)^2$$

例如，如果一个人的身高为 1.75 米，体重为 68 千克，则他的 BMI 为 $68 / (1.75)^2 = 22.2$ 千克/米^2，当此指数介于 18.5～24.9 时为正常，小于 18.5 属偏瘦，大于 24.9 则属偏胖。

根据这一规则，现在可以着手编写 BMI 程序的具体实现代码。

2. BMI 实现代码

（1）找到 ADT 集成开发环境中 BMI 项目的 src 文件夹，打开 BMIActivity.java 进行编辑，在 BMIActivity 类中定义几个成员变量，这几个成员变量是和界面布局中的几个控件对应的，其代码如下（见阴影部分的内容）。

```
public class BMIActivity extends Activity {
    // 成员变量定义，它们是程序界面上的控件/组件，需要在代码中用到
    private EditText editHeight;
    private EditText editWeight;
    private Button btnCalc;
    private TextView textResult;
    ...
}
```

其中，前两个 EditText 类型的变量分别代表身高和体重输入框，第三个 Button 类型的成员变量代表计算按钮，最后一个 TextView 类型的成员变量代表体型显示结果。

【提示】添加完成员变量，需按下<Ctrl+Shift+O>这 3 个组合键以自动导入 EditText、Button 和 TextView 所在的包。当定义好成员变量后，应该对这些成员变量进行初始化才能使用，否则会遇到 NullPointerException 之类的空引用异常。

（2）找到 BMIActivity 类的 OnCreate()方法，在 setContentView()方法之后加入下面阴影部分的代码。

```
@Override
public void onCreate(Bundle savedInstanceState) {
    super.onCreate(savedInstanceState);
    // 设置当前 Activity 显示的界面，来自前面设计好的 xml 格式的布局文件
    setContentView(R.layout.activity_bmi);
    // 初始化控件，findViewById()是根据布局文件中设定的 id 值找到组件对象
    editHeight = (EditText) findViewById(R.id.editHeight);
    editWeight = (EditText) findViewById(R.id.editWeight);
    btnCalc = (Button) findViewById(R.id.btnCalc);
    textResult = (TextView) findViewById(R.id.textResult);
}
```

上面，findViewById()是 BMIActivity 的父类 Activity 中提供的方法，通过它可以找到在界面布局文件中指定 id 的控件对象。其中，参数 R.id.editHeight 是 ADT 根据 xml 布局文件设定的 id 对应的一个数值。

【提示】请在项目中的 gen 文件夹下找到 R.java，打开它，其中的部分代码类似如下的内容。

```
public final class R {
    ...
    public static final class id {
```

```
            ...
            public static final int btnCalc=0x7f080004;
            public static final int editHeight=0x7f080001;
            public static final int editWeight=0x7f080003;
            public static final int textResult=0x7f080005;
        ...
    }
    ...
}
```

由于 R.java 是 ADT 自动生成的，所以这里列出的可能与实际看到的内容有所不同。值得注意的是，R.java 文件中的内容是不能修改的，因为只要项目中的资源有变化（比如修改了某组件的 id 名字），这个文件就会被自动覆盖掉。

再打开项目的 "res" → "layout" 文件夹下的 activity_bmi.xml 文件，切换至 xml 源代码，找到其中的 editHeight 组件，内容如下。

```xml
<EditText
    android:id="@+id/editHeight"
    android:layout_width="wrap_content"
    android:layout_height="wrap_content"
    android:layout_alignParentLeft="true"
    android:layout_alignParentRight="true"
    android:layout_below="@+id/textView1"
    android:ems="10"
    android:inputType="numberDecimal">
    <requestFocus />
</EditText>
```

这里的 "android:id="@+id/editHeight"" 的含义是：指定输入框的 id 为 editHeight（@+id 意为新增一个控件的 id 名字）。为了在程序代码中找到这个控件，ADT 会自动为 editHeight 控件在 R.id 中新增一个唯一的整型数值，也就是前面看到的 "public static final int editHeight=0x7f080001"，它是由 ADT 自动映射的，不需要人为干预，以保证 id 数值的唯一性。实际上，项目 gen 文件夹中的内容都是 ADT 自动产生的，请不要手工修改它。

（3）在 OnCreate()方法中编写计算按钮的单击事件代码，见下面阴影部分的内容，然后按下<Ctrl+Shift+O>组合键以导入所需的包，注意在导入 OnClickListener 接口时应选择 "android.view.View.OnClickListener"。

```java
public void onCreate(Bundle savedInstanceState) {
    ...
    textResult = (TextView) findViewById(R.id.textResult);
    // 响应按钮单击事件
    btnCalc.setOnClickListener(new OnClickListener() {
        @Override
        public void onClick(View arg0) {
```

```java
        try {
            // 获取输入的身高和体重文本，将其转换为数字
            double h = Double.parseDouble(
                    editHeight.getText(). toString()) / 100;
            double w = Double.parseDouble(
                    editWeight.getText(). toString());
            // 计算 BMI 值=体重除于身高的平方
            double bmi = w / (h * h);
            // 根据 BMI 值的取值范围判定体型状况
            if (bmi < 18.5) {
                textResult.setText("你的体型偏瘦,需要增加营养");
            }
            else if (bmi > 24.9) {
                textResult.setText("你的体型偏胖,需要加强锻炼");
            }
            else {
                textResult.setText("你的体型不错,请继续保持");
            }
        }
        catch (Exception e) {
            // 在屏幕上显示提示信息
            Toast.makeText(BMIActivity.this, "提示: 输入有误",
                    Toast.LENGTH_SHORT).show();
        }
    }
});
} // OnCreate()方法结束
```

在上面代码中，首先取得两个输入框控件的文本内容，然后通过 Double.parseDouble()方法将其转换为数值类型的身高和体重，最后根据计算公式得出 BMI 值，从而判断体质是否正常。另外，这里还考虑到了错误输入的异常处理。

（4）保存上面所有更改，运行 BMI 程序，然后根据实际情况，试着输入某个身高和体重值，检查一下判断结果属于哪种体质，如图 2.11 所示。

图 2.11　BMI 运行结果

2.5　BMI 重构

如果读者足够细心的话就会发现，在设计界面时每个控件上会显示一个黄色的感叹号小图标，或者在 xml 布局文件中将鼠标移至黄色波浪线也会有黄色的提示信息，如图 2.12 所示，那么这是什么问题引起的呢？

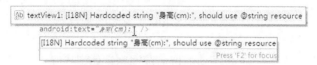

图 2.12　界面布局文件中的提示信息

这里的意思是，不应该在界面布局文件中"硬编码字符串"，也就是不应该使用字符串常量，而应该使用字符串资源，这也是为了将来程序的"国际化"考虑的。所谓国际化，是为了让 Android 应用程序能够自动适应不同语言环境的操作系统。此时，Android 应用程序会根据当前操作系统的语言环境（如英语、德语、繁体中文或简体中文）自动显示对应语言的界面。所以，在正式的 Android 开发工作中，一般不建议在界面布局文件或程序源代码中直接编码界面显示的文字。

为了使 Android 应用程序适应国际化的需要，接下来将对 BMI 项目进行重构工作。重构的目的就是把硬编码的文字内容转移到 Android 资源中去。

（1）在 BMI 项目资源文件夹 res 上单击鼠标右键，选择弹出菜单中的"New"→"Folder"，输入新建的文件夹名字为"values-zh-rCN"，如图 2.13 所示。

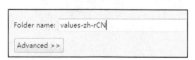

图 2.13　新建资源文件夹

（2）采取相同的步骤，再在 res 文件夹中新建一个名为"values-zh-rTW"的子文件夹。

【提示】　资源文件夹"values-zh-rCN"和"values-zh-rTW"名字中包含的是短横杠（即减号）而不是下划线字符，名字的大小写也不能弄错。

（3）将资源文件夹 values 里面的 strings.xml 文件分别复制一份到 values-zh-rCN 和 values-zh-rTW 文件夹中，方法是：鼠标右键单击 values 文件夹中的 strings.xml 文件，选择弹出菜单中的 Copy 项，然后依次在 values-zh-rCN 和 values-zh-rTW 文件夹上单击鼠标右键，选择弹出菜单中的 Paste 项，将 strings.xml 文件粘贴过来，最终的完成的结果如图 2.14 所示。

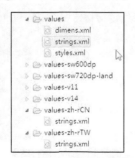

图 2.14　不同语言环境下的字符串资源

【提示】

这里的 values、values-zh-rCN 和 values-zh-rTW 这三个资源文件夹的含义是：当应用程序在简体中文 Android 环境下运行时，values-zh-rCN 里面的字符串资源会被优先在界面上显示；当在繁体中文 Android 环境下运行时，values-zh-rTW 里面包含的字符串资源会被优先显示到界面。默认情况下，Android 会直接使用 values 中的字符串资源。

（4）打开 values 文件夹下面的 strings.xml 文件，按照下面阴影部分所示的内容进行修改并保存。

```xml
<?xml version="1.0" encoding="utf-8"?>
<resources>
    <string name="app_name">BMI</string>
    <string name="action_settings">Settings</string>
    <string name="hello_world">Hello world!</string>
    <string name="str_height">Height(cm):</string>
    <string name="str_weight">Weight(kg):</string>
    <string name="str_calc">Calculate BMI</string>
    <string name="str_result">Result:</string>
    <string name="str_thin">
        You a little underweight, please eat more.</string>
    <string name="str_normal">
        You are healthy, congratulation!</string>
    <string name="str_fat">
        You are a little overweight, please exercise more.</string>
    <string name="str_error">Input error!</string>
</resources>
```

（5）打开 values-zh-rCN 文件夹中的 strings.xml，按照下面阴影部分所示的内容修改并保存。

```xml
<?xml version="1.0" encoding="utf-8"?>
<resources>
    <string name="app_name">BMI 体质计算器</string>
    <string name="action_settings">Settings</string>
    <string name="hello_world">Hello world!</string>
    <string name="str_height">身高(厘米):</string>
    <string name="str_weight">体重(公斤):</string>
    <string name="str_calc">计算体质指数</string>
    <string name="str_result">结果:</string>

    <string name="str_thin">你的体型偏瘦，需要增加营养</string>
    <string name="str_normal">你的体型不错，请继续保持</string>
    <string name="str_fat">你的体型偏胖，需要增强锻炼</string>
```

```
    <string name="str_error">提示：输入有误</string>
</resources>
```

[提示] 这里只处理 values 和 values-zh-rCN 这两个文件夹中的字符串资源，values-zh-rTW 文件夹的处理请自行完成。最后要做的就是将界面布局文件和程序源代码中的字符串全部替换为资源文件 strings.xml 中的相应名称（有点像代码中的变量定义）。

（6）打开 layout 文件夹下面的 activity_bmi.xml 文件，将 android:text="身高(cm):"替换成 android:text="@string/str_height"，见下面阴影部分所示的内容。

```
<TextView
    android:id="@+id/textView1"
    android:layout_width="wrap_content"
    android:layout_height="wrap_content"
    android:layout_alignParentLeft="true"
    android:layout_alignParentTop="true"
    android:text="@string/str_height" />
```

接下来使用相同的方法，把 activity_bmi.xml 文件中的其他字符串替换为资源文件中的相应名字，请自行完成此项工作。

阴影部分修改的内容，是指 Android 需要根据语言环境到查找名为"str_height"的字符串资源。其中，@string 表明所找的是 strings.xml 中定义的字符串。如果当前是简体中文环境，那么 values-zh-rCN 文件夹的 strings.xml 中定义的 str_height，即"<string name="str_height">身高(厘米):</string>"中的汉字内容"身高(厘米):"将被显示到程序界面上。

（7）除了修改界面布局文件，还要修改程序源代码。打开 BMIActivity 类，按照下面阴影部分所示的内容进行调整。

```
try {
    ...
    if (bmi < 18.5) {
        textResult.setText(R.string.str_thin);
    }
    else if (bmi > 24.9) {
        textResult.setText(R.string.str_fat);
    }
    else {
        textResult.setText(R.string.str_normal);
    }
}
catch (Exception e) {
    Toast.makeText(BMIActivity.this,
                R.string.str_error,
                Toast.LENGTH_SHORT)
        .show();
}
```

至此，代码重构工作就完成了。为验证应用程序能否适应不同的语言环境，请保存以上所有修改，然后运行 BMI 程序，接下来在手机或模拟器中找到"设置/设定"功能，将环境语言分别设置为"中文（简体）"或"English(Unite States)"，然后检查一下程序界面是否能在简体中文和英语模式下自动切换，如图 2.15 所示。

图 2.15　不同语言环境下的程序界面

2.6　BMI 属性菜单

Android 应用程序的属性菜单有点类似于 PC 上的右键单击弹出的菜单。如果 Android 应用程序包含有属性菜单，那么可以通过手机或平板上的属性菜单按键来打开它。在新建 BMI 项目时，ADT 默认已经添加了一个属性菜单并在代码中激活它，此时就可以在运行程序时单击模拟器中操作面板右上区域中的"MENU"按钮，或者在手机上通过属性菜单按键来显示它，如图 2.16 所示。当然单击这个菜单项并不会有什么实质性的反应，属性菜单就消失了。

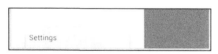

图 2.16　属性菜单

接下来准备修改 ADT 自动创建的这个属性菜单，然后使得单击菜单的时候能够执行某些处理工作。

（1）分别打开 values 和 values-zh-rCN 中的 strings.xml 文件，在其中分别新增两个名为 str_menu_info 和 str_menu_quit 的字符串资源，即：

```
<string name="str_menu_info">Information</string>
<string name="str_menu_quit">Quit</string>
```

以及

```
<string name="str_menu_info">说明</string>
<string name="str_menu_quit">退出</string>
```

（2）打开资源文件夹 res 下的 menu 文件夹中的 bmi.xml 文件，将其修改为下面阴影部分所示的内容。

```
<menu xmlns:android="http://schemas.android.com/apk/res/android" >
    <item android:id="@+id/menu_info"
        android:title="@string/str_menu_info"
```

```
            android:icon="@android:drawable/ic_dialog_info"
            android:orderInCategory="100" />
    <item android:id="@+id/menu_quit"
            android:title="@string/str_menu_quit"
            android:icon="@android:drawable/btn_dialog"
            android:orderInCategory="101" />
</menu>
```

【提示】　　在布局文件源内容中编辑 xml 标签或属性时，可以按下<Alt + /> 组合键得到相应的提示信息，如图 2.17 所示。

图 2.17　xml 内容自动提示

保存上面所做修改，运行 BMI 程序，然后单击模拟器上的"MENU"键以显示属性菜单，如图 2.18 所示。

图 2.18　自定义菜单项

（3）打开 BMIActivity 类，在类代码里面单击鼠标右键，选择弹出菜单中的"Source"→"Override/Implement methods"项，在出现的窗体中勾选 onOptionsItemSelected(MenuItem)项，再单击"OK"按钮，如图 2.19 所示。

图 2.19　覆盖实现 onOptionsItemSelected()方法

（4）修改 onOptionsItemSelected(MenuItem)方法，其代码如下面阴影部分内容所示。
```
@Override
public boolean onOptionsItemSelected(MenuItem item) {
    // 当单击属性菜单中的某个菜单项时，
```

```
    // 系统会自动执行 onOptionsItemSelected()
    switch (item.getItemId()) {
    case R.id.menu_info:
        break;
    case R.id.menu_quit:
        finish();
        break;
    }
    // 返回 true 代表已处理了单击事件
    return true;
}
```

保存上述所做修改，运行 BMI 程序，检查一下退出菜单项是否能正常工作，最后准备处理"说明"菜单项的事件响应工作。当单击"说明"菜单项时，希望显示一个新的界面，在这个界面上将显示体质指数说明的一些相关信息。为了显示这个界面，需要添加一个新的 Activity 来完成这项工作。

（5）在项目 src 文件夹下的 mytest.bmi 包上单击鼠标右键，选择弹出菜单中的"New"→"Class"，然后按图 2.20 所示进行设置，完成后单击"Finish"按钮。

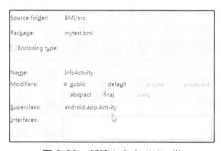

图 2.20 新建 InfoActivity 类

（6）打开 InfoActivity.java，在其代码中单击鼠标右键，选择弹出菜单中的"Source"→"Override/Implement methods"项，勾选 onCreate(Bundle)项，再单击"OK"按钮，如图 2.21 所示。

图 2.21 覆盖实现 onCreate ()方法

有了 InfoActivity 类，还需要一个用来显示界面的 xml 布局文件，尽管也能使用代码来生成界面，但一般情况下并不建议这么做，因为 Android 布局文件的目的就是为了将界面与逻辑代码分离，便于将来的开发与维护工作。

（7）在 BMI 项目的 layout 文件夹上单击鼠标右键，选择弹出菜单中的"New"→"Other"，选择"Android XML Layout File"，如图 2.22 所示，然后单击"Next"按钮。

图 2.22　创建布局文件

（8）在 File 栏中输入布局文件名 activity_info.xml，选择 Root Element 列表中的 RelativeLayout 相对布局（默认推荐使用的布局方式），如图 2.23 所示，最后直接单击"Finish"按钮。

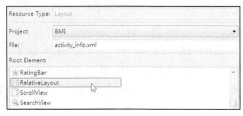

图 2.23　布局设置

布局文件创建好之后，ADT 会自动将其打开，现在暂时不做界面设计工作，直接关闭它即可。接下来需要将这个新布局文件关联到 InfoActivity 类。

（9）打开 InfoActivity 类，找到其中的 onCreate() 方法，在其中加入下面阴影部分所示的代码。

```
public class InfoActivity extends Activity {
    @Override
    protected void onCreate(Bundle savedInstanceState) {
        // TODO Auto-generated method stub
        super.onCreate(savedInstanceState);
        setContentView(R.layout.activity_info);
    }
}
```

（10）打开 BMIActivity 类，在属性菜单事件响应方法 onOptionsItemSelected() 中添加下面阴影部分所示的代码，然后按下 <Ctrl+Shift+O> 组合键以导入所需的包。

```
@Override
public boolean onOptionsItemSelected(MenuItem item) {
    switch (item.getItemId()) {
    case R.id.menu_info:
        // 启动切换至新的 InfoActivity 界面
        Intent intent = new Intent();
        intent.setClass(BMIActivity.this, InfoActivity.class);
        startActivity(intent);
        break;
    case R.id.menu_quit:
        finish();
```

```
            break;
    }
    // true 代表已消费掉了单击事件，不需要再做其他处理
    return true;
}
```

在代码中，单击属性菜单的"说明"项时，需要显示一个包含有文字描述信息的界面。这里用到了 Intent 类，其本意是"意图"，实际上做的是设置 Intent 对象的"源 Activity"和"目标 Activity"的工作，相当于从哪个界面转到哪个界面，而调用 startActivity() 方法将导致 InfoActivity 的界面显示出来。从这里也可以看出，Android 中的"Activity"实际上与 PC 操作系统的"窗体"性质是类似的。

值得注意的是，Android 应用程序中的 Activity 要生效的话，必须事先在配置文件 AndroidManifest.xml 中声明它，否则程序运行时就会出现异常，将来定义任何新的 Activity 都不要遗忘这一点。

（11）打开项目中的 AndroidManifest.xml，并在其中加入下面阴影部分所示的内容。

```xml
<application
        android:allowBackup="true"
        android:icon="@drawable/ic_launcher"
        android:label="@string/app_name"
        android:theme="@style/AppTheme" >
    <activity
            android:name="mytest.bmi.BMIActivity"
            android:label="@string/app_name" >

        <intent-filter>
            <action android:name="android.intent.action.MAIN" />
            <category android:name="android.intent.category.LAUNCHER"/>
        </intent-filter>
    </activity>
    <activity android:name="mytest.bmi.InfoActivity" />
</application>
```

目前，AndroidManifest.xml 配置文件中只声明了两个 Activity，第一个是 BMIActivity，它是 BMI 程序的"主 Activity"，应用程序启动时显示的就是这个 Activity 的界面；第二个就是新增的 InfoActivity。其中，<intent-filter> 元素中的 android.intent.action.MAIN 和 android.intent.category.LAUNCHER 指明了 Android 应用程序启动时显示的 Activity。

至此，保存所有更改，然后运行 BMI 程序，尝试一下单击属性菜单中的"说明"项，看看是否会显示一个新的 Activity，单击手机或模拟器中的"返回"按钮则又回到前一个 Activity。

由于目前不需要在 InfoActivity 中做更多工作，只是为了显示一些说明性的文字信息，因此只需处理一下字符串资源文件 strings.xml 和 activity_info.xml 布局文件便完成了所有的工作。

（12）打开 values 文件夹下的 strings.xml 文件，在其中添加两个字符串资源，其内容如下（见阴影部分所示）。

```xml
<?xml version="1.0" encoding="utf-8"?>
<resources>
    ...
    <string name="str_menu_info">Information</string>
    <string name="str_menu_quit">Quit</string>
    <string name="str_bmi_title">Remarks:</string>
    <string name="str_bmi_info">
        Body mass index is defined as the individual\'s
        body mass divided by the square of his or her
        height. The formulae universally used in medicine
        produce a unit of measure of kg/m². \n
        BMI can also be determined using a BMI chart,
        which displays BMI as a function of weight
         (horizontal axis) and height (vertical axis) using
        contour lines for different values of BMI or colors
        for different BMI categories.
    </string>
</resources>
```

（13）打开 values-zh-rCN 下的 strings.xml 文件，同样在其中添加两个字符串资源，其内容如下（见阴影部分所示）。

```xml
<?xml version="1.0" encoding="utf-8"?>
<resources>
    ...
    <string name="str_menu_info">说明</string>
    <string name="str_menu_quit">退出</string>
    <string name="str_bmi_title">说明:</string>
    <string name="str_bmi_info">
        BMI 是 Body Mass Index 的缩写，是以你的身高体重计算出来的。
        BMI 计算的是身体脂肪的比例，所以在测量身体因超重而面临心脏病、
        高血压等风险上，比单纯的以体重来认定，更具准确性。\n
        特别注意，不是每个人都适用 BMI 的，如果你是：\n
        1. 未满 18 岁；\n
        2. 是运动员；\n
        3. 正在做重量训练；\n
        4. 怀孕或哺乳中； \n
        5. 身体虚弱或久坐不动的老人\n
        那么 BMI 的指数对你不适用。 如果你认为 BMI 算出来的结果不正确，
        请带着结果与你的医师讨论，并要求做体脂肪测试。
    </string>
</resources>
```

（14）最后，打开 layout 文件夹下的 activity_info.xml 布局，设计如图 2.24 所示外观的 UI 布局。

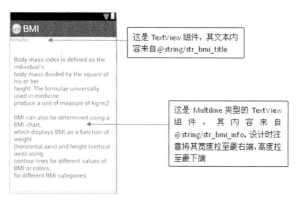

图 2.24　设计 activity_info.xml 布局外观

保存以上所做修改，重新运行 BMI 程序，检查一下单击"说明"菜单项后是否会出现正常的信息显示界面。当然，这里没有添加繁体文字的字符串资源，请自行完成这项工作。

2.7　知识拓展

2.7.1　Activity

对 Android 的应用程序来说，可以包含以下 4 类组件：Activity（活动/行为）、Service（服务）、Broadcast Receiver（广播接收器）以及 Content Provider（内容提供者）。其中，Activitiy 是使用最为广泛的，也是最基本、最常用的组件，通常接触到的有界面的应用程序都属于这类。Service 是 Android 系统的一种服务，它在后台运行且没有交互界面，与 Windows 中的"服务"性质是类似的。其他两类组件将在以后探讨。

Activity 被称为"活动/行为"，但这个译法并不能很容易地理解它，所以大部分情况下还是将其称之为 Activity。Activity 主要用来展示数据，是用户和操作系统交互的一种手段，它可以被简单理解成一个可视化的"窗口"，类似于 Windows 系统中的"窗体"。所以，Activity 通常都是直接可见的，几乎所有的 Activity 都与用户直接进行交互，具有一个或多个用户界面，尽管不是必须的。Activity 负责创建并显示界面，可以在自己的 Activity（比如 BMI 项目中的 BMIActivity 类和 InfoActivity 类）中使用 setContentView()方法来显示特定的 UI 界面。

要创建一个 Activity，通常需遵循以下步骤。

（1）定义一个 Activity 组件，也就是自定义一个类，这个类继承 Andoird 应用框架中提供的 android.app.Activity 类。

（2）覆盖父类/超类中的 onCreate()方法以执行初始化工作，如设置界面布局、控件初始化、事件响应等。界面布局中的控件可以通过 findViewById()关联到类的成员变量。

（3）每个 Activity 都要在 AndriodManifest.xml 文件中配置，否则不能被使用，即使存在这个类也不行。

（4）除应用程序启动时显示的 Activity 外，其他 Activity 通常都是调用 startActivity()或 startActivityForResult()方法来启动它的。

Android 通过一种所谓的"Task 任务栈"的方式来管理 Activity，多个位于栈中的 Activity

共同构成一个"完整的"应用,这一点与平常理解的应用程序的概念有所不同。换句话说,Android 中的一个应用组成部分是松散的,它既可以包括项目中定义的 Activity(比如 BMIActivity),也可能包括系统中已有的其他 Activity(比如相机),这些不同来源的 Activity 共同协作构成一个"大应用"的范畴。

Activity 的状态与它在栈中的位置关系如图 2.25 所示,它类似于盘子叠放,位于栈顶部的 Activity 才是可见的,栈顶以下的 Activity 都是不可见的,因为 Android 设计成使 Activity 独占整个屏幕,所以它不像 Windows 中的那样可以多个窗口层叠且同时可见。

一个 Activity 实例的状态决定了它在任务栈中的位置,处于前台可见的 Activity 总是在栈的顶端。当位于前台的 Activity 调用 finish()方法或由于其他原因被销毁时(如发生异常),系统会将其从栈顶移出,处于栈第二层的 Activity 将被激活并上升为新的栈顶。如果某个时候启动了新的 Activity,系统会将其加入当前任务栈,原栈顶 Activity 则会被压到第二层。一个 Activity 在栈中位置的变化也反映了它在不同状态间进行转换,对应的就是其生命周期的变化。

图 2.25 Activity 的任务栈

对于 Task 栈来说,除了最顶层 Activity 处于运行状态外,栈中其他 Activity 都是 Pause 或 Stop 状态。当系统内存不足时,这些 Activity 可能随时被强制结束并回收掉,甚至连栈顶的 Activity 都可能被系统强行结束,这一点与运行在 PC 上的程序也是不同的。当然,一个 Activity 越是处在栈的底层,它被系统回收的可能性就越大。系统负责管理栈中的 Activity,它根据 Activity 的状态来动态改变其在栈中的位置。

Activity 从启动到结束,以及中间的暂停(比如当前程序在运行时突然有电话拨进来),代表着它自己的完整生命周期,但这个过程是由 Android 操作系统来安排的,程序执行流程会在 Android 系统的各种状况下发生变化。举例来说,当输入数据的时候,突然有一个电话拨进来,那么当前应用程序将会被系统强行暂停并隐藏,同时启动显示接听电话的 Activity 程序界面。另外,如果 Android 系统发现当前可用内存严重不足,那么某些应用程序则会被强制终止以释放内存。所以,如果要对 Activity 精确控制的话,比如考虑何时保存数据,那么就应该充分了解 Activity 生命周期的各个阶段。Activity 的生命周期示意图如图 2.26 所示。

Activity 的生命周期可以在应用程序面对各种状态切换时进行灵活处理。比如,应用程序运行时,在界面的 EditText 控件中输入了一部分内容,此时突然来了一个电话,且系统因内存不足将应用程序从内存中清除掉了,当再次启动那个应用程序时,将发现原来输入的内容全部都没了。假如不希望出现这样的问题,就可以考虑在自定义的 Activity 中覆盖实现 onPause() 方法以保存输入的数据。因为应用程序在被杀死之前,Android 系统会让应用程序最后执行 onPause()方法,如果可能的话还会允许其执行 onStop()方法,具体要视当时的实际情况而定。但有一点可以保证,即应用程序在变得不可见或被系统杀死之前,onPause()方法是必须要执行的,这是 Android 系统在设计时安排的。实际上,Android 的生命周期完全类似于生物的生长过程,比如出生、成长、疾病、意外、死亡等状态的切换。

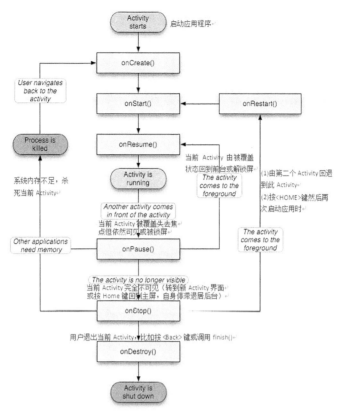

图 2.26　Activity 的生命周期

　　Activity 既然可以看成是一个个独立的"窗体"，Activity 之间是可以相互切换的，就像在 BMI 项目中从 BMIActivity 切换至 InfoActivity 所做的那样，从这一点来看，Activity 与平常使用的"网页"概念比较接近。Activity 在切换时除了会执行生命周期中的某些方法，还可以传递数据给其他 Activity。如果要从当前 Activity 传数据给下一个 Activity，那么可以使用 Intent 对象的 putExtra()方法。以 BMI 项目中的两个 Activity 为例，下面是 BMIActivity 启动 InfoActivity 并传递数据给它的代码。

```
// 准备要传递的数据bundle集合，且可以捆绑多个不同类型的数据
Bundle bundle = new Bundle();
bundle.putString("bmi_name", "test");
bundle.putDouble("bmi_val", 10.5);
// 将要传递的数据绑定到intent对象
Intent intent = new Intent();
intent.putExtras(bundle);
// 启动新的Activity
intent.setClass(BMIActivity.this, InfoActivity.class);
startActivity(intent);
```

　　注意到，这里的 Bundle 对象就是传递到 InfoActivity 的数据集。在 InfoActivity 类的 onCreate()方法中添加如下代码，即可获取到来自 BMIActivity 的数据。

```
// 通过 intent 获取到上一个 Activity 传过来的数据
Bundle bundle = getIntent().getExtras();
String name = bundle.getString("bmi_name");
double val = bundle.getDouble("bmi_val");
```

另外，当新启动的 Activity 结束返回至原来的 Activity 时，还可以回传一些数据给它。此时，应将 startActivity() 的调用改为 startActivityForResult()，同时在原 Activity 中实现 onActivityResult(int requestCode, int resultCode, Intent data) 方法，以具体处理返回的数据，这个问题将在后面项目单元中予以详述。

2.7.2 RelativeLayout

在 Android 应用中，用户界面（User Interface，简称 UI）是人与智能设备之间传递、交换信息的媒介，也是 Android 系统的重要组成部分。Android 应用程序可以在运行时通过代码来实例化界面元素，也可以通过定义 xml 布局文件来达到同样目的，后一种做法使应用程序的界面与控制它行为的代码更好地分离开了。UI 界面描述与应用程序代码分离，意味着可以修改或调整界面而不一定要修改源码并重新编译，程序仍然可以正常运行。ADT 创建的 Android 应用程序 UI 布局文件默认存放于 res 资源下的 layout 文件夹中。

一个 Android 界面通常包含有很多控件，那么怎么控制它们的位置排列呢？因此，需要一些所谓的"容器"容纳这些控件并排列它们的位置，这就是 Android 提供的"布局"机制。Android 布局主要包括 LinearLayout（线性布局）、RelativeLayout（相对布局）、TableLayout（表格布局）、FrameLayout（帧布局）和 AbsoluteLayout（绝对布局）等。另外，从 Android 4.0 开始还增加了一个 GridLayout（网格布局），像 Android 应用程序列表就是一个 GridLayout 布局的例子。这里主要介绍一下 RelativeLayout 的特点，AbsoluteLayout 已经不再推荐使用，其他几种布局将在后续项目中分析。

顾名思义，RelativeLayout 表示相对布局，即控件的位置是依据"父容器"（控件所在的布局）以及同一布局容器中其他控件的相对位置来排列的，它的原理有点类似于军训中的队列。队列中的人都是"相对"队头和相邻的人来安排自己位置的。如果队头位置发生变动，同一队列的人也要相应调整位置以保持队列整齐。因此，RelativeLayout 布局的一个最大特点，就是在排列控件位置时要指定它"相对"的是哪个控件，或相对的是父容器的哪个位置（左、右、上、下 4 个边缘，垂直或水平方向的中间），这一点从 BMI 项目的布局设计就可以看出。

Eclipse 的 ADT 插件支持以"所见即所得"的方式来设计控件的布局外观，绝大部分情况下都推荐使用这种方法来设计界面，对初学者来说难度也较低。此外，Android 的布局可以相互嵌套使用，有点类似于"地毯上再铺地毯"的做法，以此可以设计出具有复杂外观的界面。

RelativeLayout 布局可以通过设置属性来控制布局自身或其中容纳的控件的行为，如排列控件的位置及外观等。表 2.1 列出的是一些在布局中常用的属性和举例，具体取值可以在布局 xml 文件中按下 <Alt+/> 这两个组合键来查看。

表 2.1 布局元素的属性

属性	含义
android:layout_alignParentLeft="true"	RelativeLayout 中元素对齐父容器的左端
android:layout_alignParentRight="true"	RelativeLayout 中元素对齐父容器的右端
android:layout_alignParentTop="true"	RelativeLayout 中元素对齐父容器的上端

续表

属　性	含　义
android:layout_alignParentBottom="true"	RelativeLayout 中元素对齐父容器的下端
android:layout_toRightOf="@id/button1"	RelativeLayout 中元素位于 button1 的右侧
android:layout_toLeftOf="@id/button1"	RelativeLayout 中元素位于 button1 的左侧
android:layout_below="@id/button1"	RelativeLayout 中元素位于 button1 的下侧
android:layout_above="@id/button1"	RelativeLayout 中元素位于 button1 的上侧
android:layout_alignTop="@id/button1"	RelativeLayout 中元素对齐 button1 的上端
android:layout_alignBottom="@id/button1"	RelativeLayout 中元素对齐 button1 的下端
android:layout_alignLeft="@id/button1"	RelativeLayout 中元素对齐 button1 的左端
android:layout_alignRight="@id/button1"	RelativeLayout 中元素对齐 button1 的右端
android:id="@+id/btnCall"	Java 代码通过 btnCall 来关联控件或布局
android:layout_width="80dp"	宽度为 80dp
android:layout_width="wrap_content"	宽度包裹内容
android:layout_width="match_parent"	宽度适应父容器
android:layout_height="80dp"	高度为 80dp
android:layout_height="wrap_content"	高度包裹内容
android:layout_height="match_parent"	高度适应父容器
android:layout_marginLeft="5dp"	左边保留间距为 5dp
android:layout_marginRight="5dp"	右边保留间距为 5dp
android:layout_marginTop="5dp"	上边保留间距为 5dp
android:layout_marginRight="5dp"	下边保留间距为 5dp
android:gravity="center"	元素里面包含内容的显示位置，即重心
android:layout_gravity="left"	控件本身在父容器中的显示位置，只在 LinearLayout 和 FrameLayout 中有效
android:visibility="gone"	元素可见性设置
android:background="@drawable/bg"	元素背景设置为图片
android:background="#FF0000FF"	元素背景设置为颜色
android:orientation="horizontal"	LinearLayout 线性布局中控件按水平方向摆放
android:orientation="vertical"	LinearLayout 线性布局中控件按垂直方向摆放
android:layout_weight="1"	LinearLayout 中子元素所占空间比例值

2.7.3 AndroidManifest

在 Android 应用程序中，有一个地位比较特殊的文件，它就是项目中名为 AndroidManifest.xml 的文件。通常，每个 Android 程序都必须包含这个起全局作用的配置文件，它位于项目根目录下，其中以 XML 数据格式描述项目中的全局配置信息，包括可用组件（Activity、Service 等）以及各种能被处理的数据、启动位置等重要信息。换句话说，AndroidManifest.xml 提供了 Android 系统所需的关于应用程序的必要信息，它是系统正确加载当前应用程序之前必须了解的信息。

下面以 BMI 项目中的 AndroidManifest.xml 配置文件为例，对其中所包含的各种配置信息予以简单说明。AndroidManifest.xml 本身就是一个 XML 文件，其内容如下。

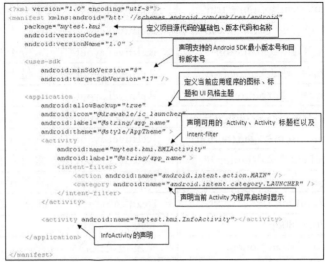

实际上，AndroidManifest.xml 文件的配置信息远不止上面的内容，随着后续学习的深入将进一步了解它们。不过，目前有一些值得注意的地方，如下。

（1）几乎所有的 AndroidManifest.xml 的第一个节点<manifest>均包含 xmlns:android="http://schemas.android.com/apk/res/android"命名空间的声明，这使得 Android 的各种标准属性能在文件中使用，且提供了大部分元素中的数据，例如 android:layout_width="match_parent"。

（2）大部分<manifest>节点只包含一个<application>，它定义了所有 application 级别的组件和属性，并能在当前应用的包中使用。

（3）任何能被用户直接启动的应用程序应包含一个主 Activity，相当于普通 Java 应用程序的包含 main()方法的类。android.intent.action.MAIN 指示了应用程序的入口点 Activity，android.intent.category.LAUNCHER 指示此 Activity 将被 Android 启动器加载到应用程序列表中。注意，启动器是指 Android 启动时出现的"桌面"环境。

（4）<application>节点可包含 Activity、Service、.BroadcastReceiver 和 Content Provider 这4 种组件对象的声明。在项目中新建的任一种组件，都要在 AndroidManifest.xml 文件中添加相应节点声明，否则程序运行时将会产生异常。比如，如果一个 Activity 没有对应的<activity>声明，就不能启动运行它。

2.7.4　ApiDemo

在 Android SDK 中，有一个用来展示 Android 各种特性的 API Demos 演示程序，这个程序默认已安装在 Android 模拟器中，如图 2.27 所示。

图 2.27　API Demo 程序启动图标

Android SDK 也提供了这个演示程序的完整源代码，它将是以后编写 Android 应用程序时的一个极佳参考，Android 的各种功能特性基本上都能在这里找到相应的演示代码。下面，准备把这个程序的项目源代码导入进来。

（1）启动 ADT 集成开发环境，单击"Window"菜单中的"Android SDK Manager"项，然后检查是否已下载过"Samples for SDK"，如果没有则需要将其下载下来，如图 2.28 所示。

图 2.28　Android SDK Manager 管理器

如果"Samples for SDK"下载已完成，可以直接关闭"Android SDK Manager"管理器。

（2）单击 ADT 的主菜单"File"→"New"→"Project"，选择"Android Sample Project"，如图 2.29 所示，然后单击"Next"按钮。

图 2.29　创建 Android Sample Project 项目

（3）勾选一个合适的"Target Name"，这里选的是"Android 4.2.2"（见图 2.30），单击"Next"按钮。

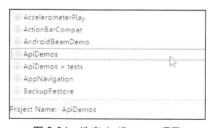

图 2.30　设定程序运行的目标平台

（4）在项目列表中，选定"ApiDemos"，然后单击"Finish"按钮，完成 Sample 项目的创建。如图 2.31 所示。

图 2.31　选定 ApiDemos 项目

从图 2.31 也可看出，这里不仅有 ApiDemos 样例项目，还有许多其他功能的代码样例，可以通过相同的方法把它们导入到 ADT 开发环境中，这些项目对初学者来说，都是很好的学习资源。

现在 ADT 中已经有了 ApiDemo 项目的源代码了，可以直接运行它，也可以研究其中的代码，看看各种功能是如何实现的。当然，如果是在模拟器中运行 ApiDemo 项目，请先把模拟器中默认安装的"Api Demos"程序先卸载掉，否则会出现无法加载的错误。

2.7.5 API Reference

在开发 Android 应用程序时,既要使用 Android SDK 提供的类、方法等这类 API,也会用到 Java SDK 中提供的 API。无论哪个 SDK,它们所包含的类和方法是成千上万的数量级,所以基本上没有办法记住每一个类或方法的含义和具体用法,只有可能熟知一部分经常使用的 API。所以,每个人应该养成在编写代码时经常查阅文档的习惯,就像小时候开始学习语文或英语时手头常备的字典一样。

为了正确查阅文档,首先应将 Android SDK 和 Java SDK 的 API 参考文档安装到本地,可以通过 Android SDK Manager 将其下载下来,如图 2.32 所示。

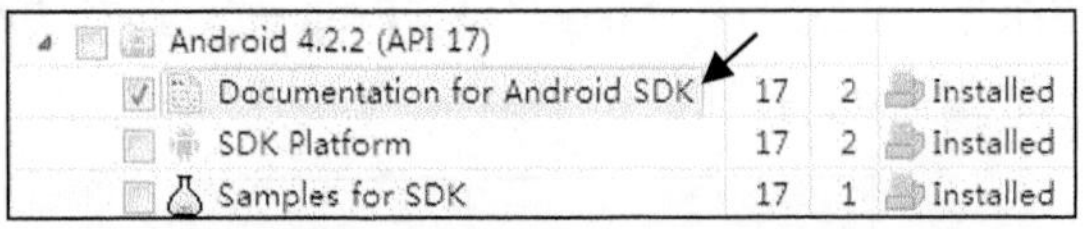

图 2.32 通过 SDK Manager 下载 Android 开发文档

下载之后,打开 adt-bundle-windows\sdk\docs\reference\index.html 帮助文档的首页,页面左侧列出了 SDK 包含的所有包以及每个包下面的类或接口,右侧就是具体的说明文档,如图 2.33 所示。

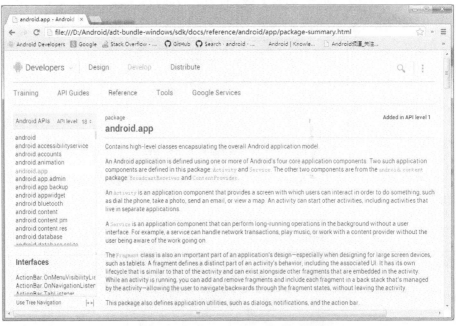

图 2.33 Android SDK API 参考文档

在互联网上,也有一些热心人士将这些文档打包编译为 chm 格式的文件,这是一种典型的 Windows 帮助文件格式,使用起来更为方便。这个 chm 文件在本书配套教学资源中也有提供下载。

另外,在 ADT 开发环境中,当鼠标指针在代码中的类名或方法名上面悬停时,ADT 也会自动列出该类或方法所对应的 API 参考文档,如图 2.34 所示。通过这些文档的描述,可以帮助理解 API 的具体含义,比如方法的功能是什么,需要什么样的参数,返回值代表什么含义,以及什么情况下会抛出什么异常等。

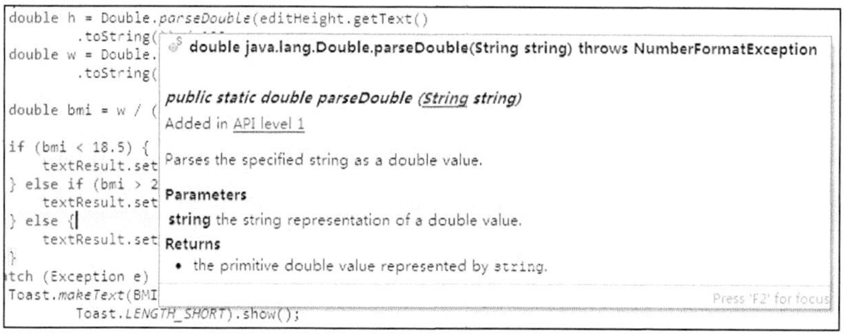

图 2.34　ADT 开发环境中的在线文档

2.8　问题实践

1. 回顾最终完成的项目代码，仔细体会一下，看看自己从中学到了什么？

2. 在 BMI 项目的界面中添加的 EditText 组件默认可以输入多行文字，在运行程序时可以通过按下<Enter>键看到效果。请修改 activity_bmi.xml 布局文件中的 EditText 组件的属性，使之只能输入一行文字。

3. 如何让 InfoActivity 中的 EditText 控件显示的说明信息是只读的？

4. 给应用程序加个背景图片可以增色不少。试着找一个适合做背景的图片放到项目中，然后设置成 BMI 界面的背景。

5. 试着修改一下 EditText 控件的 "android:drawableLeft" 和 "android:hit" 属性，看看控件的外观是不是有所变化。

6. 修改 BMIActivity 和 InfoActivity 的代码，将计算出的体质指数从 BMIActivity 传到 InfoActivity 中显示。

7. 体质指数的计算有多种方法，性别差异对 BMI 的结果也有影响。成年男性的标准体重计算方法为"身高(cm)-105=标准体重(kg)"，成年女性的标准体重计算方法为"身高(cm)-100=标准体重(kg)"。为合理起见，假定标准体重上下 3kg（男性）和 2kg（女性）的范围均属正常，请修改程序，在主界面上增加性别选择功能，然后调整为按性别计算，以判断一个人是胖、瘦还是正常的结果。

8. 设计一个简单的计算器程序，在两个 EditText 组件中输入两个数，然后分别单击加、减、乘、除按钮，以使程序能计算出正确的结果。

PART 3 项目 3 ColorCard 色卡程序的开发

【学习提示】

- 项目目标：开发一款色卡应用，实现色块数据动态加载和检索功能，且能通过拍照辨别颜色
- 知识点：RelativeLayout/LinearLayout/TableLayout 布局；ScrollView 组件；res 资源；px/dp/sp 单位；调用系统相机拍照；颜色模型
- 技能目标：能利用布局设计自定义的程序界面；会使用 HierarchyViewer 和 UiautomatorViewer 工具分析界面布局原理；会调试 Android 应用程序；掌握布局管理器设计复杂界面的技巧

3.1 项目引入

前面的项目单元阐述了使用布局文件设计 Android 应用程序界面的基本方法，灵活掌握布局的使用，对开发 Android 应用程序来说将带来很大帮助。因为程序界面是用户的"第一印象"，一个功能强大的应用程序，如果其界面外观与功能不相称，无疑会不易让人接受。正所谓"三分长相七分打扮"就是这个道理。近年来，苹果公司的 iPhone、iPad 等产品之所以被人喜爱，很重要的一点就是因为它们被设计成科技与艺术的结合，这种"赏心悦目"的用户体念直接导致了引领业界潮流的"设计和体验为王"现象。现在，这一理念已被全球大多数科技企业所接受，从 Android 系统本身的发展演变就可以看出来，每一个后续版本 Android 系统的易用性、艺术性和完美性表现得越来越突出。

本项目单元将以一个稍微复杂一点的例子来进一步展示 Android 应用程序的界面布局设计方法，这个例子是一个名为 ColorCard 的色卡应用程序，它的界面外观如图 3.1 所示。

图 3.1 色卡运行效果

3.2 ColorCard 项目准备

（1）启动 Android Developer Tools 集成开发环境，选择主菜单"File"→"New"→"Android Application Project"，按图 3.2 所示的内容进行设置，然后单击"Next"按钮进入下一步。

图 3.2 创建色卡项目

（2）指定应用程序的图标，这里要求事先准备好一张大小合适的图片，如图 3.3 所示。

图 3.3 设定色卡应用程序图标

（3）最后一步按照图 3.4 所示的内容设置，然后单击"Finish"按钮完成项目的创建。

图 3.4 设定色卡 Activity 和界面布局

（4）将图片文件 bg01.jpg、tabselected.png、taback.png 和 android.jpg 分别复制至 drawable-mdpi 资源文件夹中，如图 3.5 所示，其中的 3 张图片被分别用来做程序背景、选项卡选中时的外观和选项卡栏的背景。

图 3.5　色卡界面布局图片资源

（5）鼠标右键单击 values 文件夹，选择弹出菜单中的"New"→"File"，然后将文件名设定为 color.xml，在其中输入颜色值和对应名称，它的内容如下（更多颜色定义参见本书配套的电子资源）。

```
<?xml version="1.0" encoding="utf-8"?>
<resources>
    <color name="white">#ffffff</color> <!-- 白色 -->
    <color name="ivory">#fffff0</color> <!-- 象牙色 -->
    ...可以在这里定义其他颜色
    <color name="black">#000000</color> <!-- 黑色 -->
</resources>
```

上述准备工作做完之后，接下来就要开始设计界面了。由于色卡应用程序的界面相比上一个项目更加复杂，因此接下来准备将色卡界面分成几个独立的部分分别设计。

3.3　ColorCard 界面设计

3.3.1　主界面布局

（1）打开 activity_color_card.xml，将布局中仅有的"Hello world!"文本控件删除。

（2）鼠标右键单击布局界面中的空白部分，选择弹出菜单中的 Edit Background 项，如图 3.6 所示。

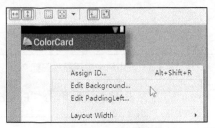

图 3.6　背景设置

（3）在出现的背景资源界面，选择 Drawable 下的 bg01，单击"OK"按钮结束应用程序的界面背景设置，如图 3.7 所示。

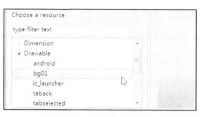

图 3.7　背景资源选择

（4）从组件库的 Layouts 分类中拖放一个 LinearLayout(Horizontal)至界面布局中，使其位于"最左上角"的位置，如图 3.8 所示。

图 3.8　添加 LinearLayout 组件

【提示】LinearLayout 是一种"线性布局"组件，它是用来容纳其他组件（如按钮、输入框）的一种组件，是一种"容器"组件，放置于其中的组件将按水平或垂直方向进行排列，并受 LinearLayout 自动控制。当 LinearLayout 中还未放置其他组件时，在可视化设计器中要选中它的话就比较困难。

（5）为便于操作，请单击 ADT 的主菜单："Window"→"Show View"→"Outline"项，然后在 Outline 中的 LineLayout 上单击鼠标右键，选择弹出菜单中的"Layout Width"→"Match Parent"，此时将在布局中看到刚才拖放的 LinearLayout 对象宽度延长至整个界面的宽度，它就是"Match Parent"的效果，即宽度铺满父容器，也就是最顶层的 RelativeLayout 布局，如图 3.9 所示。

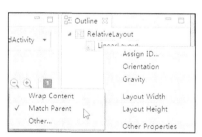

图 3.9　修改 LinearLayout 组件的宽度

（6）用鼠标右键单击这个 LinearLayout 布局，选择弹出菜单中的"Layout Height"→"Other"，指定其高度为 40dip 或 40dp（即 40 个独立于设备的像素的高度），如图 3.10 所示。

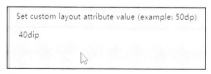

图 3.10　设置 LinearLayout 组件的高度

经过上面的设置，现在界面布局中的顶部就变成如图 3.11 所示的外观，这个 LinearLayout 对象是在父容器中按"左上"对齐方式放置的，宽度铺满父容器，高度为 40dip。

图 3.11　LinearLayout 组件的设计效果

根据选项卡的外观设计，接下来要在 LinearLayout 组件中放置 3 个子容器（仍是 LinearLayout），然后在这 3 个子容器中各加入一个 TextView 控件以显示选项卡上的文字。另外，考虑到布局里面再放置其他子布局有些不便（因为布局里面不事先放置控件的话就看不到它），所以接下来准备将布局和控件往 Eclipse 的 Outline 窗体中拖放，其结果与直接往布局界面上拖放是相同的。

（7）单击 Layouts 分类下面的 LinearLayout(Horizontal)，保持按住鼠标左键不放，将其拖放至 Outline 中现有的 LinearLayout（即父容器）下面，如图 3.12 所示。

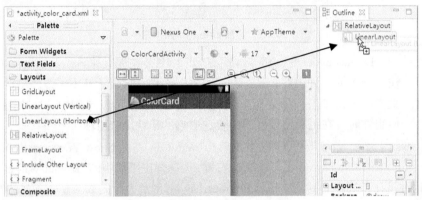

图 3.12　拖放 LinearLayout 组件

（8）用同样方法，再将两个与上面相同的 LinearLayout 对象拖放到 Outline 中的父 LinearLayout 组件中，最终完成的结果如图 3.13 所示，此时，父 LinearLayout 容器里面包含 3 个子 LinearLayout 组件。

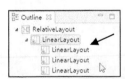

图 3.13　LinearLayout 组件层次结构

（9）鼠标右键单击刚添加的 3 个 LinearLayout 子容器的第一个，选择弹出菜单中的"Layout Width"→"Other"→"Layout Width"，将其宽度设为 100dip，然后再次用鼠标右键单击它，选择弹出菜单中的"Layout Height"→"Other"→"Layout Height"，将其高度设为 35dip（比父容器少 5dip 高度，目的是为了给选项卡顶部预留部分空间）。

（10）用同样的方法，将剩余两个 LinearLayout 子容器的宽度和高度也分别设置为 100dip 和 35dip。

（11）用鼠标右键单击第一个 LinearLayout 子容器，选择弹出菜单中的"Other Properties"→"All By Name"→"Background"，再选中"Drawable"下面的"tabselected"即可。

（12）用鼠标右键单击 LinearLayout 父容器，如图 3.14 所示，选择弹出菜单中的"Other

Properties"→"All By Name"→"Background",然后再选中"Drawable"下面的"taback",这样就把选项卡栏的背景设置好了。容易看出,第一个选项卡的位置似乎不大合适。

图 3.14　LinearLayout 父组件属性设置

（13）用鼠标右键单击这个 LinearLayout 父容器，选择弹出菜单中的"Gravity"→"Bottom"，将这个 LinearLayout 父容器中包含的所有子组件按自己的底部对齐。Gravity 是重心的意思，相当于让 LinearLayout 父容器的"重心"在底部。

至此，顶部的选项卡设计接近完成，其外观如图 3.15 所示。

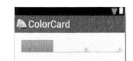

图 3.15　顶部选项卡背景外观

为了让顶部各选项卡出现一些文字，要继续在每个"选项卡"（即 3 个子 LinearLayout 容器）中各加入一个 TextView 控件。

（14）找到组件库中的 Form Widgets 分类，分别拖放 3 个 TextView 控件到 Outline 中的 3 个子 LinearLayout 容器中，最终完成的效果如图 3.16 所示。

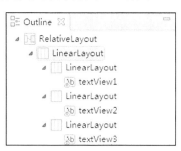

图 3.16　顶部选项卡

（15）为了使选项卡的文字具备"居中"对齐的效果，还需将每个 TextView 所在的 LinearLayout 容器的"Gravity"属性设置为"Center"。方法是：用鼠标右键单击第一个子 LinearLayout 容器，选择弹出菜单中的"Gravity"→"Center"即可。其余两个子 LinearLayout 容器的设置方法与此相同。注意，这里设置子 LinearLayout 容器的"Gravity"为"Center"（即让它里面的东西居中）。

（16）将上面 3 个 TextView 的文字内容、颜色和大小调整一下，方法是：用鼠标右键单击 TextView 控件，选择弹出菜单中的 Edit Text，然后输入选项卡上的文字内容。类似的，弹出菜单中的 Edit TextColor 和 Edit TextSize 项是用来调整字体颜色和大小。第一个选项卡的背景是深色的图片，故其文字颜色应该是浅色，其余两个选项卡的文字是深色。3 个选项卡的字体大小均设置为 20sp。最终完成的选项卡的布局外观如图 3.17 所示。

图 3.17　设计完的顶部选项卡

最后，为了完成主界面的布局设计，应该在选项卡布局容器的下方添加一个 LinearLayout(Vertical)布局对象，然后把这个垂直方向的 LinearLayout 布局组件的宽度和高度均设置为"Match Parent"，步骤从略，最终效果如图 3.18 所示。

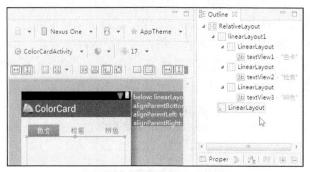

图 3.18　设计完的主界面布局

　实际上，主界面布局 activity_color_card.xml 只是一个框架，选项卡的下方目前没有放置任何内容。当用户单击选项卡时，可以将对应的界面动态加入到主界面布局中，这种灵活分割界面的方法不仅可以设计出复杂的界面，也使项目的可维护性更好。

3.3.2　色卡界面布局

（1）在 ADT 中，单击主菜单"File"→"New"→"Other"，在出现的界面中选择 Android 分类下面的 Android XML Layout File，然后单击"Next"按钮，接下来指定 File 为 color_sample.xml，根元素 Root Element 为 LinearLayout，然后单击"Finish"按钮直接完成新布局的创建，如图 3.19 所示。

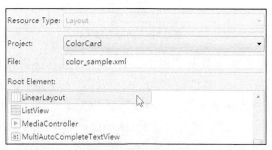

图 3.19　新建色卡界面布局

创建完毕，ADT 会自动在布局设计器中打开 color_sample.xml。

（2）找到组件库的 Composite 分类下面的 ScrollView，将其拖至界面布局中，然后选中 ScrollView 自带的 LinearLayout，手工删除它，再将 Layouts 分类下面的 TableLayout 添加至 ScrollView 中。注意它们之间的层次包含关系，这两步操作所得结果如图 3.20 所示。

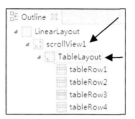

图 3.20　添加 ScrollView 和 TableLayout 组件

（3）继续找到组件库的 Advanced 分类下面的 View 控件，将其拖至 tableRow1 里面，然后再拖一个 TextView 到 tableRow1 里面。重复这个操作，使 tableRow2 下面也包含一个 View 和一个 TextView 控件。最后，删除 tableRow3 和 tableRow4，只保留 tableRow1 和 tableRow2，结果如图 3.21 所示。

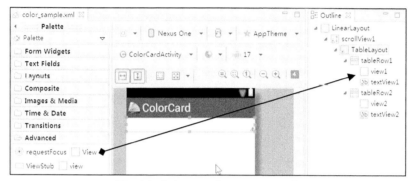

图 3.21　添加 View 和 TextView 组件

至此，color_sample.xml 中应有的控件已经处理完毕，接下来还要设置它们的属性才能得到预期的外观。

（4）在 TableLayout 上单击鼠标右键，选择弹出菜单中的"Other Properties"→"All By Name"→"PaddingLeft"，设置其值为 20dip，这是为了让 TableLayout 左侧有 20dip 大小的留空。

（5）在 TableLayout 上单击鼠标右键，选择弹出菜单中的 Edit StretchColumns，设置其值为 0，表明第 0 列是自动伸展列。再在 TableLayout 上单击鼠标右键，选择弹出菜单中的 Edit ShrinkColumns，同样设置其值为 0，以表明第 0 列是自动收缩列。这两个属性的目的，就是使第 0 列能够自动根据可用空间自动调整宽度，以保证位于同一行的所有控件都能正常显示，而不会因为某个控件太宽导致其他控件被"挤"出界面之外。

（6）在 tableRow1 上单击鼠标右键，选择弹出菜单中的"Other Properties"→"All By Name"→"PaddingTop"，设置其值为 20dip。

（7）在 view1 上单击鼠标右键，选择弹出菜单中的"Layout Height"→"Other"，设置其值为 80dip。然后继续用鼠标右键单击 view1，选择弹出菜单中的 Edit Background，然后随便找一种颜色作为其背景色。

（8）在 textView1 上单击鼠标右键，选择弹出菜单中的"Other Properties"→"All By Name"→"Gravity"，将其值设为 Center。然后继续在 textView1 上单击鼠标右键，选择弹出菜单中的"Layout Height"→"Other"，同样将其设置为 80dip，即高度与 view1 一致。

按照类似 tableRow1、view1、textView1 属性设置的步骤，设置一下 tableRow2、view2、textView2 的相应属性，最终完成的界面如图 3.22 所示。

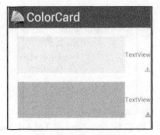

图 3.22　色卡外观

这个界面的目的是以"色卡"的形式显示出那些有名字的颜色,每行一个,包括颜色的外观和名称。

3.3.3　检索界面布局

(1)单击主菜单"File"→"New"→"Other",在出现的窗体中选择 Android 分类下面的 Android XML Layout File,单击"Next"按钮。

(2)在出现的界面中,指定 File 为 color_search.xml,根元素 Root Element 为 RelativeLayout,如图 3.23 所示,然后单击"Finish"按钮直接完成新布局的创建。

图 3.23　新建检索界面布局

【提示】　这里其实使用 LinearLayout 也可以,但界面设计步骤将会与 RelativeLayout 有所不同,为简单起见仍旧使用 RelativeLayout 布局。

接下来,请按照图 3.24 所示的结果设计 color_search.xml 界面布局,具体用到的控件请参照图中 Outline 里面的控件层次结构。

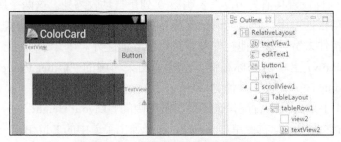

图 3.24　检索界面布局设计效果

在设计时应注意以下几点。

(1)Button 控件对齐界面最右端,EditText 控件左对齐界面最左端,右侧对齐 Button 按钮,大小占满 Button 控件之外的全部宽度。

(2)在输入框和按钮的下方,还添加了一个看起来像"分割线"的东西,它实质上是一个 View 控件,只不过将其高度设为 2dip,宽度为 Math Parent,背景颜色设置为深灰色。

（3）"分割线"下方是满足检索条件的色卡样例，它用到了与前一节相同的 TableLayout 和 TableRow，具体设计过程请参考上节内容，操作步骤从略。

这个界面的目的是提供简单的检索功能，输入颜色的名称，然后到已知的颜色清单中查找出对应的色卡信息。

3.3.4 辨色界面布局

首先，还是跟前面一样新建一个布局文件，假定其文件名为 color_identify.xml，根元素为 RelativeLayout 布局。

辨色界面的最终效果如图 3.25 所示，设计步骤如下。

（1）首先添加一个 TextView 控件。

（2）接下来再添加一个 LinearLayout(Horizontal)布局，然后往这个线性布局里再加入 3 个 TextView 控件，LinearLayout(Horizontal) 的宽度应填满界面的宽度。另外，为了让 LinearLayout(Horizontal)里面的 3 个控件能均分整个宽度空间,将这 3 个 TextView 的 layout_weight 属性均设为 1（鼠标右键 TextView 控件，选择弹出菜单中的"Other Properties"→"Layout Parameters"→"Layout Weight"），同时还应将它们的 layout_width 设为 0dp，以使 Android 能够自动根据它们分配到的 layout_weight 值自动调整它们的宽度。layout_weight 可理解为控件所占的空间比重，该值越大表明控件应占的空间就越大，layout_weight 也可以是小数，请将这 3 个 TextView 控件的某一个设为 0.5，看看会出现什么效果。

除了 layout_weight 属性，还要分别设置这 3 个 TextView 控件的高度为 80dip，Gravity（重心）为 Center。为便于观察，可以设置一下它们的背景颜色。

（3）在 LinearLayout(Horizontal)布局下方加入一个 View 控件，高度为 25dip，宽度铺满界面，然后设置其背景颜色。

（4）在 View 控件下加入一个 TextView 控件。

（5）在 TextView 控件下加入一个 View 控件，这个 View 控件的高度也是用来作为"分割线"使用的，因此请将其高度设为 2dip，背景颜色为深灰色。

（6）拖入一个 Button 按钮，使其对齐界面的最下端且居中。

（7）最后再加入一个 View 控件，调整其大小，使其顶部对齐第（5）步的"分割线"组件，底部对齐 Button 组件，最后再设置一下这个 View 的背景为一个图片即可。

辨色界面所包含各控件元素之间的层次关系如图 3.25 所示的 Outline 区域。

图 3.25　辨色界面布局设计效果

这个界面的目的是获取图片被触摸位置的颜色，然后到已知色卡清单中查找最接近的 3 种颜色，将其显示出来。辨色界面中按钮的功能是启动 Android 系统自带的相机程序拍照，然后将拍下的照片显示到按钮上方的 View 控件。

3.4 选项卡切换

1．设定组件 ID

应用程序用到的几个界面现在已经设计好了，但是要使"选项卡"正常工作，还需添加所用控件或布局的事件响应代码。

（1）打开 activity_color_card.xml 布局，在"色卡"所在 LinearLayout 布局上单击鼠标右键，选择弹出菜单中的 Assign ID 项，设定其 id 值为"sampleTab"，如图 3.26 所示。

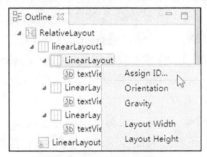

图 3.26　设定组件 ID

（2）按照同样的方法，将"检索"和"辨色"选项卡所在 LinearLayout 布局的 id 分别设为"searchTab"和"identifyTab"，并将选项卡下方 LinearLayout 的 id 设为"content"，完成之后的结果如图 3.27 所示。

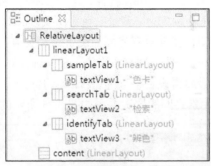

图 3.27　主界面的各组件 ID 设置

2．编写功能实现代码

这里设计的"选项卡"应该在被单击时具备"选中"的效果。打开 ColorCardActivity 类的代码，在其中添加各选项卡的初始化和单击事件处理功能，参见下面阴影部分所示的代码，在输入代码过程中，如果出现不能识别的类名，需要同时按下键盘上的<Ctrl+Shift+O>组合键导入所需的包。

```
public class ColorCardActivity extends Activity {
    // 主界面上的 3 个 Tab"选项卡"（实质是 3 个线性布局组件）
    private LinearLayout sampleTab = null;
```

```java
        private LinearLayout searchTab = null;
        private LinearLayout identifyTab = null;
        @Override
        protected void onCreate(Bundle savedInstanceState) {
            super.onCreate(savedInstanceState);
            setContentView(R.layout.activity_color_card);
            // 初始化 Tab 控件
            sampleTab = (LinearLayout)findViewById(R.id.sampleTab);
            searchTab = (LinearLayout)findViewById(R.id.searchTab);
            identifyTab = (LinearLayout)
                        findViewById(R.id.identifyTab);
            // 分别为这 3 个 Tab 添加单击事件,被单击的"选项卡"应该被选中
            sampleTab.setOnClickListener(new OnClickListener() {
                @Override
                public void onClick(View v) {
                    // 设置 sampleTab 为选中时的背景和白色字体
                    sampleTab.setBackgroundResource(
                            R.drawable.tabselected);
                    // sampleTab 中只有一个子控件, getChildAt(0)
                    //即得该控件
                    TextView txt = (TextView) sampleTab.getChildAt(0);
                    txt.setTextColor(getResources().getColor
                    (R.color.white));
                }
            });
            searchTab.setOnClickListener(new OnClickListener() {
                @Override
                public void onClick(View v) {
                    // 设置当前 searchTab 为选中时的背景和白色字体
                    searchTab.setBackgroundResource
                    (R.drawable.tabselected);
                    TextView txt = (TextView) searchTab.getChildAt(0);
                    txt.setTextColor(getResources().getColor
                    (R.color.white));
                }
            });
            identifyTab.setOnClickListener(new OnClickListener() {
                @Override
                public void onClick(View v) {
                    // 设置当前 identifyTab 为选中时的背景和白色字体
```

```
            identifyTab.setBackgroundResource(
            R.drawable.tabselected);
            TextView txt = (TextView) identifyTab.getChildAt(0);
            txt.setTextColor(getResources().
            getColor(R.color.white));
        }
    });
```

这里所做的,是在 ColorCardActivity 类中定义 sampleTab、searchTab 和 identifyTab 这 3 个成员变量,它们分别对应主界面顶部的 3 个"选项卡",然后在 onCreate()方法中初始化这 3 个成员变量,并设置它们的单击事件响应代码。其工作机制是,通过动态切换 LinearLayout 布局的背景和 TextView 文字的颜色达到选项卡切换的目的。

保存以上修改并运行程序,不妨试一下这里的选项卡是否能正常工作。此时,将出现一个奇怪的现象,即当前被单击的"选项卡"切换是正常的,但是"曾被选中过的选项卡"却没有恢复未选中时应有的外观,而仍是"被选中"状态,以至出现多个选项卡"同时被选中"的现象。出现这个问题的根源在于,只是改变当前被单击选项卡的背景和字体颜色,而没有还原其余选项卡的外观。为了能让选项卡都正常工作,应该在当前选中的选项卡背景和字体颜色改变之前,重置所有选项卡的状态外观为选中时的界面效果。

为此,现在需要修改 sampleTab、searchTab 和 identifyTab 这 3 个选项卡的单击事件响应代码,见下面阴影部分所示的代码内容。

```
// 分别为这 3 个 Tab 添加单击事件,代表该选项卡被选中
sampleTab.setOnClickListener(new OnClickListener() {
    @Override
    public void onClick(View v) {
        // 重置所有"选项卡"的外观
        LinearLayout[] tabs = {sampleTab, searchTab, identifyTab};
        for(int i=0; i<3; i++){
            // 去除背景
            tabs[i].setBackgroundDrawable(null);
            TextView txt = (TextView) tabs[i].getChildAt(0);
            // 将字体颜色设成深绿色
            txt.setTextColor(getResources().getColor(
            R.color.darkgreen));
        }
        // 设置当前 sampleTab 选项卡为选中时的背景和白色字体
        sampleTab.setBackgroundResource(R.drawable.tabselected);
        TextView txt = (TextView) sampleTab.getChildAt(0);
        txt.setTextColor(getResources().getColor(R.color.white));
    }
});
searchTab.setOnClickListener(new OnClickListener() {
```

```java
            @Override
            public void onClick(View v) {
                // 重置所有选项卡的外观
                LinearLayout[] tabs = {sampleTab, searchTab, identifyTab};
                for(int i=0; i<3; i++){
                    tabs[i].setBackgroundDrawable(null);
                    TextView txt = (TextView) tabs[i].getChildAt(0);
                    txt.setTextColor(getResources().getColor(
                        R.color.darkgreen));
                }
                // 设置当前 searchTab 选项卡为选中时的背景和白色字体
                searchTab.setBackgroundResource(R.drawable.tabselected);
                TextView txt = (TextView) searchTab.getChildAt(0);
                txt.setTextColor(getResources().getColor(R.color.white));
            }
        });
        identifyTab.setOnClickListener(new OnClickListener() {
            @Override
            public void onClick(View v) {
                // 重置所有选项卡的外观
                LinearLayout[] tabs = {sampleTab, searchTab, identifyTab};
                for(int i=0; i<3; i++){
                    tabs[i].setBackgroundDrawable(null);
                    TextView txt = (TextView) tabs[i].getChildAt(0);
                    txt.setTextColor(getResources().getColor(
                        R.color.darkgreen));
                }
                // 设置当前 identifyTab 选项卡为选中时的背景和白色字体
                identifyTab.setBackgroundResource(R.drawable.tabselected);
                TextView txt = (TextView) identifyTab.getChildAt(0);
                txt.setTextColor(getResources().getColor(R.color.white));
            }
        });
```

从上面阴影部分的代码可以看出，还原选项卡"未被选中"的外观其实很简单，就是直接清除掉它们的背景并重设文字颜色。也许读者会对这里清理背景和重设文字颜色的代码感到疑惑，以 sampleTab 选项卡为例，当选中 sampleTab 时，实际上只需清理"上一个被选中的选项卡"，而这里是对所有选项卡都进行一次清理。虽然有些多余，但主要是为了让它们的代码统一，还省去了记忆"上一个被选中选项卡"这样的麻烦。

请保存修改并再次运行程序，现在选项卡已经可以正常切换了。

3. 代码重构

考虑到上述 3 个选项卡的 OnClick 事件响应代码基本相同,现在有必要对上面代码进行重构。重构的目的,就是尽量消除类似或冗余的代码,因为上面 3 个选项卡 OnClick 事件响应代码只有一个成员变量不同,其余都是相同的。因此,可以将这些代码分离出来变成一个方法,然后分别通过传递一个参数进行调用,从而达到消除重复代码的目的。

请参照下面代码的阴影部分进行重构。

```java
public class ColorCardActivity extends Activity {
    // 主界面上的 3 个 Tab 选项卡,以及它们构成的数组
    private LinearLayout sampleTab = null;
    private LinearLayout searchTab = null;
    private LinearLayout identifyTab = null;
    private LinearLayout[] tabs;

    @Override
    protected void onCreate(Bundle savedInstanceState) {
        super.onCreate(savedInstanceState);
        setContentView(R.layout.activity_color_card);
        // 初始化 Tab 控件和 tabs 数组
        sampleTab = (LinearLayout)findViewById(R.id.sampleTab);
        searchTab = (LinearLayout)findViewById(R.id.searchTab);
        identifyTab =
            (LinearLayout)findViewById(R.id.identifyTab);
        tabs = new LinearLayout[] {
            sampleTab, searchTab, identifyTab};
        // 分别为这 3 个 Tab 添加单击事件,被单击代表该选项卡被选中
        sampleTab.setOnClickListener(new OnClickListener() {
            @Override
            public void onClick(View arg0) {
                setTabChecked(sampleTab);
            }
        });
        searchTab.setOnClickListener(new OnClickListener() {
            @Override
            public void onClick(View arg0) {
                setTabChecked(searchTab);
            }
        });
        identifyTab.setOnClickListener(new OnClickListener() {
            @Override
            public void onClick(View arg0) {
```

```
                    setTabChecked(identifyTab);
            }
        });
    }
    /**
     * 设置 Tab 选项卡被单击时的属性状态
     * @param tab 被单击的"选项卡"（即 LinearLayout 组件）
     */
    public void setTabChecked(LinearLayout tab) {
        for (int i=0; i<tabs.length; i++) {
            tabs[i].setBackgroundDrawable(null);
            TextView txt = (TextView) tabs[i].getChildAt(0);
            txt.setTextColor(getResources()
                    .getColor(R.color.darkgreen));
        }
        tab.setBackgroundResource(R.drawable.tabselected);
        TextView txt = (TextView) tab.getChildAt(0);
        txt.setTextColor
                (getResources().getColor(R.color.white));
    }
        @Override
        public boolean onCreateOptionsMenu(Menu menu) {
            ...
        }
}
```

至此，选项卡切换功能已基本实现。

4．选项卡对应内容界面的切换

现在还剩下最后一个问题，即当单击不同的选项卡时，选项卡对应的界面内容也应该随之切换。前面已经设计好了选项卡对应的界面，因此这里只需将其动态加载进来显示即可，大家从中也能学习到如何通过代码为 Activity 显示不同的界面。

请参照下面代码的阴影部分进行修改，同时，记得按下<Ctrl+Shift+O>组合键自动导入所需的包。

```
public class ColorCardActivity extends Activity {
    ...
    private LinearLayout[] tabs;
    // Tab 选项卡对应的界面
    private View sampleTabView = null;
    private View searchTabView = null;
    private View identifyTabView = null;
    // 选项卡下方的布局
```

```java
        private LinearLayout content = null;

    @Override
    protected void onCreate(Bundle savedInstanceState) {
        ...
        tabs = new LinearLayout[] {sampleTab, searchTab, identifyTab};
        // 初始化选项卡对应的布局界面
        LayoutInflater factory = LayoutInflater.from(this);
        sampleTabView =
                factory.inflate(R.layout.color_sample, null);
        searchTabView =
                factory.inflate(R.layout.color_search, null);
        identifyTabView =
                factory.inflate(R.layout.color_identify, null);
        // 程序启动时默认显示色卡样例界面
        content = (LinearLayout)findViewById(R.id.content);
        content.addView(sampleTabView);
        // 分别为这 3 个 Tab 添加单击事件,被单击代表该选项卡被选中
        sampleTab.setOnClickListener(new OnClickListener() {
            @Override
            public void onClick(View arg0) {
                setTabChecked(sampleTab);
                // 清除 content 中的界面内容,加载
                // 当前被选中选项卡对应的界面
                content.removeAllViews();
                content.addView(sampleTabView);
            }
        });
        searchTab.setOnClickListener(new OnClickListener() {
            @Override
            public void onClick(View arg0) {
                setTabChecked(searchTab);
                content.removeAllViews();
                content.addView(searchTabView);
            }
        });
        identifyTab.setOnClickListener(new OnClickListener() {
            @Override
            public void onClick(View arg0) {
                setTabChecked(identifyTab);
```

```
                content.removeAllViews();
                content.addView(identifyTabView);
            }
        });
    }
    ...
}
```

现在可以试着运行一下程序，看看单击不同选项卡能否正常切换界面。

下面将对代码进行简要的说明。

（1）首先在类中定义了一系列成员变量，它们基本上都是与布局和控件相对应的。

（2）在 onCreate()方法中，首先使用 findViewById()方法初始化各个成员变量。findViewById()能够将界面文件中的布局或控件映射成 Java 对象，这是 xml 界面布局和 Java 源代码打交道的一种途径。findViewById()的参数是 xml 布局文件中定义的布局或控件 id，因此一般布局文件中的 id 设置应该是唯一的。接下来，定义了一个 LayoutInflater 类型的变量，它可以通过布局文件动态加载界面。最后，设置一下 Content 里面的显示内容。

5．选项卡内容界面切换动画

前面的工作，只是保证了选项卡的正常工作，即单击选项卡时能够正常切换各个界面。为了给界面切换增添一点趣味，接下来演示如何为界面上的组件添加动画效果。

（1）在项目 res 文件夹上单击鼠标右键，选择弹出菜单的"New"→"Folder"，设定新建的子文件夹名字为 anim，注意大小写，不要改变它。

（2）在这个 anim 文件夹上单击鼠标右键，选择弹出菜单中的"New"→"Android XML File"，设定新建的文件名为 myanim.xml，选中 Root Element 中的 set 项，然后单击"Finish"按钮完成创建工作，如图 3.28 所示。

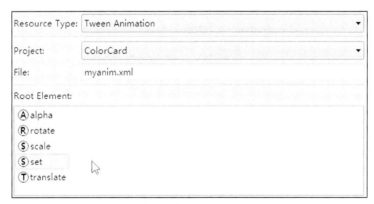

图 3.28　新建 myanim 动画资源

（3）打开这个新建的 myanim.xml 文件，将其中的内容替换为下面阴影部分的动画设置。

```
<?xml version="1.0" encoding="utf-8"?>
<set xmlns:android="http://schemas.android.com/apk/res/android" >
    <scale
        android:duration="500"
        android:fillAfter="false"
```

```
            android:fromXScale="0.0"
            android:fromYScale="0.0"
            android:toXScale="1.0"
            android:toYScale="1.0"
            android:interpolator=
                "@android:anim/accelerate_decelerate_interpolator"
            android:pivotX="50%"
            android:pivotY="50%" />
</set>
```

> ➢ scale 代表缩放形式的动画效果
> ➢ duration 为动画持续时间，时间以毫秒为单位
> ➢ fillAfter 设置为true时控件停止在动画结束的位置
> ➢ 缩放动画起止缩放比例
>   fromXScale 动画开始时X轴方向的缩放比例
>   fromYScale 动画开始时Y轴方向的缩放比例
>   toXScale 动画结束时X轴方向的缩放比例
>   toYScale 动画结束时X轴方向的缩放比例
>   以上4种属性取值小于1为缩小，大于1表示放大
> ➢ interpolator 指定的动画插补方式
>   accelerate_decelerate_interpolator 先加速后减速
>   accelerate_interpolator 加速模式，由慢变快
>   decelerate_interpolator 减速模式，由快变慢
>   LinearInterpolator 线性均匀变化
> ➢ 组件动画开始时相对于组件自身的位置
>   pivotX 动画相对组件X方向的位置
>   pivotY 动画相对组件Y方向的位置
>   以上两个属性取值为0%~100%，50%代表组件X或Y方向的中心位置

（4）使用资源文件的方式定义好动画之后，接下来就可以将这个动画运用到界面组件上。下面以色卡选项卡对应的内容界面为例，在其中添加动画效果的应用，具体内容见下面阴影部分所示的代码。

```
    // 分别为这3个Tab添加单击事件，被单击代表该选项卡被选中
    sampleTab.setOnClickListener(new OnClickListener() {
        @Override
        public void onClick(View arg0) {
            setTabChecked(sampleTab);
            // 清除content中的界面内容，加载当前被选中选项卡对应的界面
            content.removeAllViews();
            content.addView(sampleTabView);
```

```
            // 加载资源文件定义的动画效果
            Animation animation= AnimationUtils.loadAnimation(
                    ColorCardActivity.this, R.anim.myanim);
            // 在组件上运用动画效果
            sampleTabView.startAnimation(animation);
        }
});
```

保存以上修改并运行程序,体会一下切换到辨色界面中时动画效果是如何产生的。这里所做的,是通过 AnimationUtils 将定义的动画资源加载进来,然后调用 startAnimation()就能产生动画效果。实际上,一般的界面控件和布局都可以运用动画效果,当然最主要的还是动画创意设计。

3.5 色卡功能实现

1. 色卡数据准备

色卡界面显示的是一系列彩色颜色块,因此必须提供相应的色块数据,然后加载到程序中进行显示。在互联网上可找到很多有关颜色分类的资料,这里所用的数据来自于互联网上的 "网页配色大辞典.chm" 文档(作者不详,见本书配套电子资源),摘取的是里面的 "色的色名及色样表" 和 "中国传统色彩名录" 这两部分数据,如图3.29所示。

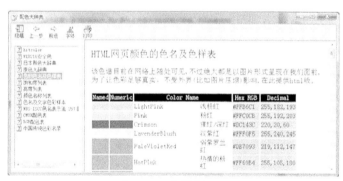

图 3.29 色样数据表

此外,需要定义一下所用色卡数据的格式。色卡数据共包括3个部分,分别是颜色的 RGB 表示、颜色名和颜色所属的类别,具体格式如下。

[十六进制 RGB][颜色名][所属类别]

比如,下面就是一个色卡数据的正确例子。

[#FFB6C1][浅粉红][HTML 网页颜色]

现在请将整理好的数据按照上述约定的格式,在项目资源的 values 文件夹中的 strings.xml 文件里面定义一个名为 sample_color_list 的字符串资源,使其看起来如下所示(见阴影部分,这里没有给完整)。

```
<?xml version="1.0" encoding="utf-8"?>
<resources>
```

```xml
    <string name="app_name">ColorCard</string>
    <string name="action_settings">Settings</string>
    <string name="hello_world">Hello world!</string>
    <string name="sample_color_list">
      [#FFB6C1][浅粉红][HTML 网页颜色]\n
      [#FFC0CB][粉红][HTML 网页颜色]\n
      [#DC143C][猩红/深红][HTML 网页颜色]\n
      [#FFF0F5][淡紫红][HTML 网页颜色]\n
      [#DB7093][弱紫罗兰红][HTML 网页颜色]\n
      ...
    </string>
</resources>
```

在编写代码之前,还要设定一下 color_sample.xml 布局中的各个控件 id,以便在代码中使用。打开 color_sample.xml 布局,将其中的 TableLayout 的 id 命名为 sampleTable,如图 3.30 所示。

图 3.30　设定 TableLayout 组件 id

2．色卡数据类定义

考虑到一个色卡包含 3 个部分的数据,在这种情形下最好定义一个专门的类来封装它。现在,项目中新建一个类,设定类的名字为 ColorSample,其完整内容为下面阴影部分所示的代码。

```java
package mytest.colorcard;

import android.graphics.Color;

public class ColorSample {
    public final String rgb;  // 颜色RGB串(格式：#FF00FF)
    public final String name;  // 颜色名
    public final String category;  // 所属类别
    public final int val;  // RGB颜色对应的整数值

    public ColorSample(String rgb, String name, String category) {
        this.rgb = rgb;
        this.name = name;
```

```
        this.category = category;
        // 转换颜色 RGB 字符串为整数表示
        val = Color.parseColor(rgb);
    }
}
```

ColorSample 类中只有一个包含 3 个参数的构造方法和 4 个成员变量。严格来说应该将成员变量使用 private 修饰并提供相应 getter/setter 方法，但这里为简化统一使用 public 修饰，且通过 final 修饰（目的是防止成员变量直接在外部被修改）。ColorSample 对象创建时则必须提供这 3 个参数值。

3．色卡功能实现

首先在 ColorCardActivity 类中新增一个 sampleList 成员变量，然后在 onCreate()方法中添加初始化 colorSampList 变量的代码以及加载颜色数据并显示色卡。

下面是这一部分所需的代码清单，见阴影部分所示的内容。

```
public class ColorCardActivity extends Activity {
    ...
    // 选项卡下方的布局
    private LinearLayout content = null;
    // 色卡数据列表
    private List<ColorSample> sampleList
                            = new ArrayList<ColorSample>();

    @Override
    protected void onCreate(Bundle savedInstanceState) {
        ...
        // 程序启动时默认显示色卡样例界面
        content = (LinearLayout)findViewById(R.id.content);
        content.addView(sampleTabView);
        sampleList.clear();
        // 从资源中获得色卡数据，并按 "\n" 切割成字符串数组
        //字符串数组的每个元素代表一个色卡信息
        String sampleColors = getResources().getString(
                    R.string.sample_color_list);
        String[] ss = sampleColors.split("\n");
        // ----------------------------------------------
        // 解析色卡数据字符串，并转换成 ColorSample 对象保存
        // 格式：[十六进制 RGB][颜色名][所属类别]
        // ----------------------------------------------
        String rgb, name, category;
        int i, j;
        for (String s : ss) {
```

```java
            rgb = name = category = null;
            if (s.trim().length() > 0) {
                // 寻找十六进制 RGB 子串，在第一对[]中
                i = s.indexOf('[');
                j = s.indexOf(']');
                if (j > i && i >= 0) {
                    rgb = s.substring(i+1, j);
                }
                // 寻找颜色名子串，在第二对[]中
                i = s.indexOf('[', j);
                j = s.indexOf(']', i);
                if (j > i && i >= 0) {
                    name = s.substring(i+1, j);
                }
                // 寻找类别子串，在第三对[]中
                i = s.indexOf('[', j);
                j = s.indexOf(']', i);
                if (j > i && i >= 0) {
                    category = s.substring(i+1, j);
                }
                // 保存有效色卡
                if (rgb != null && name != null
                        && category != null) {
                    sampleList.add(
                        new ColorSample(rgb, name, category));
                }
            }
        } // end of for
// 获取设备像素密度，以便将逻辑像素 dp 转换成 px 物理像素
final float scale = getResources().getDisplayMetrics().density;
// 清空 sampleTable 中的原有色卡控件
TableLayout sampleTable = (TableLayout)
        sampleTabView.findViewById(R.id.sampleTable);
sampleTable.removeAllViews();
// 动态添加色卡，每一个色卡的属性与布局设计相一致
for (final ColorSample samp : sampleList) {
    // 每一行上端有 20dip 留空(android:paddingTop="20dip")
    TableRow row = new TableRow(this);
    row.setPadding(0, (int)(20*scale+0.5f), 0, 0);
    // 第 0 列(android:layout_height="80dip")
```

```
            View col00 = new View(this);
            col00.setBackgroundColor(samp.val);
            col00.setMinimumHeight((int)(80*scale+0.5f));
            // 第1列(android:gravity="center"
            //       android:layout_ height="80dip")
            TextView col01 = new TextView(this);
            col01.setText(samp.name);
            col01.setGravity(Gravity.CENTER);
            col01.setHeight((int)(80*scale+0.5f));
            // 将 col00 和 col01 加入 TableRow 组件
            row.addView(col00);
            row.addView(col01);
            // 将 TableRow 放进 TableLayout 布局
            sampleTable.addView(row);
        }
    }
    /**
     * Tab 单击事件监听器
     */
    ...
}
```

下面将对代码进行简要的说明。

（1）类中定义的 sampleList 是用来存放色卡数据的一个动态数组，数组的元素是 ColorSample 类型的对象。

（2）在 onCreate()方法中，从字符串资源文件中读取色卡数据。色卡数据之间以"\n"分隔，所以 split("\n")的作用就是将一个个色卡数据分割开，形成一个字符串数组。

（3）sampleList.clear()则是清空色卡数组元素。

（4）接下来是一个循环，因为已经有了色卡数据，所以还要将色卡数据中的颜色 RGB、颜色名、所属分类这 3 部分数据分别解析出来，只需按照设定好的"["和"]"查找子字符串，提取出来即可。

（5）scale 变量存放的是当前显示设备的"像素密度"。因为在布局文件中使用的是 dip 单位，这里要转换为实际的 px 设备像素。

（6）最后是一个循环，用来将色卡数据转换为在界面上显示的表格状颜色块，就像在布局文件中所设计的那样，只不过使用的是代码实现的。因此，这里用到的 TableRow、View 和 TextView 与 xml 布局文件是一致的。换句话说，xml 布局文件与代码之间实际上是等价的。

4．代码重构

此时，已经发现 onCreate()方法中的代码量在急剧膨胀，但目前还只是实现了第一个选项卡即"色卡"的功能代码。在这种情况下，应该考虑对代码进行重构。一个好的做法是，尽量保持方法内的代码规模不超过 100 行，否则容易造成将来代码维护困难。因为在项目开发阶段，编码和重构工作通常都是交替进行的，没有人能做到一开始什么都能做得优雅完美。

经过初步分析，容易看出，onCreate()方法中阴影部分代码实际上包含两部分功能，一部分是从字符串资源中加载色卡数据，另一部分则是色卡的初始化代码。因此，可以在 ColorCardActivity 类中增加 loadColorCards()方法和 initSampleTabView()方法，并将阴影部分代码按照功能分别移至其中，最后将 onCreate()的阴影部分代码替换为这两个方法的直接调用。调整后的代码如下。

```java
@Override
protected void onCreate(Bundle savedInstanceState) {
    ...
    // 程序启动时默认显示色卡样例界面

    content = (LinearLayout)findViewById(R.id.content);
    content.addView(sampleTabView);
    loadColorCards();
    initSampleTabView();
}

private void loadColorCards() {
    // 从资源中获得色卡数据，并按"\n"切割成字符串数组，每个元素就是一个色卡
    String sampleColors = getResources().getString(
            R.string.sample_color_list);
    String[] ss = sampleColors.split("\n");
    // 解析色卡数据字符串，并转换成 ColorSample 对象保存
    // ------------------------------------------------
    // 格式：[十六进制 RGB][颜色名][所属类别]
    // ------------------------------------------------
    String rgb, name, category;
    ...
}

private void initSampleTabView() {
    // 获取设备像素密度，以便将逻辑像素 dp 转换成 px 物理像素
    final float scale = getResources().getDisplayMetrics().density;
    // 清空 sampleTable 中的原有色卡控件
    TableLayout sampleTable = (TableLayout)
            sampleTabView.findViewById(R.id.sampleTable);
    sampleTable.removeAllViews();
    // 动态添加色卡，每一个色卡的属性与布局设计相一致
    ...
}
```

请自行将上面省略号表示的代码补充完整,实际上就是将 onCreate()方法中的代码分成两个部分,分别移至 loadColorCards()方法和 initSampleTabView()方法中,这样做可以使代码的功能结构更加清晰。

至此,色卡选项卡的功能代码已经全部得以实现,保存所有改动,当然不要忘了按下<Ctrl+Shift+O>组合键导入所需要的包,然后运行一下查看实际效果。

3.6 检索功能实现

检索选项卡的内容本质上与上一节色卡选项卡的内容是相似的,只不过在列出色卡数据时只显示符合检索条件的色卡。同样,在正式编码之前,应该将布局文件打开,将控件上显示的文字调整为期望的内容,同时还需指定控件或布局的 id,只要它们会在代码中用到,就应该指定一些有实际意义的 id 名称,而不是直接使用默认的名字。修改之后的界面布局和 Outline 如图 3.31 所示。

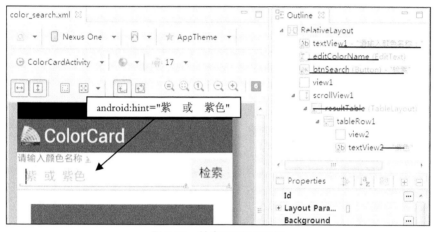

图 3.31 检索界面组件设置

接下来打开 ColorCardActivity 类,在类里面新增一个名为 initSearchTabView()的方法,并在 onCreate()方法中添加对 initSearchTabView()的调用。initSearchTabView()方法主要完成的是搜索按钮的单击事件。当用户输入颜色名称并单击检索按钮时,将从现有色卡数据中寻找匹配特定颜色名称的色卡数据,然后显示出来。当然,这里显示的色卡是全部色卡数据的一个子集,显示色卡的代码与上一节完全相同。这一部分功能的主要代码如下(见下面阴影部分的内容)。

```
@Override
protected void onCreate(Bundle savedInstanceState) {
    ...
    loadColorCards();
    initSampleTabView();
    initSearchTabView();
}
```

```java
private void loadColorCards() {
    ...
}
private void initSampleTabView() {
    ...
}
private void initSearchTabView() {
    Button btnSearch =
        (Button)searchTabView.findViewById(R.id.btnSearch);
    btnSearch.setOnClickListener(new OnClickListener() {
        @Override
        public void onClick(View arg0) {
            // 判断色卡数据列表中是否存在符合条件的色卡，将其显示出来
        }
    });
}
```

检索功能实际上与前一节色卡的功能代码大体都是相同的，因此这里没有给出检索按钮的单击事件完整代码，请读者自行完成。下面，将对检索按钮 onClick()事件的实现过程给出几点提示。

（1）首先应获取输入框中输入的内容。具体代码可参考 BMI 项目中对身高和体重数据的获取，只不过这里直接获取字符串即可，不需要将其转换为数值。

（2）通过字符串取子串的 substring()方法，去掉待检索字符串末尾的"色"字符。举例来说，如果用户输入的是"紫色"，取其中的"紫"即可，这样可以扩大搜索范围，然后包含"紫"名称的色卡都会被检索到，相当于模糊检索的效果。

（3）在色卡显示的 for 循环中，判断每一个色卡的名称中是否包含有被检索的颜色字符串，如果有则显示，否则忽略后续处理直接进入下一轮循环。

3.7 辨色功能实现

本节将在 ColorCard 程序中添加一个更加复杂一点的功能，这也是在 Android 应用程序中学习如何控制图像和相机拍照的过程。

1．设定组件 ID

在编码之前，先指定一下界面布局文件中的部分控件和布局的 id，以便在代码中使用。修改之后得到的 Outline 结构和界面组件对应关系如图 3.32 所示。

2．色卡数据类重构

当用户触摸图像时，程序能够取出触摸位置的像素颜色，以此与色卡进行匹对，然后找出 3 个颜色最接近的色卡显示出来。当然，还可以在界面上显示色卡数据与触摸像素的差异度等信息。

图 3.32 辨色界面组件设置

这里需要解决一个关键的问题的是：如何判断两个颜色的相近度。由于所使用的颜色是 3 部分构成的，即红、绿和蓝，其实也可以将它们看成是三维空间的 3 个分量值，这样任何一个颜色都可以看成是三维色彩空间的一个"点"。因此，要判断两个颜色的相近度就简化成计算两个颜色的距离。两个颜色"点"的距离越小，则两者相近度越高，而且为了更加准确体现这个结果，还可以将像素的 RGB 颜色空间表示转换为 HSV 颜色空间表示再进行计算。有关 RGB 色彩空间和 HSV 色彩空间的知识参见本书配套的资源。

为此，现将 ColorSample 类的代码重构如下。

```
package mytest.colorcard;
import android.graphics.Color;
public class ColorSample {
    public final String rgb; // 颜色 RGB 串(格式：#FF00FF)
    public final String name; // 颜色名
    public final String category; // 所属类别
    public final int val; // RGB 颜色对应的整数值
    public final int r;// RGB 空间色彩分量值
    public final int g;
    public final int b;
    public final float h;// HSV 空间色彩分量值
    public final float s;
    public final float v;
    public ColorSample(String rgb, String name,
                String category) {
        this.rgb = rgb;
        this.name = name;
        this.category = category;
        // 转换颜色 RGB 字符串为整数表示
        val = Color.parseColor(rgb);
        r = Color.red(val);
        g = Color.green(val);
        b = Color.blue(val);
        // 转换 RGB 颜色为 HSV 颜色
```

```
        float[] hsv = new float[3];
        Color.RGBToHSV(r, g, b, hsv);
        h = hsv[0];
        s = hsv[1];
        v = hsv[2];
    }
    /**
     * 计算 HSV 颜色空间中两个颜色的色差值
     */
    public static double distHSV(double h1 , double s1,
        double v1, double h2, double s2, double v2) {
        return Math.sqrt((h1-h2)*(h1-h2) +
                (s1-s2)*(s1-s2) + (v1-v2) *(v1-v2);
    }
    /**
     * 计算 RGB 颜色空间中两个颜色的色差值
     */
    public static double distRGB(int r1 , int g1, int b1,
            int r2, int g2, int b2) {
        return Math.sqrt((r1-r2)*(r1-r2) + (g1-g2)*(g1-g2) +
                (b1-b2)* (b1-b2));
    }
}
```

3．辨色功能实现

（1）打开 ColorCardActivity 类，在其中新增以下成员变量。

```
public static final int PHOTO_CAPTURE = 100;// 拍照
public static final int PHOTO_CROP = 200;// 剪裁

private View imageview;// 显示图片的 View 控件
private Bitmap pickbmp;// 拾色图片
```

其中，前两个变量是静态的整型常量值，用于区分是拍照还是剪裁，因为程序中需要调用系统内置的相机程序和照片剪裁程序，后 3 个成员变量接下来就要用到。

（2）在 ColorCardActivity 类中定义一个名为 initIdentifyTabView()的方法，同时在 onCreate()的末尾添加对该方法的调用，代码如下（见阴影部分）。

```
@Override
public void onCreate(Bundle savedInstanceState) {
    ...
    loadColorCards();
    initSampleTabView();
    initSearchTabView();
```

```java
        initIdentifyTabView();
    }
    public void initIdentifyTabView() {
        // 初始化辨色界面中的各组件对象
        final TextView sample01 = (TextView)
                identifyTabView.findViewById(R.id.sample01);
        final TextView sample02 = (TextView)
                identifyTabView.findViewById(R.id.sample02);
        final TextView sample03 = (TextView)
                identifyTabView.findViewById(R.id.sample03);
        final TextView textColorDiff = (TextView)
                identifyTabView.findViewById(R.id.textColorDiff);
        final TextView textColorInfo = (TextView)
                identifyTabView.findViewById(R.id.textColorInfo);
        final View viewPickedColor =
                identifyTabView.findViewById(R.id.viewPickedColor);
        Button btnCamera = (Button)
                identifyTabView.findViewById(R.id.btnCamera);
        // 设置初始默认显示的辨色图片
        Bitmap bmp = BitmapFactory.decodeResource(
                getResources(), R.drawable.android);
        imageview = identifyTabView.findViewById(
                R.id.viewPicture);
        imageview.setBackgroundDrawable
                (new BitmapDrawable(bmp));
        // 从触摸图片以辨别颜色
        imageview.setOnTouchListener(new View.OnTouchListener() {
            @Override
            public boolean onTouch(View v, MotionEvent event) {
                int x = (int)event.getX();
                int y = (int)event.getY();
                int w = imageview.getWidth();
                int h = imageview.getHeight();
                // 限制触摸位置的范围，避免超出图片之外
                if (x < 0 || y < 0 || x >= w || y >= h) {
                    textColorInfo.setText("超出范围");
                    return true;
                }
                // 如果图像没有初始化，则先获得图像数据
                if (pickbmp == null) {
```

```
                    Bitmap bgBmp = ((BitmapDrawable)
                        imageview.getBackground()).getBitmap();
                    pickbmp = Bitmap.createScaledBitmap(
                            bgBmp, w, h, false);
                }
                // 得到当前触摸的像素颜色并显示
                int pixel = pickbmp.getPixel(x,y);
                viewPickedColor.setBackgroundColor(pixel);
                // 显示其 RGB 值
                String rgb = "#"+Integer.toHexString(pixel)
                        .substring(2).toUpperCase();
                textColorInfo.setText("当前颜色: " + rgb);
                // 转换当前像素为 HSV 颜色，为颜色差异计算做准备
                int r = Color.red(pixel);
                int g = Color.green(pixel);
                int b = Color.blue(pixel);
                float[] hsv = new float[3];
                Color.RGBToHSV(r, g, b, hsv);
                //
                // TODO 获取最接近的 3 种色卡，显示在界面上
                //
                return true;
            }
        });
        //
        // TODO 启动相机拍照
        //
    }
```

这一部分的代码相对来说显得比较复杂，下面是对 initIdentifyTabView()方法中代码的补充说明。

① 首先根据布局文件中设定的 id 初始化各个控件变量。注意到，方法前几行的变量都使用了 final 修饰，它是后面定义的匿名类需要的，因为在匿名类中用到了这些控件。

② 在 imageview 控件的 OnTouchListener 触摸事件中，首先判断触摸的坐标是否超出了所触摸图片的区域，然后把当前触摸位置的像素值取出来，它是一个整型数。接下来通过 Color 类中的方法得到所触摸像素的 r、g、b 值，并将它们转换为等价的 h、s、v 值。

【提示】 这里没有给出当前触摸像素的颜色值与色卡表中的所有颜色进行"距离"计算并求出最接近的 3 个颜色的代码，请读者自行补充完整。在本书配套资源中包含有这个问题的参考实现代码。

4．相机拍照功能实现

（1）请将下面阴影部分代码复制到"// TODO 启动相机拍照"注释的下一行。

```
// 启动系统自带相机程序进行拍照
btnCamera.setOnClickListener(new OnClickListener() {
    @Override
    public void onClick(View v) {
        // 启动系统相机程序进行拍照
        Intent intent = new Intent(
            MediaStore.ACTION_IMAGE_CAPTURE);
        // 指明需要返回拍照数据，即照片
        intent.putExtra("return-data", true);
        startActivityForResult(intent, PHOTO_CAPTURE);
    }
});
```

btnCamera 按钮的事件响应，就是直接调用系统相机程序进行拍照的过程。Android 系统默认已包含一个相机拍照的程序，这里只需通过构造一个以 MediaStore.ACTION_IMAGE_CAPTURE 为参数的 Intent 对象，然后调用 startActivityForResult()方法就能启动系统自带的相机拍照程序。与 BMI 项目中使用的 startActivity()方法相比较，startActivityForResult()在启动相机程序拍照结束之后，会执行一个回调方法，以通知相机拍照完毕。也就是说，系统自带的相机拍照程序执行结束后，系统会自动调用程序中的某个方法，这个方法就是 onActivityResult()。

（2）在 ColorCardActivity 类中，单击鼠标右键，选择弹出菜单中的"Source"→"Override/Imeplement Methods"，在出现的窗体中勾选 onActivityResult(int, int, Intent)方法，单击"OK"按钮即可。添加 onActivityResult()方法的实现代码如下（见阴影部分）。

```
@Override
protected void onActivityResult(int requestCode,
                    int resultCode,Intent data) {
    // 如果拍照或剪裁被取消，则不作任何处理
    if (resultCode == Activity.RESULT_CANCELED) {
        return;
    }
    // 若从拍照返回，则启动剪裁处理
    else if (requestCode == PHOTO_CAPTURE) {
        // 获取拍照的图像
        Bitmap photo = data.getParcelableExtra("data");
        if (photo != null) {
            // 准备启动剪裁程序
            Intent intent =
                new Intent("com.android.camera.action.CROP");
            intent.setType("image/*");
            // 设置要裁剪的源图和是否裁剪图像
            intent.putExtra("data", photo);
```

```
                intent.putExtra("crop", true);
                // 设置裁剪框的比例1：1，不设置则可任意比例
                intent.putExtra("aspectX", 1);
                intent.putExtra("aspectY", 1);
                // outputX outputY 是输出裁剪图片的大小
                intent.putExtra("outputX", imageview.getWidth());
                intent.putExtra("outputY", imageview.getHeight());
                // 设置需要将数据返回给调用者
                intent.putExtra("return-data", true);
                // 启动系统图像剪裁组件
                startActivityForResult(intent, PHOTO_CROP);
            }
        }
        // 若是从剪裁返回，则显示剪裁好的图像
        else if (requestCode == PHOTO_CROP) {
            Bitmap photo = data.getParcelableExtra("data");
            if(photo!=null){
                imageview.setBackgroundDrawable(
                    new BitmapDrawable(photo));
                pickbmp = null;
            }
        }
        super.onActivityResult(requestCode, resultCode, data);
    }
}
```

onActivityResult()方法的 requestCode 参数代表"请求码"，用以确定是哪个"源"发出的调用请求，这里分别对应的是 ColorCardActivity 中的"拍照"和"剪裁"。因为无论是拍照还是剪裁，它们都要回到 ColorCardActivity，根据事先设定的请求码就能知道是从拍照还是从剪裁程序返回到 ColorCardActivity 的。

除了上面编写的代码，还需要修改 AndroidManifest.xml 配置文件，在其中声明应用程序运行所需的权限，要修改的内容如下（见阴影部分）。

```
<manifest
    xmlns:android="http://schemas.android.com/apk/res/android"
    package="mytest.colorcard"
    android:versionCode="1"
    android:versionName="1.0" >
    <uses-sdk android:minSdkVersion="4"
        android:targetSdkVersion="15" />
    <!-- 声明使用相机拍照的权限 -->
    <uses-permission android:name="android.permission.CAMERA" />
    <application android:icon="@drawable/ic_launcher"
```

```
        ...
    </application>
</manifest>
```
保存以上所有修改,再次运行程序,看看拍照的功能是否能正常运行。

【提示】通过 Intent 还可以方便地启动各种 Android 系统自带的一些"标准"应用,如拍照、拨打电话和发送短信等和下面是几个这方面的例子代码片段。注意:拨打电话需要在 AndroidMenifest.xml 中添加 android.permission.CALL_PHONE 的权限声明。

```
Uri uri;
Intent intent;
// =====调用拨号程序=====
uri = Uri.parse("tel:10010");
intent = new Intent(Intent.ACTION_DIAL, uri);
startActivity(intent);
// =====启动拨打电话=====
uri = Uri.parse("tel:10010");
intent = new Intent(Intent.ACTION_CALL, uri);
startActivity(intent);
// =====调用发送短信程序=====
uri = Uri.parse("smsto:10010");
intent = new Intent(Intent.ACTION_SENDTO, uri);
intent.putExtra("sms_body", "Hello");
startActivity(intent);
// =====调用 Web 浏览器=====
uri = Uri.parse("http://www.google.com");
intent = new Intent(Intent.ACTION_VIEW, uri);
startActivity(intent);
```

3.8 知识拓展

3.8.1 LinearLayout

LinearLayout 即线性布局,就像它的名字所表示的,包含在 LinearLayout 里面的控件将按严格的顺序从上至下或从左至右排列成一行或者一列,每一个子元素都位于前一个元素之后。

LinearLayout 是最简单也是用得最多的布局类型,它里面包含子控件的排列方向取决于 LinearLayout 的 android:orientation 属性是被设置成 Vertical(垂直方向)还是 Horizontal(水平方向)。如果是垂直方向,那么所有子控件将按照垂直方向分布在同一列,每行只允许有一个子元素,是一个 N 行单列的结构,而不论这个元素的宽度为多少;如果是水平方向,这时子控件将会以水平方向排列在同一行,每列只有一个子元素,是一个单行 N 列的结构,而不论这个元素的高度为多少。所以,LinearLayout 布局里面的控件不能像 RelativeLayout 布局那样可以随意排放，要受到 LinearLayout 线性的制约。如果要搭建两行两列的界面外观，通常是先垂直排列两个元素，每一个元素里再包含一个 LinearLayout 来进行水平排列。

LinearLayout 还支持为子元素指定 android:layout_weight 属性，允许子元素填充屏幕上的剩余空间，或者按照一定比例分配屏幕水平或垂直方向上的全部空间，这也避免了在一个大屏幕中一串小控件挤成一堆的情况出现，而是允许他们放大填充剩余空间。子元素指定一个 weight 值，剩余空间就会按指定的 weight 比例分配给这些子元素。默认情况下元素的 weight 值为 0。例如，如果有线性布局中包含有 3 个文本框，其中有两个指定了 weight 值为 1，那么这两个文本框将等比例地分配屏幕的剩余空间，而第 3 个文本框不会放大。

一般来说，android:layout_weight 属性值遵循数值越大重要度越高的原则。值得注意的是，一旦为子元素指定了 android:layout_weight 属性，意味着希望 Android 系统来分配控件占用屏幕剩余的宽度或高度，所以此时应该将控件的 android:layout_width 或 android:layout_height 设为 0dp。

下面，给出一个设置 android:layout_weight 属性来分配屏幕空间的例子，如图 3.33 所示。从这里可以看出，屏幕宽度除了 TextView 组件占据的空间外，其余空间被均分给了两个 Button 组件。

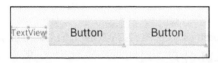

图 3.33　LinearLayout 布局例子效果

```
<LinearLayout
    android:layout_width="match_parent"
    android:layout_height="80dp"
    android:layout_alignParentLeft="true"
    android:layout_alignParentTop="true"
    android:gravity="center_vertical"
    android:background="#E0FFFF"
    android:orientation="horizontal" >
    <TextView
        android:id="@+id/textView1"
        android:layout_width="wrap_content"
        android:layout_height="wrap_content"
        android:text="TextView" />
    <Button
        android:id="@+id/button1"
        android:layout_width="0dp"
        android:layout_height="wrap_content"
        android:layout_weight="1"
        android:text="Button" />
    <Button
```

TextView 组件宽度为"包裹"内容

两个 Button 组件 layout_weight 均被设为 1，且 layout_width 设为 0dp，这样它们的宽度将按屏幕剩余空间的 1∶1 比例分配。剩余空间是指总屏幕宽度减掉 TextView 的宽度，再减掉两个 Button 的文字显示需要的宽度

```
        android:id="@+id/button2"
        android:layout_width="0dp"
        android:layout_height="wrap_content"
        android:layout_weight="1"
        android:text="Button" />
</LinearLayout>
```

3.8.2 px/dp/sp

在设计界面布局的时候，经常需要指定控件的宽、高以及控件与其他控件或屏幕边界的距离，还可能需要指定字体的大小等。无论是计算机还是移动设备，屏幕上显示的图像单元通常就是像素。因此，有必要了解一下计量单位的选取问题。在 Android 中，常见的的图形单元计量单位包括 dip、px 和 sp 等，现将其含义说明如下。

1．px

px 是指 pixel，代表屏幕上的像素点，即绝对像素，它是直接和硬件设备相关的，一块屏幕在生产出来之后其上包含的像素点就不再发生改变，跟外界没有关系，也跟软件无关，无论是几何图形还是图像或者文字，最终都是体现为像素点在屏幕上显示出来的。

对于相同物理尺寸的屏幕，分辨率不同则像素点大小也是不同的，通常，屏幕的分辨率越高，像素点就越小，当然也意味着在视觉效果上会显得更加精细，即更清晰。

2．dp 或 dip

dp/dip 是指 device independent pixels，即独立于设备的像素。对相同物理尺寸的屏幕来说，如果分辨率越大则像素点就越小，即像素密度大，在视觉效果上看起来也越清晰，但相同的几何图形也会显得更小。也就是说，像素是和屏幕硬件相关的。如果在开发中直接以像素为单位来度量长度或距离的话，将直接出现屏幕适应性的问题，因为 Android 系统面对的屏幕尺寸和分辨率不是单一的。

一般地，为了正常支持 WVGA、HVGA 和 QVGA 等不同分辨率的屏幕，推荐使用 dip 为单位，因为它不依赖屏幕像素点的大小，Android 会根据当前屏幕像素密度进行自动调整。既然 dip 与屏幕的像素密度有关，而屏幕像素密度又与具体的硬件有关，如果硬件信息设置不正确，就有可能导致不能正常显示。

在 Android 中，可以方便地将 dip 为单位的长度、距离或坐标转换为 px 绝对像素值，现将其写成一个方法 dip2px()，这个方法将在下一单元的拼图游戏中用到。

```
/**
 * 将 dip 转换为 px 绝对像素值
 */
private int dip2px(float dip) {
    final float scale =
        Resources.getSystem().getDisplayMetrics().density;
    return (int) (dip * scale + 0.5f);
}
```

3．sp

sp 是指 scaled pixels，即缩放的像素，主要用于指定字体的尺寸。以 sp 为单位的文字，Android

会根据当前屏幕的像素密度按照设置的值自动调整字体大小，避免因屏幕分辨率的不同造成文字显示过大或过小。

在设计 Android 应用程序界面布局的时候，控件长度、高度等属性推荐使用 dip 为单位，如果是设置字体，就应该以 sp 为单位。一般情况下，都不会直接以 px 为单位。dip 是与像素密度无关的，sp 除了与像素密度无关外，还与 scale 无关。无论是以 dp/dip 还是以 sp 为单位，系统都会根据屏幕像素密度的变化自动调整图形元素或字体的大小。

sp 转换为 px 绝对像素值的方法如下。

```
/**
 * 将 sp 转换为 px 绝对像素值
 */
private int sp2px(float sp) {
    DisplayMetrics metrics = Resources.getSystem().getDisplayMetrics();
    return (int)TypedValue.applyDimension(
                    TypedValue.COMPLEX_UNIT_SP, sp, metrics);
}
```

3.8.3 Debug

在程序开发时，程序的调试与排错工作是少不了的，Android Developer Tools 集成开发环境也提供了方便的程序调试功能。下面，以本项目的色卡功能实现代码为例，来说明如何使用 ADT 的调试功能。

在调试运行代码之前，首先应保证代码无语法上的编译错误，否则是无法运行程序的。也就是说，调试的前提是程序能够运行。图 3.34 是一个编译错误的例子，编辑器中会自动显示红色的图标标记。

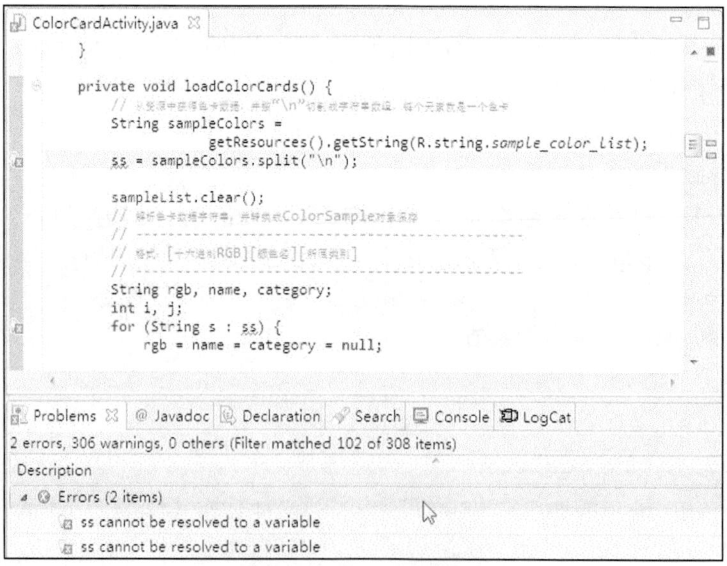

图 3.34　编译错误示例

当出现语法错误时，ADT 会给出醒目的红色提示，同时在 Problems 视图中给出了出现错误的原因。只有排除了语法之类的错误，才能够进行程序调试。

程序调试手段主要是解决"逻辑错误",可以理解为"某件事情在做的过程中出现差错",得不到预期的正确结果。当然,开始程序调试之前,首先应该设置一下代码"断点"。因为无论是计算机还是智能终端设备,其运行速度相对人来说都是很快的,每秒钟可以进行几百万次以上的运算。所以,要判断出问题所在,就要在某个地方停下来,能够人为干预代码的执行,这就是"断点"一词的来源。程序代码断点的设置需要一定的经验和技巧,比如出现了某个错误的结果,那么会有哪些原因造成这个结果呢?通过逐条梳理和排除,找到最可能出问题的代码位置,然后把断点设在出现错误结果的代码之前。当然,不同的问题造成的原因各有差异,这里仅是为了阐述如何使用 ADT 的调试功能。

(1)找到希望程序停下来的代码位置,在代码编辑器的左端双击一下,成功设置了断点的代码行最左端会出现一个蓝色的小圆圈,且光标会变成一个手的形状,如图 3.35 所示。

(2)在 ColorCard 项目名字上单击鼠标右键,选择弹出菜单中的"Debug As"→"Android Application",这样 ADT 就开始启动程序的调试了。初次使用调试功能时,会提示一个是否切换到"Debug"视图的对话框,勾选"Remember my decision",这样下次启用调试时就不会重复出现这个确认界面。如图 3.36 所示。

图 3.35　断点设置

图 3.36　确认进入 ADT 调试界面

一旦程序执行到断点设定的代码行,ADT 会自动中断程序的执行,并停在断点位置,等待人工干预。此时,可以按下<F6>键单步执行代码,或者按下<F5>键进入到某个方法内部执行,也可以把鼠标移至某个变量上面查看它的当前值,Variables 视图也会列出当前所有变量的值,如图 3.37 所示。

程序调试功能相当于提供了一个"钻"进程序内部一窥其细节的手段,就像医学上的内窥镜一样。假如色卡界面上的色卡条没有出现,那么此时就应该检查 sampleColors 变量是否正确取到了资源字符串的值,以及后续是否正确将色卡数据正确地解析出来等。

如果不想单步调试,要继续将程序执行下去,可以按下<F8>键。有关调试的其他功能,可以查看一下 ADT 的 Run 菜单中的各个菜单项。

这里给的例子是在 loadColorCards()方法中设置的断点,由于 loadColorCards()方法是被 onCreate()调用的,onCreate()方法是 Activity 启动时执行的,所以在启动程序后因为执行

onCreate()导致 loadColorCards()方法的调用,从而自动进入断点代码位置。对于像按钮之类的事件响应代码,当断点设置在事件响应方法里面时,就需要在程序调试过程中单击或触摸相应的按钮,这样 ADT 才会进入到断点位置。

图 3.37　ADT 调试界面视图

3.8.4　UI Viewer

ADT 的布局管理器提供了一种相对方便的设计程序界面的手段,一些复杂界面的 Android 应用程序通常都是多种布局组合设计出来的。在 Android SDK 中,有两个非常实用的程序,它可以直接捕获在模拟器中运行的程序,并将该程序的界面布局分析出来,包括所用的控件、布局之间的层次关系等,这为学习一些具有优美外观的 Android 应用程序的界面设计技巧提供了极大的便利。

(1)找到 Android SDK 安装目录(这里是 D:\adt-bundle-windows\sdk 文件夹),在 SDK 的 tools 文件夹下可以看到两个名为 hierarchyviewer.bat 和 uiautomatorviewer.bat 的批处理文件,如图 3.38 所示。

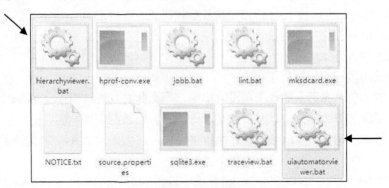

图 3.38　Android SDK 附带的工具程序

（2）双击 hierarchyviewer.bat 以启动 Hierarchy Viewer 查看器，稍等片刻会列出当前模拟器中运行的所有程序，如图 3.39 所示，从中可以看到色卡程序也在其中。

（3）单击选中模拟器程序列表中的色卡应用，然后单击顶部的"Load View Hierarchy"按钮，以获取所选程序当前界面的布局层次结构。稍候片刻，就可以看到界面布局层次结构图，此时鼠标可以单击不同的节点查看包含哪些控件和布局，而且还可以看到每个控件包含的属性值，如图 3.40 所示。另外，还可以使用鼠标滚轮进行放大或缩小来查看结果。

图 3.39　模拟器中运行的程序列表

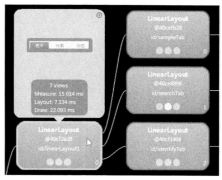

图 3.40　界面布局体系结构

（4）接下来双击执行 uiautomatorviewer.bat 批处理文件以启动 UI Automator Viewer 查看器，在出现的窗体中单击工具栏中的 Device Screenshot 图标，如图 3.41 所示。

图 3.41　启动 UI Automator View 工具

UI Automator Viewer 查看器会直接把当前运行的 Android 程序的界面布局提取出来，如图 3.42 所示。在窗体右侧，可以清楚地看到色卡程序的顶层布局是 RelativeLayout，在其下则是两个 LinearLayout。也可以单击左侧色卡界面的任意位置，UI Automator Viewer 查看器能够自动检测当前是什么控件或布局。

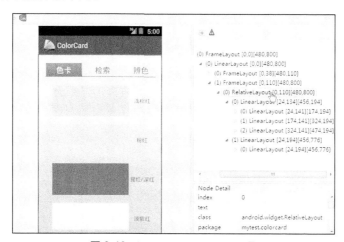

图 3.42　UI Automator View 工具

相比较而言，UI Automator Viewer 查看器在使用时更加方便一些，因此充分利用好这两个工具将极大提高设计 Android 程序界面的水平。

值得一提的是，Android Developer Tools 集成开发环境中的 DDMS 界面也可以启动 UI Automator Viewer 查看器，方法是单击菜单"Window"→"Open Perspective"→"DDMS"切换到 DDMS 界面，在 Devices 视图的右侧就有一个启动 UI Automator Viewer 查看器的图标，如图 3.43 所示，不过需要手机或模拟器上运行的 Android 版本为 4.1 以上才能使用。

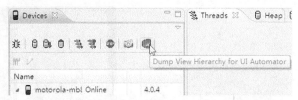

图 3.43　通过手机启动 UI Automator Viewe 工具

3.9　问题实践

1. 回顾最终完成的项目，仔细体会一下，看看自己从中学到了什么？

2. ColorCard 程序运行时，默认是可以看到 Android 顶部通知栏的，请将 ColorCard 设计为运行时是全屏效果，即隐藏通知栏。

3. 在检索颜色时，输入颜色名称并单击"检索"按钮后，软键盘仍旧是显示的。请修改一下项目的代码，实现单击"检索"按钮后软键盘自动隐藏。

4. 在设计界面时，默认情况下四周留有一点空白区域，请将这些空白区域去除。

5. 将 xml 布局文件中的所有文字内容以及代码中的文字内容转移至 strings.xml 中，以实现程序文字的国际化处理。

6. 色卡和检索这两部分功能中缺少查看某一色卡的具体颜色信息，如 RGB 值、CMYK 值和所属类别名等，请添加这一功能。其中，CMYK 与 RGB 色彩之间的转换关系为：

　　　　c=255−r;　　　m=255−g;　　　y=255−b;
　　　　k=MinValue(c,m,y);
　　　　c'=c−k;　　　　m'=m−k;　　　　y'=y−k;

最后的（c',m',y',k）就是 RGB 转换为 CMYK 的颜色。

7. 在辨色功能部分，还没有实现当前触摸颜色与色卡数据的匹配工作，请补充实现这一功能。

8. 色卡程序的主界面设计成"选项卡"在顶部显示，请将其改为底部显示，实现后的效果如下。

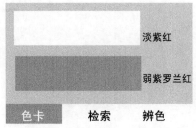

9. 设计一个类似 Android 自带计算器的程序，并能实现基本的运算功能。

项目 4
PT 拼图游戏的开发

【学习提示】

- 项目目标：开发一款拼图游戏，要求有操作音效和背景音乐
- 知识点：View；Canvas 绘图；Bitmap 图像；像素单位转换；触屏事件处理；音效播放；SharedPreferences 数据保存；游戏引擎
- 技能目标：能使用 View 或 SurfaceView 自定义界面；会使用 Canvas 和 Bitmap 在自定义界面上绘图；能开发简单小游戏应用；会打包 APK 应用程序

4.1 项目引入

计算机游戏是现代科技生活中不可缺少的话题，无论大街小巷还是在公交车或火车上，都可以看到拿着手机或游戏机玩游戏的场景。在很多国家，游戏是一个热门的经济产业。从技术上看，计算机游戏是以计算机为操作平台，通过人机互动形式实现且体现了当前较高技术水平的一种新形式的娱乐方式。从内容上看，游戏是一个让玩家追求某种目标，并且可以获得某种"胜利"或"休闲"体验的娱乐性文化产品。所以，有人把游戏称为继绘画、雕刻、建筑、音乐、文学、舞蹈、戏剧和电影之后人类历史上的第 9 种艺术。游戏的流行对计算机硬件的发展也起着推动作用，大大促进了计算机图形显示技术的发展，如 3D、增强现实和体感技术等。

在 Android 平台开发游戏并不是一件很困难的事，但在实际游戏开发工作中，通常都会使用"游戏引擎"之类的基础平台，以减少重复劳动，提高工作效率。游戏程序相对普通 Android 应用程序的最大区别在于，游戏的界面通常都不是事先通过布局界面设计的，而是在程序运行时通过"代码"配合图形图像元素绘制出来的。尽管 Android 布局文件大大方便了应用程序的界面设计，但是布局文件只是一个普通的 xml 文本文件，它的内容相当于定义了一个界面类（如 View 类），只不过是以 xml 文本内容的形式来表示的。对于游戏程序，既然要通过代码绘制界面，也就意味着自己要定义这个 View 类。另外，在一些游戏界面上可能需要提供文字输入的功能，但一般也不会使用 EditText 之类的 Android 标准控件。

Android 主要提供了 android.view.View 和 android.view.SurfaceView 这两个类来帮助实现自定义界面的功能，它们的区别在于，SurfaceView 更适合对性能有较高要求的场合，也就是说，性能越高意味着在游戏中模拟真实世界的效果会更好。本项目单元主要使用 View 类来构建拼

图游戏界面，在拓展环节会给出使用 SurfaceView 重构代码实现拼图的例子。

作为学习游戏开发的起点，本项目单元讲述的是一个拼图游戏的完整开发过程。通过对拼图游戏的开发实践，读者应掌握 Android 平台简单游戏程序的开发技术和方法，能独立编写一些小巧实用的趣味性休闲游戏，从而极大增强学习 Android 开发技术的信心。完成后的拼图游戏运行效果如图 4.1 所示。

图 4.1　拼图游戏运行效果

4.2　拼图游戏项目准备

1．项目创建

（1）启动 Android Developer Tools 集成开发环境，选择主菜单"File"→"New"→"Android Application Project"，按图 4.2 所示的内容进行设置，然后单击"Next"按钮进入下一步。

图 4.2　创建拼图项目

（2）指定应用程序的图标（可使用任一图片，能从图示上表明程序功能即可），如图 4.3 所示。

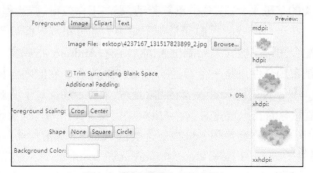

图 4.3　设定拼图应用程序图标

（3）最后设置一下新建的 Activity 名，单击"Finish"按钮完成项目的创建，如图 4.4 所示。

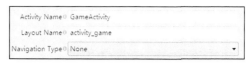

图 4.4　设定拼图 Activity 和界面布局

2．游戏界面类定义

为了得到拼图游戏界面，需自定义一个继承自 android.view.View 的类。

（1）用鼠标右键单击 PT 项目 src 文件夹下的 mytest.pt 包，选择弹出菜单"New"→"Class"项，按如图 4.5 所示设置，单击"OK"按钮。

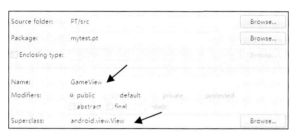

图 4.5　新建 GameView 类

GameView 类定义完毕，ADT 集成开发环境会提示 GameView 类需要提供一个带参数的构造方法，因为任何 View 对象必须有关联的 Context 对象才能显示（Activity 本身就是一个 Context 对象，因为 Activity 类继承了 Context 类）。

（2）双击打开 GameView.java 文件代码，单击编辑器左侧包含红色叉形的灯泡图标，然后双击提示项中的"Add constructor GameView(Context)"，如图 4.6 所示。

图 4.6　添加 GameView 的构造方法

3．游戏界面显示

接下来修改 GameActivity 类中的 onCreate()方法，以便加载 GameView 游戏界面并显示出来。双击打开 GameActivity.java 文件代码，删除其中的 onCreateOptionsMenu()方法，然后按下面阴影部分修改 onCreate()中的代码内容。

```
public class GameActivity extends Activity {
    @Override
    protected void onCreate(Bundle savedInstanceState) {
        super.onCreate(savedInstanceState);
        // 将下面这行布局文件的界面关联代码注释掉
        //setContentView(R.layout.activity_game);
        // 设置显示 GameView 界面
```

```
            setContentView(new GameView(this));
    }
}
```
保存以上修改,运行程序,出现拼图游戏的初始界面,如图 4.7 所示。

图 4.7 拼图游戏初始界面

　　setContentView()方法既可以加载 xml 布局文件设计的界面,也可以加载用代码创建的程序界面。

4. 横屏设置

在手持智能设备(如智能手机)运行的游戏程序,大部分情况下都不会设计成允许横屏或竖屏自由切换游戏界面,而是固定方向为横屏(landscape,本意表示"风景",它代表横屏方向)或竖屏(portrait,本意表示"肖像",代表竖屏方向),这里准备将拼图游戏的界面设置为横屏方向。

打开 PT 项目中的 AndroidManifest.xml 文件,在其中添加下面阴影部分的内容。

```xml
<activity
    android:name="mytest.pt.GameActivity"
    android:label="@string/app_name"
    android:screenOrientation="landscape" >
    <intent-filter>
        <action android:name="android.intent.action.MAIN" />
        <category
            android:name="android.intent.category.LAUNCHER" />
    </intent-filter>
</activity>
```

5. 全屏处理

设置游戏启动时隐藏 Android 系统顶部状态栏(即显示电池图标、时间、通知信息的位置)和应用程序本身的标题栏,从而使得拼图游戏在运行时为横屏状态下的全屏显示,修改后的 GameActivity 完整代码如下面阴影部分所示。

```java
package mytest.pt;

import android.app.Activity;
import android.os.Bundle;
import android.view.Window;
import android.view.WindowManager;
```

```java
public class GameActivity extends Activity {
    @Override
    protected void onCreate(Bundle savedInstanceState) {
        super.onCreate(savedInstanceState);
        // 隐去 Android 顶部状态栏，以使应用程序占满整个屏幕
        getWindow().addFlags(
                WindowManager.LayoutParams.FLAG_FULLSCREEN);
        // 隐去程序标题栏
        requestWindowFeature(Window.FEATURE_NO_TITLE);
        // 显示 GameView 界面
        setContentView(new GameView(this));
    }
}
```

考虑到拼图游戏默认是横屏方向，对于 Android 模拟器，可以通过按下键盘上的 <Ctrl+F11> 或 <Ctrl+F12> 组合键来切换模拟器的显示方向。

6．游戏素材准备

为方便后续工作，请准备一张游戏背景图片和一张用来做拼图的图片，并将它们复制到项目 src 下的 drawable-mdpi 文件夹中。注意，所用图片文件名应以字母开头，且其中只能包含小写字母、数字和下划线的组合，原因是 ADT 会将资源图片的"文件名"当成 R 类中定义的常量名。此外，还要求背景图片和拼图图片分辨率不能太大，以 800×480 之类的大小为宜，否则可能导致程序运行时资源图片加载失败，从而造成 NullPointerException、OutOfMemoryError 之类的异常。

这里使用的背景图片文件名为 wallpaper.jpg，拼图图片文件名为 pic02.jpg，如图 4.8 所示。如果实际使用的图片资源名与这里不同，那么后续代码中也要做相应调整，否则会出现编译错误。

图 4.8　拼图游戏图片资源

4.3　拼图游戏背景显示

（1）双击打开 GameView.java 文件，在源代码编辑器中单击鼠标右键，选择弹出菜单中的"Source"→"Override/Implemet methods"，在出现窗体中勾选 onDraw() 和 onSizeChanged() 两个方法，如图 4.9 所示。

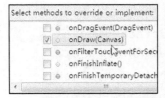 

图4.9 重载父类的 onDraw()和 onSizeChanged()方法

经过这一步，ADT 会自动在 GameView 类中添加 onDraw()和 onSizeChanged()方法。

（2）请按照下面阴影部分所示代码进行修改，以便在 onSizeChanged()中加载背景图片资源，在 onDraw()方法中显示背景图片。

```
public class GameView extends View {
    private Bitmap background;          // 游戏背景图

    public GameView(Context context) {
        super(context);
    }
    @Override
    protected void onSizeChanged(int w, int h, int oldw, int oldh) {
        // 计算屏幕界面大小，并使宽和高符合横屏要求
        int screenW = (w > h) ? w : h;
        int screenH = (w > h) ? h : w;
        // 加载背景图片，按屏幕大小缩放成一幅新图像
        Bitmap bg = BitmapFactory.decodeResource(
                getResources(),R.drawable.wallpaper);
        background = Bitmap.createScaledBitmap(bg,
                screenW, screenH, false);
        // 背景图经过缩放处理，原图像资源可要求释放掉
        bg.recycle();
        super.onSizeChanged(w, h, oldw, oldh);
    }
    @Override
    protected void onDraw(Canvas canvas) {
        // 在画布上绘制背景图 Canvas.drawBitmap(Bitmap bitmap, float left,
        // float top, Paint paint)
        canvas.drawBitmap(background, 0, 0, null);
    }
}
```

保存所做修改，按下<Ctrl+Shift+O>组合键导入所需的包。运行程序，不出意外的话可以看到如图 4.10 所示的结果。

图 4.10 拼图游戏初始界面

【提示】
Canvas 类中的 drawBitmap()方法第 2、第 3 两个参数是背景图左上角的显示坐标位置,(0,0)代表屏幕的左上角,向右和向下分别为 X 轴和 Y 轴的正方向。

在 GameView 类中,新增了一个成员变量 background 保存从资源中加载的背景图片。当拼图游戏程序启动时,Android 会根据所创建的 GameView 对象依次调用 onSizeChanged()和 onDraw()方法。onSizeChanged()方法表示应用程序的界面大小发生了变化,需要重新计算显示尺寸。由于应用程序初次启动,其界面是从无到有,这意味着程序界面的大小发生了变化,onSizeChanged()方法就会被执行。onSizeChanged()方法前两个参数保存的是应用程序所占屏幕的宽度和高度,后两个参数保存的是程序界面变化之前的宽度和高度(想象一下可以自由切换屏幕方向的场合)。考虑到背景图片要铺满整个游戏程序,onSizeChanged()方法正好可以得到游戏界面的大小,因此背景图的加载和缩放就放在 onSizeChanged()方法中进行处理了。

当应用程序的界面需要显示出来时,Android 会自动调用 GameView 类的 onDraw()方法。onDraw()方法提供了一个在屏幕上显示可视元素(如图形、图像和文字等)的接口,后面在屏幕上显示的内容都要通过 onDraw()方法来绘制。onDraw()方法执行的时机是:只要当前应用程序的画面需要显示或重画的时候,Android 就会调用这个方法。很显然,游戏程序启动时界面是从无到有的,此时 onDraw()必定会执行一次。

4.4 拼图游戏界面设计

1. 逻辑和物理像素转换

前面说过,屏幕坐标结构默认是"右-下"方向,即左上角为原点(0,0),向右依次增大,向下依次增大。其中,横坐标方向与数学上笛卡尔坐标系的 X 轴是一致的,但纵坐标方向与 Y 轴刚好相反。

要在游戏界面上显示图像、几何图形等内容,必然涉及坐标计算问题。Android 本身是一个开放平台,它可以在各种设备上运行,而不同设备屏幕的大小和分辨率的差异都不尽相同,这也导致 Android 应用程序在开发时需要考虑很多因素。考虑到游戏界面不同于布局文件设计出来的界面,布局文件设计的界面可以通过布局来自动调整控件的位置,但游戏界面中各种绘图元素的坐标位置和大小都要通过代码进行处理,这也是开发游戏程序要比传统应用程序更为复杂的原因之一。

在程序代码中,大多以"物理像素"为单位,而界面设计时通常以"逻辑像素"为单位,正如在色卡应用程序界面设计所做的那样。所谓"逻辑像素"就是指 dip 或 dp(device independent pixels，独立于设备的像素），"物理像素"则是屏幕上实际的像素点 px（pixels，像素）。对于使用布局管理器设计的界面，Android 会自动在逻辑像素和物理像素之间转换，但对游戏程序之类的界面，转换工作必须通过人工处理。考虑一下两个相同物理尺寸的屏幕，如果屏幕分辨率越高，则它的像素密度就越高，此时屏幕的像素点就越小，相同像素单位长度的线条在视觉上变得更短、更细。为保证绘图元素在不同设备上显示不至于造成太大差异，需要在"逻辑像素"和"物理像素"之间进行转换。换句话说，在高分辨率的屏幕上，一个逻辑像素实际上可能会对应多个物理像素点。

Android 系统提供了一个简单的方法来得到当前系统的像素密度，这样逻辑像素 dip 和物理像素 px 之间的换算公式就是：px = dip * density + 0.5，其中 density 就是像素密度，0.5 相当于是一个四舍五入的修正值。

为方便起见，现将 dip 到 px 之间的换算定义成一个方法/函数供后面代码调用，请参考 3.8.2 小节的内容自行补充。

```
@Override
protected void onDraw(Canvas canvas) {
    canvas.drawBitmap(background, 0, 0, null);
}
private int dip2px(float dip) {
    ...
}
```

2．拼图界面规划

前面已经完成了拼图游戏的背景显示，接下来将对拼图游戏的主体界面进行规划，主界面被划分成 3 大区域，其中包含斜线阴影的 3 个矩形区域分别代表拼图区、缩略图区和被打乱拼图块左上角所在的区域，如图 4.11 所示。

下面给出游戏界面各个区域的坐标设置，如图 4.12 所示。原拼图将按 3×4 的模式分割为 12 块，3 个粗线条的矩形框分别对应 puzzRect、thumbRect 和 cellsRect 矩形对象，pw 和 ph 分别表示拼图块的宽度和高度。

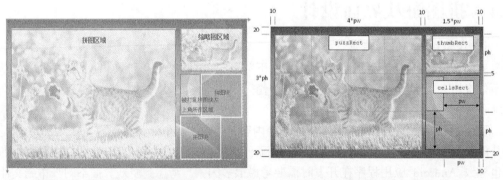

图 4.11　拼图游戏主界面设计图　　　　图 4.12　拼图游戏主界面区域规划

根据拼图游戏主界面规划，可以得出如下计算公式。

$$[10] + 4pw + [10] + 1.5pw + [10] = screenW$$
$$[20] + 3ph + [20] = screenH$$

这里，screenW 和 screenH 分别是游戏界面的宽度和高度，单位是像素；[10]和[20]分别表示

dip2px(10)和 dip2px(20)，即逻辑像素转换之后的物理像素值。由此，pw 和 ph 的大小计算公式为：

$$pw = (screenW - [10] - [10] - [10]) / 5.5$$
$$ph = (screenH - [20] - [20]) / 3.0$$

3．游戏界面绘制

结合游戏界面规划，很容易得出上面 3 个矩形对象的代码表示，它们分别对应到后面即将新增的成员变量 puzzRect、thumbRect 和 cellsRect，计算方法如下（伪代码）。

```
puzzRect =new Rect( [10], [20], [10]+4pw, [20]+3ph )
thumbRect = new Rect( [10]+[4pw]+[10], [20], screenW-[10], [20]+ ph )
cellsRect =new Rect( [10]+4pw+[10], [20]+ph+[5],
                     screenW-[10]-pw, screenH-[20]-ph)
```

上面 Rect 是一个代表矩形区域的类，其构造方法的 4 个参数分别表示矩形区域的 left、top、right 和 bottom（左、上、右、下）两个对角坐标值。

一旦确定了这 3 个主要的区域，剩下的就是将拼图加载进来显示了。请按照下面阴影部分所示代码修改 GameView 类的内容。

```java
public class GameView extends View {
    private Bitmap background;// 游戏背景图
    private Bitmap puzzImage;// 拼图图像
    private Rect puzzRect; // 拼图区域
    private Rect thumbRect;// 拼图缩略图区域
    private Rect cellsRect;// 每个被打乱的拼图块左上角所在的区域范围
    private double pw; // 拼图块的宽度
    private double ph; // 拼图块的高度
    private Paint paint; // 绘制几何图形的画笔

    public GameView(Context context) {
        super(context);
        // 设置画笔属性：颜色、无锯齿平滑、实心线
        paint = new Paint();
        paint.setColor(Color.RED);
        paint.setAntiAlias(true);
        paint.setStyle(Paint.Style.STROKE);
    }
    @Override
    protected void onSizeChanged(int w, int h, int oldw,
                                int oldh) {
        // 计算屏幕界面大小，使宽和高应符合横屏要求
        int screenW = (w > h) ? w : h;
        int screenH = (w > h) ? h : w;
        // ------------------------------------------------
        // 计算拼图块大小和拼图区域
```

```java
        // 水平方向：[10] + 4pw + [10] + 1.5pw + [10] = screenW
        // 垂直方向：[20] + 3ph + [20] = screenH
        // ------------------------------------------------
        pw = (screenW - dip2px(10) - dip2px(10) - dip2px(10))
                / 5.5;
        ph = (screenH - dip2px(20) - dip2px(20)) / 3.0;
        // 计算拼图区域、缩略图区域、打乱拼图块的区域
        puzzRect = new Rect(dip2px(10),
                dip2px(20),
                dip2px(10)+(int)(4*pw),
                dip2px(20)+(int)(3*ph));
        thumbRect = new Rect(dip2px(10)+(int)(4*pw)+dip2px(10),
                dip2px(20),
                screenW-dip2px(10),
                (int)(dip2px(20)+ph));
        cellsRect = new Rect(dip2px(10)+(int)(4*pw)+dip2px(10),
                (int)(dip2px(20)+ph+dip2px(5)),
                (int)(screenW-dip2px(10)-pw),
                (int)(screenH-dip2px(20)-ph));
        // 加载背景图片，按屏幕大小缩放成一幅新图像
        Bitmap bg = BitmapFactory.decodeResource(
                getResources(),R.drawable.wallpaper);
        background = Bitmap.createScaledBitmap(bg,
                screenW, screenH, false);
        bg.recycle();
        // 加载拼图图片，按拼图区域大小缩放，然后释放原始拼图图像
        Bitmap pic = BitmapFactory.decodeResource(
                getResources(),R.drawable.pic02);
        puzzImage = Bitmap.createScaledBitmap(pic,
                puzzRect.width(),puzzRect.height(), false);
        pic.recycle();
        super.onSizeChanged(w, h, oldw, oldh);
    }
    @Override
    protected void onDraw(Canvas canvas) {
        // 绘制背景图 Canvas.drawBitmap(Bitmap bitmap,
        //  float left, float top, Paint paint)
        canvas.drawBitmap(background, 0, 0, null);
        // 绘制拼图 Canvas.drawBitmap(Bitmap bitmap,
        // Rect src, Rect dst, Paint paint)
```

```
        canvas.drawBitmap(puzzImage, null, puzzRect, null);
        // 绘制缩略图
        canvas.drawBitmap(puzzImage, null, thumbRect, null);
        // 绘制打乱的拼图块区域 Canvas.drawRect(Rect r, Paint paint)
        canvas.drawRect(cellsRect, paint);
    }
    ...
}
```

保存所做修改，导入所需的包并运行程序，查看实际效果是什么样的。当然，这里绘制红色矩形的目的是为了让大家看清楚被打乱的拼图块显示时，其左上角必须在红色矩形区域范围内，否则可能导致某些拼图块在打乱时超出屏幕之外去了。

【提示】　　请结合代码中附带的注释，查阅 Android API 帮助文档，了解 Rect、BitmapFactory、Bitmap 和 Canvas 等类的方法，从而理解代码的含义。

4．拼图区域透明处理

在游戏界面中显示原始拼图，是为了在实际拼图时辅助放置拼图块的，为避免拼图块和原拼图相混淆，现准备对拼图区域进行透明处理。请修改 GameView 类的 onDraw()方法代码，增加下面阴影部分的内容。

```
@Override
protected void onDraw(Canvas canvas) {
    // 先绘制背景图 Canvas.drawBitmap(Bitmap bitmap, float left,
    // float top, Paint paint)
    canvas.drawBitmap(background, 0, 0, null);
    // 绘制拼图，alpha 值范围为 0-255，0 为完全透明，255 为不透明
    Paint p = new Paint();
    p.setAlpha(120);
    canvas.drawBitmap(puzzImage, null, puzzRect, p);
    ...
}
```

保存上述代码并运行程序，游戏界面的效果图如图 4.13 所示。

图 4.13　拼图游戏主界面

4.5 拼图块分割

1. 拼图块分割辅助线

为了直观展示分割出来的拼图块，可以在原拼图上绘制 3×4 的行列格线。找到 GameView 类中 onDraw()方法的代码，按照下面阴影部分所示的内容进行修改。

```
@Override
protected void onDraw(Canvas canvas) {
    ...
    canvas.drawBitmap(puzzImage, null, puzzRect, p);
    // 绘制拼图区域边框
    canvas.drawRect(puzzRect, paint);
    // 绘制水平格子线（3 行）
    canvas.drawLine(puzzRect.left, (int)ph+puzzRect.top,
            puzzRect.right, (int)ph+puzzRect.top, paint);
    canvas.drawLine(puzzRect.left, (int)(ph*2)+puzzRect.top,
            puzzRect.right, (int)(ph*2)+puzzRect.top, paint);
    // 绘制垂直格子线（4 列）
    canvas.drawLine((int)pw+puzzRect.left, puzzRect.top,
            (int)pw+puzzRect.left, puzzRect.bottom, paint);
    canvas.drawLine((int)(pw*2)+puzzRect.left, puzzRect.top,
            (int)(pw*2)+puzzRect.left, puzzRect.bottom, paint);
    canvas.drawLine((int)(pw*3)+puzzRect.left, puzzRect.top,
            (int)(pw*3)+puzzRect.left, puzzRect.bottom, paint);
    // 绘制缩略图
    ...
}
```

保存上述代码并运行，运行结果如图 4.14 所示。

图 4.14 拼图块分割辅助线

2. PuzzleCell 类定义

从上图绘制的格子线可以看出，拼图块"分割"实际上是将原拼图分成 3×4 共 12 个小图，因此可以考虑定义一个大小为 12 的 Bitmap 数组来存储各个拼图块图像。不过，由于拼图块不只是分割出来的一个小图，后续还涉及移动和归位等操作，因此最好将其看作是具有一定行为的独立对象来对待，用面向对象的术语来说，就是定义一个类来描述它，这样每个拼图块就可理解成是一个对象了。

（1）新建 PuzzleCell 类。鼠标右键单击 PT 项目中 src 文件夹下的 mytest.pt 包，选择弹出菜单中的 "New" → "Class" 项，按照图 4.15 所示进行设置。

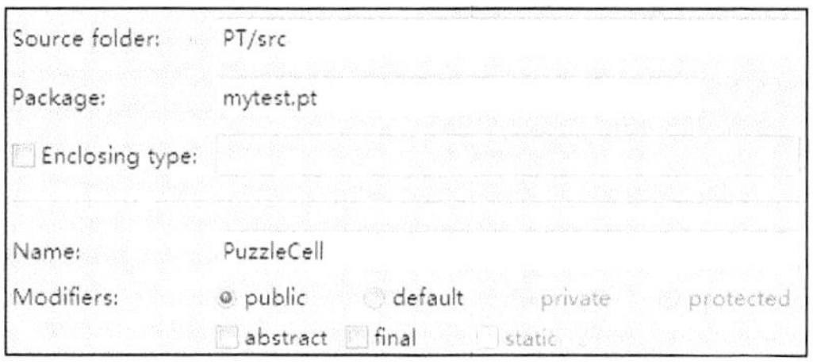

图 4.15 定义 PuzzleCell 类

（2）定义成员变量。修改 PuzzleCell 类的代码，使其为下面阴影部分的内容。

```
package mytest.pt;

import android.graphics.Bitmap;
import android.graphics.Rect;

public class PuzzleCell {
    public Bitmap image; // 拼图块对应的小图
}
```

在 PuzzleCell 类中，目前只包含一个成员变量，且使用 public 修饰符修饰，目的是让代码在形式上简洁。在 Java 中，更一般的做法是使用 private 修饰类的成员变量，然后在类中提供 get/set 方法供外部访问。

3．拼图块分割和显示

（1）定义拼图块动态数组

打开 GameView 类，在其中新增一个成员变量并对它进行初始化。

```
public class GameView extends View {
    ...
    private Paint paint; // 绘制几何图形的画笔
    // 存储所有拼图块的动态数组
    private List<PuzzleCell> puzzCells =
            new ArrayList<PuzzleCell>();
    ...
}
```

（2）实现拼图块分割和显示

在 onSizeChanged() 方法中添加拼图块的分割代码，然后在 onDraw() 方法添加 12 个拼图块的显示代码，完成后的代码如下面阴影部分所示。

```
public class GameView extends View {
    ...
    @Override
    protected void onSizeChanged(int w, int h,
                        int oldw, int oldh) {
```

```java
            ...
            pic.recycle();
            // 将拼图按 3×4 大小"分割"，保存到 puzzCells 动态数组中
            Rect puzzR;
            for (int i=0; i<3; i++) {
                for (int j=0; j<4; j++) {
                    // 计算第(i,j)拼图块在原拼图中的区域，是相对图片内部的
                    puzzR = new Rect((int)(j*pw), (int)(i*ph),
                            (int)((j+1)*pw), (int)((i+1)*ph));
                    // 创建 PuzzleCell 对象，保存小拼图块图像
                    PuzzleCell cell = new PuzzleCell();
                    // 所谓"分割"实质上是从原图中"复制"的一小块新图像
                    // Bitmap.createBitmap(Bitmap source,
                    // int x, int y, int width, int height)
                    cell.image = Bitmap.createBitmap(puzzImage,
                            puzzR.left, puzzR.top,
                            puzzR.width(), puzzR.height());
                    puzzCells.add(cell);
                }
            }
        super.onSizeChanged(w, h, oldw, oldh);
    }
    @Override
    protected void onDraw(Canvas canvas) {
        ...
        canvas.drawBitmap(puzzImage, null, thumbRect, null);
        // 绘制所有拼图块
        for (int i=0; i<puzzCells.size(); i++) {
            PuzzleCell cell = puzzCells.get(i);
            canvas.drawBitmap(cell.image,
                    cellsRect.left, cellsRect.top, null);
        }
    }
    ...
}
```

onSizeChanged()方法的拼图分割原理是：按照 3×4 规则，分别计算各拼图块在原拼图中对应的区域大小，然后使用 Bitmap.createBitmap()方法从原拼图中"复制"一小部分的图像保存到 PuzzleCell 对象中。

onDraw()方法所做的工作是：循环将保存在动态数组中的拼图块显示出来。此时，拼图块区域方框的绘制代码就不需要了，请注释掉或者直接删掉，并试着分析一下这样做的原因。

拼图块分割和显示的运行效果如图 4.16 所示。

图 4.16　拼图块分割和显示

4．打乱拼图块

正如所见，拼图块并没有被"打乱"显示到游戏界面右下角的区域，而且只能看到最后分割出来的那个拼图块（原拼图右下角的那个小方块图）。原因在于拼图块是按"自左至右，由上到下"的顺序分割的,最后分割出来的拼图块必定是原拼图最右下角的那块。因为onDraw()方法中所有拼图块都是在同一个位置显示的，所以前面显示的拼图块都被最后这个拼图块覆盖掉了。

现在可以处理"打乱"拼图块的工作了。为解决各个拼图块在屏幕上堆叠显示的上下次序和被打乱的初始位置，还需在 PuzzleCell 类中增加一些拼图块的属性，然后在拼图块分割方法中初始化这些属性值。

（1）新增拼图块属性和方法

请按下面代码的阴影部分修改 PuzzleCell 类的内容，然后导入所需的包。

```
public class PuzzleCell {
    public Bitmap image;// 拼图块对应的小图
    public int width;   // 拼图块的宽和高
    public int height;
    public int x0;// 拼图块左上角在屏幕上显示的位置
    public int y0;
    public int zOrder;// 拼图块在屏幕上显示的上下堆叠次序，值大的在上层
    /**
    * 将当前拼图块绘制出来
    * @param canvas 用来绘制拼图块的画布，拼图块将在 canvas 上显示
    */
    public void draw(Canvas canvas) {
        canvas.drawBitmap(image, x0, y0, null);
    }
}
```

（2）拼图块对象属性的初始化处理

修改 GameView 类的 onSizeChanged() 和 onDraw() 方法，如下面阴影部分所示。

```
@Override
protected void onSizeChanged(int w, int h, int oldw, int oldh) {
```

```java
...
puzzImage = Bitmap.createScaledBitmap(pic,
        puzzRect.width(),puzzRect.height(), false);
pic.recycle();
// 将拼图按 3x4 大小分割，并将拼图块保存到 puzzCells 动态数组中
Set<Integer> zOrders = new HashSet<Integer>();
Rect puzzR;
for (int i=0; i<3; i++) {
    for (int j=0; j<4; j++) {
        // 计算第(i,j)位置的格子在原拼图中对应的矩形区域
        puzzR = new Rect((int)(j*pw), (int)(i*ph),
                (int)((j+1)*pw), (int)((i+1)*ph));
        // 创建 PuzzleCell 对象，设置它的各个属性值
        PuzzleCell cell = new PuzzleCell();
        cell.image = Bitmap.createBitmap(puzzImage,
                puzzR.left,puzzR.top,
                puzzR.width(), puzzR.height());
        cell.width = (int) pw;
        cell.height = (int) ph;
        // 计算拼图块图在屏幕打乱区域显示的位置，
        // 确保每个拼图块左上角在 cellsRect 区域内
        cell.x0 = cellsRect.left +
                (int)(Math.random()*cellsRect.width());
        cell.y0 = cellsRect.top +
                (int)(Math.random()*cellsRect.height());
        // 随机产生一个不重复的拼图块堆叠显示次序
        int zOrder;
        do {
            zOrder = (int)(12 * Math.random());
        } while (zOrders.contains(zOrder));
        // 保存 zOrder，以使所有拼图块的 zOrder 不重复
        zOrders.add(zOrder);
        cell.zOrder = zOrder;
        // 保存拼图块对象到动态数组中
        puzzCells.add(cell);
    }
}
// 根据拼图块的 zOrder 值大小倒排序，zOrder 大的拼图块排在前面
Collections.sort(puzzCells, new Comparator<PuzzleCell>() {
    @Override
```

```
            // 拼图块 c0 和 c1 顺序由 compare()返回值确定
            public int compare(PuzzleCell c0, PuzzleCell c1) {
                return c1.zOrder - c0.zOrder;
            }
        });
        super.onSizeChanged(w, h, oldw, oldh);
    }
    @Override
    protected void onDraw(Canvas canvas) {
        ...
        // 绘制缩略图
        canvas.drawBitmap(puzzImage, null, thumbRect, null);
        // 绘制所有拼图块（zOrder 值大的最后画，这样将在屏幕最上层出现）
        for (int i=puzzCells.size()-1; i>=0; i--) {
            PuzzleCell cell = puzzCells.get(i);
            cell.draw(canvas);
        }
    }
```

上面代码所做的主要改变，是在 onSizeChanged()方法中分割原拼图时，PuzzleCell 对象中不仅保存了拼图块图像，还保存有不重复的 zOrder 以确定拼图块堆叠显示的次序。其中，zOrder 值大的拼图块将在上层显示，zOrder 值小的拼图块将被叠在下层显示。通过调用 Collections 类的 sort()方法对 puzzCells 动态数组的拼图块元素倒排序，结果是 zOrder 值大的拼图块元素在动态数组前面，zOrder 值小的拼图块元素在动态数组的后面。

按<Ctrl+Shift+O>组合键导入所需的包，保存所有修改并运行，运行效果与前一节没有太大变化，唯一不同的是堆叠散乱的拼图块时不再是按照分割顺序显示的，而是按照所获得的 zOrder 值大小堆叠显示的，如图 4.17 所示。

图 4.17 拼图块打乱处理

[提示]
在 onDraw()方法中，绘制所有拼图块的循环是从 puzzCells 的末尾到开头的，这是由上面 puzzCells 动态数组存储拼图块元素的顺序决定的。因为已经假定 zOrder 值大的拼图块在屏幕上层显示，所以 zOrder 大的拼图块就应该最后绘制。想象一下叠放书本时，先放的书总是在下面，后放的书总是在上面，其道理是一样的。

原拼图被分割成 12 个拼图块并随机显示在 cellsRect 区域内，这样每次运行程序时，被"打乱的"拼图块显示的堆叠次序都是随机的，而且最初的 cellRect 矩形区域的设计保证了拼图块即使被打乱，它们只在屏幕右下角的可见区域中出现，不会超出屏幕可见范围之外。

PuzzleCell 类中不仅有拼图块的属性，还增加了一个 draw()方法，相当于由拼图块"自己负责"绘制自己，这也是面向对象编程的一个典型特征，即对象内不仅包含数据，还包含有行为，大家可以琢磨一下这样做的道理。

到目前，原拼图已经被分割成 12 个小拼图块，但每个拼图块仍是不能触摸也不能移动的，下一步就是要解决拼图块的触摸和移动问题。

4.6 拼图块触摸和移动

4.6.1 触摸功能实现

1．拼图块触摸行为

拼图块是一个包含各种属性和行为的对象，那么与拼图块相关的处理代码都应该尽量放在 PuzzleCell 类中，这也是面向对象"封装性"的典型体现。据此，拼图块触摸和移动行为在 PuzzleCell 类中就可以处理了。

请按下面阴影部分所示的内容修改 PuzzleCell 类的代码，以实现拼图块的触摸功能。

```java
public class PuzzleCell {
    ...
    public void draw(Canvas canvas) {
        canvas.drawBitmap(image, x0, y0, null);
    }

    /**
     * 判断当前拼图块是否被触摸到
     * @param x 当前触摸位置的 x 横坐标
     * @param y 当前触摸位置的 y 纵坐标
     * @return 如果触摸点在当前拼图块区域内，返回 true, 否则返回 false
     */
    public boolean isTouched(int x, int y) {
        if (x >= x0 && x <= x0 + width &&
                y >= y0 && y <= y0 + height)
            return true;
        else
            return false;
    }
}
```

在这里，PuzzleCell 类中增加了一个 isTouched()方法，这个方法判断屏幕触摸位置的坐标点是否在当前拼图块包含的区域内，如果是，则表明当前拼图块被"触摸"到了。

2．拼图块触摸功能实现

为实现拼图块的触摸动作,需要响应 GameView 的触摸事件,它是通过覆盖 onTouchEvent()方法做到的。当鼠标单击模拟器窗体或者手指触摸移动设备的屏幕时,onTouchEvent()会被 Android 系统自动调用,以通知应用程序有"触摸事件发生"。所以,如果需要对触摸动作有所反应,就应该在 onTouchEvent()方法中编写处理代码。

(1) 打开 GameView.java 文件,在源代码编辑器中单击鼠标右键,选择弹出菜单中的 "Source" → "Override/Implemet methods",在出现的窗体中勾选 onTouchEvent()方法,这样 GameView 类中将出现 onTouchEvent()方法的代码框架。

(2) 找到 GameView 类中的 onSizeChanged ()和 onTouchEvent()方法,按照下面阴影部分所示的内容修改。

```java
public class GameView extends View {
    ...
    @Override
    protected void onSizeChanged(int w, int h,
                    int oldw, int oldh) {
        ...
        // Collections.sort(puzzCells, new Comparator<PuzzleCell>(){
        //    ...
        // });
        // 拼图块排序代码已被封装到sortPuzzCells()方法中,这里直接调用
        sortPuzzCells();
        super.onSizeChanged(w, h, oldw, oldh);
    }
    ...
    @Override
    public boolean onTouchEvent(MotionEvent event) {
        // 获取触摸动作类型和触摸位置的坐标
        int act = event.getAction();
        int x = (int) event.getX();
        int y = (int) event.getY();
        // 根据触摸动作的类型做出相应处理
        switch (act) {
        case MotionEvent.ACTION_DOWN :
            // 确定哪个是被触摸单击到的拼图块,并将其置顶显示
            for (int i=0; i<puzzCells.size(); i++) {
                PuzzleCell cell = puzzCells.get(i);
                if (cell.isTouched(x, y)) {
                    // 将当前拼图块显示次序设为最大值加1,
                    // 以保证拼图块的zOrder不重复
```

```java
                    cell.zOrder = getCellMaxzOrder() + 1;
                    // 重排拼图块的次序
                    sortPuzzCells();
                    // 通知系统更新界面,会导致自动调用 onDraw()方法
                    invalidate();
                    // 返回 true 表明 ACTION_DOWN 消息已被消费掉
                    return true;
                }
            }
            break;
        }
        return super.onTouchEvent(event);
    }
    /**
     * 获取所有拼图块中 zOrder 最大的那个值
     */
    private int getCellMaxzOrder() {
        int zOrder = -1;
        for (PuzzleCell cell : puzzCells) {
            if (cell.zOrder > zOrder)
                zOrder = cell.zOrder;
        }
        return zOrder;
    }
    /**
     * 根据拼图块的 zOrder 进行倒序排序
     */
    private void sortPuzzCells() {
        Collections.sort(puzzCells,
                new Comparator<PuzzleCell>() {
            @Override
            public int compare(PuzzleCell c0, PuzzleCell c1) {
                return c1.zOrder - c0.zOrder;
            }
        });
    }
    ...
}
```

在 onTouchEvent()事件中,首先获得当前触摸动作的类型,包括手指触摸、手指移动和放开手指等类型,所以后面拼图块的移动也是在这里处理。当手指触摸屏幕时,需要依次判

断有哪个拼图块被触摸到，然后将其 zOrder 值设为所有拼图块的最大值，并重新对拼图块排序。最后，调用 invalidate()方法通知 Android 重新绘制游戏的界面，此时 onDraw()方法会自动调用。由于被触摸的拼图块 zOrder 为最大，所以最终在屏幕上就是置顶显示了。

另外，还专门定义了 getCellMaxzOrder()和 sortPuzzCells()两个方法。其中 getCellMaxzOrder()方法得到当前所有拼图块中最大的 zOrder 值，sortPuzzCells()方法则是拼图块排序代码的封装，所以 onSizeChanged()方法中拼图块的排序也改成了直接调用这个方法了。像这种将有一定"独立功能"代码封装成 Java 方法的做法，一来有利于代码模块化，二来也减少了代码的重复，从而减少程序出错的概率。

4.6.2 移动功能实现

1．拼图块移动原理分析

要实现拼图块移动，需在 onTouchEvent()方法中添加对 MotionEvent.ACTION_MOVE 的处理。由于拼图块的移动总是从拼图块的触摸开始，然后移动，当手指离开屏幕时才终止移动，所以拼图块的移动包含了一系列动作。

拼图块移动的工作原理是：根据手指在屏幕上的触摸位置变化，动态改变拼图块的显示位置。当然，需要注意的是，拼图块的显示位置（左上角坐标点）并不一定就是手指在屏幕上的触摸点位置，所以需要专门在 PuzzleCell 类中定义一个成员变量来保存从触摸开始至移动结束整个过程的触摸点位置。当手指移动到一个新的位置时，只要计算出两个触摸点的偏移即可得到拼图块分别在水平和垂直方向的移动距离。

2．拼图块属性和移动行为

请按下面阴影部分的内容修改 PuzzleCell 类的代码。

```
public class PuzzleCell {
    ...
    public int zOrder;// 拼图块显示在屏幕上的上下堆叠次序，值大的在上层
    public Point touchedPoint;// 拼图块被触摸或移动时的触摸点
    ...
    /**
     * 记录拼图块被触摸时的触摸点坐标位置
     * @param x
     * @param y
     */
    public void setTouchedPoint(int x, int y) {
        if (touchedPoint == null) {
            touchedPoint = new Point(x, y);
        }
        touchedPoint.set(x, y);
    }
    /**
     * 将当前拼图块移动到新位置
     * @param x 新位置的 x 横坐标
```

```
 * @param y 新位置的y纵坐标
 */
public void moveTo(int x, int y) {
    // 计算新位置与拼图块当前位置的X、Y轴偏移量
    int dx = x - touchedPoint.x;
    int dy = y - touchedPoint.y;
    // 将拼图块"移"到新位置
    x0 = x0 + dx;
    y0 = y0 + dy;
    // 将新位置作为当前触摸点,为移动到下一位置做准备
    setTouchedPoint(x, y);
}
```

在上面的 PuzzleCell 类中,增加了一个 touchPoint 属性保存触摸位置,同时也是拼图块移动过程中的轨迹位置。PuzzleCell 类还添加了 moveTo()方法,它是用来对拼图块的矩形区域增加一个偏移量,这个偏移量是移动轨迹中的新、旧位置点的坐标值之差,这也是为什么要定义 touchPoint 成员变量的原因。

3．拼图块移动功能实现

修改 GameView 的代码,实现拼图块的移动功能。

```
public class GameView extends View {
    ...
    // 存储所有拼图块的动态数组
    private List<PuzzleCell> puzzCells =
            new ArrayList<PuzzleCell>();
    private PuzzleCell touchedCell; // 当前被触摸到的拼图块
    ...
    @Override
    public boolean onTouchEvent(MotionEvent event) {
        ...
        switch (act) {
        case MotionEvent.ACTION_DOWN :
            // 确定被触摸单击的拼图块,并将其置顶显示
            for (int i=0; i<puzzCells.size(); i++) {
                PuzzleCell cell = puzzCells.get(i);
                if (cell.isTouched(x, y)) {
                    ...
                    // 重排拼图块的次序
                    sortPuzzCells();
                    // 保存当前被触摸拼图块,记录触摸位置点
```

```
                    touchedCell = cell;
                    touchedCell.setTouchedPoint(x, y);
                    // 通知系统更新界面,会导致自动调用 onDraw()
                    invalidate();
                    // 返回 true 表明 ACTION_DOWN 消息已被消费掉
                    return true;
                }
            }
            break;
        case MotionEvent.ACTION_MOVE :
            // 如果有拼图块被触摸滑动,则移动拼图块
            if (touchedCell != null) {
                touchedCell.moveTo(x, y);
                invalidate();
                return true;
            }
            break;
        case MotionEvent.ACTION_UP :
            // 手指离开触摸屏,置空 touchedCell
            touchedCell = null;
            break;
    }
    return super.onTouchEvent(event);
}
...
}
```

试着保存以上代码并运行,可看到拼图块是可以触摸的,也是可以移动的。结合上面代码的注释,请仔细体会一下拼图块是如何实现移动的。

【提示】　　手指在屏幕上的移动虽然在物理上是一个连续的动作,但对触摸屏来说,因为传感器的灵敏度和精度限制,只能体现出一系列的离散移动位置点,并不是完全连续的。

4.6.3　移动性能优化

1. 绘图区域优化

如果在实际的设备(如手机)上执行拼图程序的话,会发现拼图块虽然可以正常移动,但移动的流畅度并不很好,是什么原因造成这一问题呢?

找到 onTouchEvent()方法的拼图块移动处理代码,可以看到每次移动拼图块到新的位置时,都是直接调用 invalidate()方法通知 Android 重绘游戏界面,从而导致 onDraw()方法的完整调用,而 onDraw()方法能做的只是简单地将整个拼图界面重绘一遍,包括背景、透明拼图、拼图格子线、拼图缩略图以及打乱的拼图块等。考虑到拼图块在移动过程中,每次移动屏幕

上产生变化的范围并不大，属于局部性的内容变化，而 onDraw()方法是将整个游戏界面"重画"了一遍，导致多做了很多无用功，白白耗费了 CPU 时间，这就是造成拼图块移动流畅性不佳的根本原因，也导致了游戏性能的下降。

实际上，在拼图块移动过程中，只需重绘拼图块移动前后构成的矩形范围即可，如图 4.18 所示，虚线标识的矩形范围包含了拼图块移动过程中的原位置和新位置，拼图块每次移动一个局部距离时最多只要重绘这一局部区域的界面内容即可。

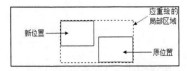

图 4.18　屏幕重绘区域示意图

考虑到 View 类还提供了一个重载的 invalidate(Rect dirty)方法，这个方法是通知 Android 重绘 dirty 这个矩形区域的内容。所以，这里讨论的问题可以通过调用这个方法来解决。

修改 GameView 类的 onTouchEvent()方法，添加下面阴影部分的内容，从而逐步优化拼图的游戏性能。

```java
@Override
public boolean onTouchEvent(MotionEvent event) {
    ...
    switch (act) {
    case MotionEvent.ACTION_DOWN :
        ...
    case MotionEvent.ACTION_MOVE :
        // 如果有拼图块被触摸滑动，则移动拼图块
        if (touchedCell != null) {
            // 拼图块原位置区域
            Rect rect1 = new Rect(touchedCell.x0, touchedCell.y0,
                    touchedCell.x0 + touchedCell.width,
                    touchedCell.y0 + touchedCell.height);
            // 移动拼图块到新位置，将导致拼图块左上角 (x0,y0)坐标改变
            touchedCell.moveTo(x, y);
            // 拼图块新位置区域
            Rect rect2 = new Rect(touchedCell.x0, touchedCell.y0,
                    touchedCell.x0 + touchedCell.width,
                    touchedCell.y0 + touchedCell.height);
            // 合并新旧两个位置的拼图块区域，构成一个局部重绘区
            rect2.union(rect1);
            // 通知 Android 重绘合并后的 rect2 区域界面
            invalidate(rect2);
            return true;
        }
```

```
            break;
        case MotionEvent.ACTION_UP :
            ...
    }
    return super.onTouchEvent(event);
}
```
保存以上修改并运行，单击某个拼图块并快速地移动，体会一下绘图性能上是否有所改善。

2．使用图像缓存优化

尽管使用 invalidate(Rect dirty)方法可以减少程序界面的重绘范围，但 Android 最终仍然要调用 onDraw()方法执行完整的绘制步骤，包括背景、格子线和缩略图等，只是绘制的区域有所减小（类似于图形学上的"剪裁"）。为进一步减少绘图工作量，还要想其他办法。

试想一下，能不能把拼图游戏界面以图像的形式在后台绘制一份，这个图像是拼图块移动前的画面，因此可以将其当成一个"后备"界面。在拼图块开始移动时，因为只需重绘一个局部区域，那么完全可以从那个"后备"界面中找到这个局部区域在屏幕上重绘出来，这样原位置的拼图块就被覆盖掉了，接下来再将拼图块画到屏幕新位置，这种处理可以达到相同的拼图块移动效果，但不用在 onDraw()方法中去执行完整的绘图步骤，而是直接从后备界面图像中复制一小部分显示到屏幕上。这种手法就是常见的"缓冲"技术。

接下来通过代码来完成这一任务，并对整个代码进行重构，这两项工作合并进行。考虑到 onSizeChanged()方法的代码量在急剧膨胀，因此准备定义 initGame()、makePuzzCells()和 drawPuzzle()等几个方法，然后将 onSizeChanged()中不同功能的代码分别转移到这 3 个方法。当然，由于变量在方法中作用域的限制，还应将原 onSizeChanged()中的 screenW 和 screenH 转移到 GameView 类，调整为成员变量定义。

打开 GameView 类，按照如下阴影部分的内容修改。

```
public class GameView extends View {
    ...
    private PuzzleCell touchedCell;    // 当前被触摸到的拼图块
    private Bitmap backDrawing;        // 后台界面图像
    private Canvas backCanvas;         // 后台界面画布
    private int screenW;               // 当前设备屏幕宽度
    private int screenH;               // 当前设备屏幕高度

    public GameView(Context context) {
        ...
    }
    @Override
    protected void onSizeChanged(int w, int h,
                                 int oldw, int oldh) {
        // 将下面两行代码注释掉，改为成员变量赋值
        //int screenW = (w > h) ? w : h;
```

```java
            //int screenH = (w > h) ? h : w;
            // 计算屏幕界面大小,使宽和高应符合横屏要求
            screenW = (w > h) ? w : h;
            screenH = (w > h) ? h : w;
            // 初始化游戏;分割拼图块;并在后台画布上绘制游戏界面
            initGame();
            makePuzzCells();
            drawPuzzle(backCanvas);
            super.onSizeChanged(w, h, oldw, oldh);
    }
    @Override
    protected void onDraw(Canvas canvas) {
        // 从后台界面缓存中绘制除"当前触摸的拼图块"之外的图像
        canvas.drawBitmap(backDrawing, 0, 0, null);
        // 将被触摸或移动的拼图块画出来
        if (touchedCell != null) {
            touchedCell.draw(canvas);
        }
    }
    @Override
    public boolean onTouchEvent(MotionEvent event) {
        ...
        switch (act) {
        case MotionEvent.ACTION_DOWN :
            // 确定哪个是被触摸单击到的拼图块,并将其置顶显示
            for (int i=0; i<puzzCells.size(); i++) {
                PuzzleCell cell = puzzCells.get(i);
                if (cell.isTouched(x, y)) {
                    ...
                    sortPuzzCells();
                    // 在后台画布上绘制一份"干净的"界面
                    drawPuzzle(backCanvas);
                    // 保存当前被触摸拼图块,记录触摸位置点
                    ...
                }
            }
            break;
        case MotionEvent.ACTION_MOVE :
            ...
        case MotionEvent.ACTION_UP :
```

```
            ...
        }
        return super.onTouchEvent(event);
}
/**
 * 初始化游戏:各绘图区域计算、图片资源加载、后台画布准备等
 */
private void initGame() {
    // --------------------------------------------------
    // 计算拼图块大小和拼图区域
    // 水平方向:[10] + 4pw + [10] + 1.5pw + [10] = screenW
    // 垂直方向:[20] + 3ph + [20] = screenH
    // --------------------------------------------------
    pw = (screenW - dip2px(10) - dip2px(10) - dip2px(10))
            / 5.5;
    ph = (screenH - dip2px(20) - dip2px(20)) / 3.0;
    // 计算拼图区域、缩略图区域、打乱拼图块的区域
    puzzRect = new Rect(dip2px(10), dip2px(20),
            dip2px(10)+(int)(4*pw), dip2px(20)+(int)(3*ph));
    thumbRect = new Rect(dip2px(10)+(int)(4*pw)+dip2px(10),
            dip2px(20),
            screenW-dip2px(10), (int)(dip2px(20)+ph));
    cellsRect = new Rect(dip2px(10)+(int)(4*pw)+dip2px(10),
            (int)(dip2px(20)+ph+dip2px(5)),
            (int)(screenW-dip2px(10)-pw),
            (int)(screenH-dip2px(20)-ph));
    // 加载背景图片,按屏幕大小缩放
    Bitmap bg = BitmapFactory.decodeResource(
            getResources(), R.drawable.wallpaper);
    background = Bitmap.createScaledBitmap(bg,
            screenW, screenH, false);
    bg.recycle();
    // 加载拼图图片,按拼图区域大小缩放
    Bitmap pic = BitmapFactory.decodeResource(
            getResources(), R.drawable.pic02);
    puzzImage = Bitmap.createScaledBitmap(pic,
            puzzRect.width(), puzzRect.height(), false);
    pic.recycle();
    // 创建后台界面图像,大小与屏幕相同,
    // 且像素格式为32位(Alpha、R/G/B)
```

```
        backDrawing = Bitmap.createBitmap(screenW, screenH,
                Bitmap.Config.ARGB_8888);
        // 创建后台画布，将 backDrawing 图像与 backCanvas 相关联，
        // 以后 backCanvas 上的所有绘图结果都会保存到 backDrawing
        // 图像上。因此，要改变图像的内容，就必须借助画布
        backCanvas = new Canvas(backDrawing);
    }
    /**
     * 将拼图按 3x4 的大小分割成 12 个拼图块
     */
    private void makePuzzCells() {
        // 按 3x4 分割，将拼图块保存到 PuzzCells 动态数组中
        Set<Integer> zOrders = new HashSet<Integer>();
        Rect puzzR;
        for (int i=0; i<3; i++) {
            for (int j=0; j<4; j++) {
                // 计算第(i,j)拼图块在原拼图中对应的区域
                puzzR = new Rect((int)(j*pw), (int)(i*ph),
                        (int)((j+1)*pw), (int)((i+1)*ph));
                // 创建 PuzzleCell 对象，设置它的各个属性值
                PuzzleCell cell = new PuzzleCell();
                cell.image = Bitmap.createBitmap(puzzImage,
                        puzzR.left, puzzR.top,
                        puzzR.width(), puzzR.height());
                // 记录分割的拼图块宽和高
                cell.width = (int) pw;
                cell.height = (int) ph;
                // 计算拼图块左上角在打乱区域的位置
                cell.x0 = cellsRect.left +
                    (int)(Math.random()*cellsRect.width());
                cell.y0 = cellsRect.top +
                    (int)(Math.random()*cellsRect.height());
                // 随机产生一个不重复的拼图块堆叠显示次序
                int zOrder;
                do {
                    zOrder = (int)(12 * Math.random());
                } while (zOrders.contains(zOrder));
                // 保存 zOrder，并使所有拼图块的 zOrder 不重复
                zOrders.add(zOrder);
                cell.zOrder = zOrder;
```

```java
            // 保存拼图块对象到动态数组中
            puzzCells.add(cell);
        }
    }
    // 根据拼图块的 zOrder 值大小倒排序
    sortPuzzCells();
}
/**
 * 在 canvas 中绘制整个拼图界面
 */
private void drawPuzzle(Canvas canvas) {
    // 绘制背景图
    canvas.drawBitmap(background, 0, 0, null);
    // 绘制拼图，alpha 范围为 0~255，0 为全透明，255 为不透明
    Paint p = new Paint();
    p.setAlpha(120);
    canvas.drawBitmap(puzzImage, null, puzzRect, p);
    // 绘制缩略图
    canvas.drawBitmap(puzzImage, null, thumbRect, null);
    // 绘制打乱的拼图块区域
    canvas.drawRect(cellsRect, paint);
    // 绘制拼图区域边框
    canvas.drawRect(puzzRect, paint);
    // 绘制水平格子线（3 行）
    canvas.drawLine(puzzRect.left,
            (int)ph+puzzRect.top,
            puzzRect.right,
            (int)ph+puzzRect.top, paint);
    canvas.drawLine(puzzRect.left,
            (int)(ph*2)+puzzRect.top,
            puzzRect.right,
            (int)(ph*2)+puzzRect.top, paint);
    // 绘制垂直格子线（4 列）
    canvas.drawLine((int)pw+puzzRect.left,
            puzzRect.top,
        (int)pw+puzzRect.left,
            puzzRect.bottom, paint);
    canvas.drawLine((int)(pw*2)+puzzRect.left,
            puzzRect.top,
            (int)(pw*2)+puzzRect.left,
```

```
                    puzzRect.bottom, paint);
            canvas.drawLine((int)(pw*3)+puzzRect.left,
                    puzzRect.top,
                      (int)(pw*3)+puzzRect.left,
                    puzzRect.bottom, paint);
            // 绘制所有拼图块（zOrder 值小的先画）
            for (int i=puzzCells.size()-1; i>=0; i--) {
                PuzzleCell cell = puzzCells.get(i);
                cell.draw(canvas);
            }
        }
        ...
    }
```

　　这里的 backDrawing 代表拼图块从触摸动作开始时的"后备"图像，它是一个 Bitmap 对象，不过由于无法直接在 Bitmap 中绘图，要改变图像的内容就必须借助 backCanvas 来达到目的。通过 backDrawing 对象作为 Canvas 构造方法的参数传给 backCanvas，以后对 backCanvas 的任何绘图操作将直接改变 backDrawing 图像中的内容。

　　按下<Ctrl+Shift+O>组合键导入以上代码用到的包，保存并运行程序，试一下拼图块的移动是否更加流畅了。当然，还存在一个问题，即拼图块的移动过程是正确的，但拼图块移动之前的最初位置仍有一个拼图块图像，导致屏幕上有"两份"相同的拼图块（实际上是同一个拼图块）。之所以产生这一问题，是因为拼图块移动时，这个后备界面相当于是当前拼图块的一个"大背景"，也就是说后备图像中不应该包含当前被移动的拼图块，而现在的 drawPuzzle()方法是将整个拼图界面的所有内容都绘制一遍，当然也就包含那个被移动的拼图块。因此，需要修改 drawPuzzle()方法里面的 for 循环代码，删除当前被触摸移动的拼图块。

　　解决完上述问题，很可能又会遇上另外的问题。以模拟器中运行的拼图程序为例，鼠标单击拼图块然后慢一点释放，与鼠标单击拼图块然后快速释放，很可能会看到被单击的拼图块没有被置顶显示。造成这一现象的原因是，拼图块被触摸时，虽然是调用 invalidate()方法通知 Android 更新显示程序界面，但却不能保证 onDraw()方法立即执行。因为 onDraw()的执行时机是由 Android 操作系统来统一安排的，这里只是发出一个通知而已。如果 MotionEvent.ACTION_UP 事件比 onDraw()绘制更早发生的话，touchedCell 变量的值就提前变为 null，导致后来执行的 onDraw()方法的代码条件发生了变化。请根据这一分析进一步修改代码，以使拼图块的触摸单击和移动效果与优化之前一样。

4.7　拼图块吸附与归位

1. 拼图块归位分析

　　拼图块在移动过程中，程序应该时刻判断拼图块是否已经移到了它"该放置"的目标位置。一旦拼图块移到了它应放的位置，表明这个拼图块已经能够正常归位了。拼图块在移动过程中，要精确地吻合它的目标位置有点困难，尤其对于大分辨率的屏幕更是如此，因此只需判断出拼图块当前坐标与目标位置接近即可。以拼图块左上角坐标为基准，若相距 10dip 的距离内即可认为它能够归位，当然设成其他的值也是可以的。

如何才能确定拼图块在触摸移动过程中是否能够归位呢？回顾一下，当分割拼图时，是按照 3×4 模式分割的，据此可以方便地确定出每个拼图块在拼图中的矩形范围，即相对于拼图内部的位置。另外，拼图在屏幕上有一个显示偏移，相对屏幕左端和上端的距离分别是 10dip 和 20dip，只需按照拼图的偏移处理每个拼图块，就能够确定出每个拼图块在屏幕上应该出现的位置。图 4.19 给出了一部分拼图格子线交叉点的位置坐标，由此可以具体计算出每个拼图块的目标矩形区域。

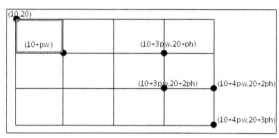

图 4.19　拼图块归位处理示意图

2．拼图块归位属性及初始化

要确定拼图块归位的目标位置，只需在分割拼图的时候处理即可。打开 PuzzleCell.java 文件，按照下面阴影部分的代码修改。

```java
public class PuzzleCell {
    ...
    public Point touchedPoint;// 拼图块被触摸或移动时的触摸点
    public int homeX0;// 拼图块"归位"的左上角目标位置
    public int homeY0;
    public boolean fixed;// 拼图块是否已被归位固定
    ...
}
```

这里在 PuzzleCell 类中新增了两个成员变量，其中 fixed 用来表示拼图块是否已被固定到归位区域。接下来修改分割拼图块的代码，增加计算拼图块归位目标区域的处理。

```java
private void makePuzzCells() {
    ...
    for (int i=0; i<3; i++) {
        for (int j=0; j<4; j++) {
            ...
            cell.zOrder = zOrder;
            // 确定拼图块的归位区域，同时初始状态为"未归位"
            cell.homeX0 = (int)(j*pw) + dip2px(10);
            // 等价于 cell.homeX0 = puzzR.left + dip2px(10);
            cell.homeY0 = (int)(i*ph) + dip2px(20);
            // 等价于 cell.homeY0 = puzzR.top + dip2px(20);
```

```
                    cell.fixed = false;
                    // 保存拼图块对象到动态数组中
                    puzzCells.add(cell);
            }
        }
        ...
}
```

3. 拼图块归位功能实现

修改 onTouchEvent()方法，在 MotionEvent.ACTION_DOWN 动作中判断当前被触摸的拼图块是否已被固定，若已被固定则不允许再被移动；在 MotionEvent. ACTION_UP 动作中，计算拼图块左上角顶点与拼图归位目标点两者之间的距离，如果该距离小于 10dip，则认为拼图块的移动已经到了归位目标位置上，可以执行归位处理。

下面将给出修改部分的代码内容，见如下阴影部分所示。

```
@Override
public boolean onTouchEvent(MotionEvent event) {
    ...
    switch (act) {
    case MotionEvent.ACTION_DOWN :
            // 确定被触摸单击的拼图块，并将其置顶显示
            for (int i=0; i<puzzCells.size(); i++) {
                PuzzleCell cell = puzzCells.get(i);
                // 如果拼图块已被固定，则不允许触摸移动
                if (cell.fixed) {
                    continue;
                }
                if (cell.isTouched(x, y)) {
                    ...
                    sortPuzzCells();
                    // 在后台画布上绘制不含被触摸拼图块的"干净的"界面
                    drawPuzzle(backCanvas, cell);
                    ...
                }
            }
            break;
    case MotionEvent.ACTION_MOVE :
            ...
    case MotionEvent.ACTION_UP :
            if (touchedCell != null) {
                // 计算拼图块左上角与归位目标的距离
```

```java
                    Point p1 = new Point(touchedCell.x0, touchedCell.y0);
                    Point p2 = new Point(touchedCell.homeX0,
                                    touchedCell.homeY0);
                    double ds = Math.sqrt((p1.x-p2.x)*(p1.x-p2.x) +
                                    (p1.y-p2.y)*(p1.y-p2.y));
                    // 若小于10dip则归位，同时产生自动"吸附"的效果
                    if (ds <= dip2px(10)) {
                        touchedCell.x0 = touchedCell.homeX0;
                        touchedCell.y0 = touchedCell.homeY0;
                        touchedCell.fixed = true;
                    }
                }
                // 置touchedCell为空，表明拼图块触摸或移动结束
                touchedCell = null;
                // 重绘整个界面，通知系统更新显示
                drawPuzzle(backCanvas);
                invalidate();
                break;
        }
        return super.onTouchEvent(event);
    }
    ...
    private void drawPuzzle(Canvas canvas) {
        drawPuzzle(canvas, null);
    }
    /**
     * 绘制拼图游戏界面，绘制时排除被忽略的拼图块
     * @param canvas 绘制游戏界面的画布
     * @param ignoredCell 绘制时被忽略的拼图块
     */
    private void drawPuzzle(Canvas canvas, PuzzleCell ignoredCell) {
        // 绘制背景图
        canvas.drawBitmap(background, 0, 0, null);
        // 绘制拼图，alpha范围为0~255，0为全透明，255为不透明
        Paint p = new Paint();
        p.setAlpha(120);
        canvas.drawBitmap(puzzImage, null, puzzRect, p);
        // 绘制缩略图
        canvas.drawBitmap(puzzImage, null, thumbRect, null);
        // 绘制打乱的拼图块区域
```

```
            canvas.drawRect(cellsRect, paint);
            // 绘制拼图区域边框
            canvas.drawRect(puzzRect, paint);
            // 绘制水平格子线（3 行）
            canvas.drawLine(puzzRect.left,
                    (int)ph+puzzRect.top,
                    puzzRect.right,
                    (int)ph+puzzRect.top, paint);
            canvas.drawLine(puzzRect.left,
                    (int)(ph*2)+puzzRect.top,
                    puzzRect.right,
                    (int)(ph*2)+puzzRect.top, paint);
            // 绘制垂直格子线（4 列）
            canvas.drawLine((int)pw+puzzRect.left,
                    puzzRect.top,
                    (int)pw+puzzRect.left,
                    puzzRect.bottom, paint);
            canvas.drawLine((int)(pw*2)+puzzRect.left,
                    puzzRect.top,
                    (int)(pw*2)+puzzRect.left,
                    puzzRect.bottom, paint);
            canvas.drawLine((int)(pw*3)+puzzRect.left,
                    puzzRect.top,
                    (int)(pw*3)+puzzRect.left,
                    puzzRect.bottom, paint);
            // 绘制除 ignoredCell 之外的所有拼图块，即剩余的 11 个拼图块
            for (int i=puzzCells.size()-1; i>=0; i--) {
                PuzzleCell cell = puzzCells.get(i);
                if (cell != ignoredCell) {
                    cell.draw(canvas);
                }
            }
}
```

在上面的代码中，修改了 drawPuzzle(Canvas canvas)方法，同时还增加了一个 drawPuzzle(Canvas canvas, PuzzleCell ignoredCell)方法，这样既可以绘制排除了被触摸拼图块的"干净"界面，也能够绘制完整的界面。在 MotionEvent.ACTION_UP 的处理中，分别获得当前拼图块左上角坐标点以及归位坐标点，然后使用数学中两点距离计算公式进行计算，从而判定拼图块是否能归位。当然，拼图块的归位处理也很简单，只要将其 fixed 属性置为"true"，然后调整其显示位置为归位点即可。

保存并运行程序，试一下拼图块是否能够正常触摸单击、移动和归位，最主要是体会一下上面是如何解决前面性能优化时遇到的各种问题。

请思考一下，拼图块的吸附效果是如何产生的？

4.8 拼图游戏启动动画

Android 平台提供了一套基本的动画框架，可以很方便地用来实现各种动画效果。Android 动画框架是建立在 View 类基础上的，可以通过调用 View 类的方法 startAnimation() 来启动动画。startAnimation() 需要一个 Animation 类型的对象参数，这个参数用来指定使用的是哪种动画，包括基本的平移、缩放、旋转以及 alpha 变换等动画效果，也可以自定义动画效果。下面将给出一个简单的示范，即在拼图游戏界面启动的时候，是以缩放形式的动画效果出现的。

打开 GameView 类的代码，在其构造方法的末尾添加下面阴影部分的代码。

```
public GameView(Context context) {
    ...
    paint.setStyle(Paint.Style.STROKE);
    // 缩放动画，X 轴从 5 倍到 1 倍，Y 轴从 3 倍到 1 倍变化
    ScaleAnimation animScale = new ScaleAnimation(5, 1, 3, 1);
    // 设置动画持续时间（毫秒）
    animScale.setDuration(800);
    // 将动画运用到当前 GameView 界面
    setAnimation(animScale);
}
```

保存修改并运行程序，观察一下游戏主界面是否以缩放效果显现出来。这里的 ScaleAnimation 是 Android SDK 提供的用于缩放效果的动画，其构造方法的前两个参数是水平方向的变化倍率，即水平方向从屏幕的 5 倍宽度缩放至 1 倍宽度，后两个参数是垂直方向的变化倍率，即垂直方向从屏幕的 3 倍高度缩放至 1 倍高度。setDuration() 用来设置动画持续的时间，这里是 800 毫秒。最后，调用 setAnimation() 启动 GameView 界面在屏幕上显示的动画。另外，还可以使用 AlphaAnimation（透明）、RotateAnimation（旋转）和 TranslateAnimation（平移）等几种动画效果，甚至还能将各种动画效果通过 AnimationSet 组合到一起。

4.9 拼图归位音效

到这里，拼图游戏程序已经接近尾声，本节要做的就是在前面基础上继续完善，增加拼图块移动归位时的音效。在开始添加音效代码之前，需要准备一个音频文件，可以在 Windows 文件夹下的 Media 目录中找到，注意音频文件名应符合 Java 变量命名规则（以字母开头且不能全部为数字），否则就应先手工改一下文件名再复制。

用鼠标右键单击 PT 项目的 res 文件夹，选择弹出菜单中的 "New" → "Folder"，设定新建的文件夹名为 raw，然后将音频文件复制到 raw 文件夹中，完成后的结果如图 4.20 所示。

图 4.20 声音资源加入到项目

在 Android 中播放音效会用到 SoundPool 类，这个类可以专门用来处理像碰撞声、枪炮声之类的即时音效，但如果是播放背景音乐，则需要借助 MediaPlayer 类，背景音乐稍后将会涉及。即时音效的特点是常驻内存、反应快，因此音效时间通常都很短，节省音效资源的加载时间。

下面，先在 GameView 中定义两个成员变量，然后添加一个 initSounds()方法，并在 GameView 类的构造方法中进行音效的初始化。这一部分功能的代码如下。

```java
public class GameView extends View {
    ...
    private int screenH; // 当前设备屏幕高度
    private SoundPool soundPool; // 音效对象
    private int soundId = 0; // 声音资源 id

    public GameView(Context context) {
        ...
        setAnimation(animScale);
        // 初始化音效
        initSounds();
    }
    /**
     * 初始化音效
     */
    private void initSounds() {
        // 初始化音效池，参数分别是可同时播放音效数、类型和质量
        soundPool = new SoundPool(4
                , AudioManager.STREAM_MUSIC, 100);
        // 加载音效资源
        soundId = soundPool.load(
                getContext(), R.raw.ir_begin, 1);
    }
    /**
     * 播放指定的音效
     */
    public void playSound(int soundId) {
        // 获取系统声音服务
        AudioManager mgr = (AudioManager)getContext()
```

```
                .getSystemService(Context.AUDIO_SERVICE);
        // 获取系统当前音量和最大音量值
        float currVol = mgr.getStreamVolume(
                AudioManager.STREAM_MUSIC);
        float maxVol = mgr.getStreamMaxVolume(
                AudioManager.STREAM_MUSIC);
        float volume = currVol / maxVol;
        // 播放音效,6个参数分别是音效id、左声道音量、
        // 右声道音量、优先级、循环、回放值
        soundPool.play(soundId, volume, volume, 1, 0, 1.0f);
    }
    ...
    @Override
    public boolean onTouchEvent(MotionEvent event) {
        ...
        switch (act) {
        case MotionEvent.ACTION_DOWN :
            ...
        case MotionEvent.ACTION_MOVE :
            ...
        case MotionEvent.ACTION_UP :
            ...
            if (ds <= dip2px(10)) {
                ...
                touchedCell.fixed = true;
                // 播放归位音效,参数是声音资源id
                playSound(soundId);
            }
            ...
        }
        return super.onTouchEvent(event);
    }
    ...
}
```

由上述修改可以看出,在 Android 应用程序中实现音效比较简单,有关代码的具体含义已在注释中标明,请读者自行根据注释理解。

当然,这里的音效只有一个,所以代码也很简单。如果在一个复杂的游戏中涉及很多音效,此时每个音效定义一个变量就不合适了,应该考虑使用 Map 来存储音效资源,比如下面的代码片段。

```
Map<String, Integer> soundMap = new HashMap<String, Integer>();
```

```
soundMap.put("碰撞声", sid1);
soundMap.put("枪声", sid2);
soundMap.put("爆炸声", sid3);
```

其中的 sid1、sid2 和 sid3 都是事先从文件中加载的声音资源。当代码中需要使用某个声音时，只需提供声音的名称（如"爆炸声"）即可通过 soundMap 获取到对应的音效资源，然后加以播放。

4.10 游戏进度自动保存

1．游戏数据保存分析

本节内容将学习一下游戏进度是如何保存和加载的，这一功能在大部分游戏中都会提供。对本项目来说，由于游戏的背景、拼图图像都是固定的，所以需要保存的游戏进度仅仅是 12 个拼图块的状态。对照一下 PuzzleCell 类的定义，每个拼图块包括以下属性。

```
public Bitmap image;// 拼图块对应的小图
public int width;// 拼图块的宽和高
public int height;
public int x0; // 拼图块在屏幕上显示的左上角位置
public int y0;
public int zOrder; // 拼图块显示在屏幕上的堆叠次序，值大的在上层
public Point touchedPoint; // 拼图块被触摸或移动时的触摸点
public int homeX0; // 拼图块"归位"的左上角目标位置
public int homeY0;
public boolean fixed;// 拼图块是否已被归位固定
```

从理论上讲，这些属性可以全部保存起来，但仔细分析就会发现，image 属性是拼图块图像，它是原拼图的一小部分，考虑到原拼图图像是已知的，所以只要知道拼图块对应原拼图中的编号就可找到每个小拼图块的图像。例如，原拼图是按 3×4 规格自左至右、自上而下的顺序分割的，假定给每个拼图块设置一个在原拼图中的编号，根据拼图块在原图中的行列位置即可计算出这个编号，也可以根据编号反算出拼图块的行列位置，如图 4.21 所示。

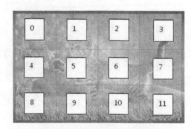

图 4.21　拼图块编号设置

同理，拼图块的 homeX0 和 homeY0 坐标值也可以根据拼图块的图像编号直接计算出来，同时需要在原拼图块分割时增加一个界面边距的偏移值。另外，拼图块是按原拼图 3×4 分割出来的，所以拼图块的 width 和 height 属性也可计算出来。还有像 touchPoint 这样的属性，本身是用于触摸处理的，因此没有必要保存。

经过以上分析，一个拼图块必须保存的状态包括：拼图块图像编号、显示位置、堆叠次

序、是否被固定等几个属性。为方便后面的游戏进度保存和恢复工作，最好将这几个属性封装到一个类中。

Android 系统提供了诸如 SharedPreference、SQLite 等保存数据的手段，当然也可以将数据保存到文件或是网络上。SharedPreferences 是 Android 平台一个轻量级的数据存储机制，它有点类似于 Windows 操作系统的注册表，其实质是使用 xml 文件来实际保存数据。当然，Android 也集成了 SQLite。SQLite 是一个非常流行的嵌入式数据库，它支持 SQL 语言，可进行较为复杂的数据查询和处理，并且只利用很少的内存就有很好的性能。

为简单起见，这里使用 SharedPreference 来保存和加载拼图游戏的进度数据。不过，SharedPreferences 保存的只能是整数、小数、字符串和布尔值这类简单的数据类型，所以在实际存储数据时要事先做好转换工作。SharedPreferences 存储数据的方式类似于 HashMap 类，是通过 putXXX()方法以"键→值"对的方式保存。

最后，数据的保存和恢复时机也是需要着重考虑的地方。回顾一下 Activity 的生命周期，其中包括 onCreate()和 onPause()接口，前者是在应用程序启动时执行的，后者是在应用程序关闭时执行的，它们相当于开门和关门的作用，是应用程序运行必经的通道。所以，拼图游戏进度的加载和保存分别在这两个接口中处理是比较理想的。

2．游戏数据保存和加载

（1）首先在 PT 项目中新建一个拼图块状态的类 PuzzCellState，其完整代码如下。

```
public class PuzzCellState {
    public int imgId;// 拼图块对应的小图编号
    public int posx;// 拼图块在屏幕上显示位置 x 坐标
    public int posy;// 拼图块在屏幕上显示位置 y 坐标
    public int zOrder;// 拼图块堆叠显示的上下次序
    public boolean fixed;// 拼图块是否被固定
}
```

正如所见，PuzzCellState 类中的成员变量都是简单类型，是为了便于后续在 SharedPreferences 中保持数据而设计的。

（2）修改 PuzzleCell 类，在其中增加 imgId 成员变量，以记录拼图块图像对应的分割编号。

```
public class PuzzleCell {
    public Bitmap image;// 拼图块对应的小图
    public int imgId;// 拼图块对应的小图编号
    public int width;// 拼图块的宽和高
    public int height;
    ...
}
```

（3）修改 GameView 类，见下面阴影部分的代码。

```
public class GameView extends View {
    ...
        // 存储所有拼图块的动态数组(将 puzzCells 变量改为 public 修饰)
        public List<PuzzleCell> puzzCells =
                new ArrayList<PuzzleCell>();
```

```java
    // 游戏进度中保存的拼图块状态对象动态数组
    public List<PuzzCellState> cellStates =
            new ArrayList<PuzzCellState>();
    private PuzzleCell touchedCell; // 当前被触摸到的拼图块
    ...
}
```

注意，这里除了新增一个 public 修饰的 cellStates 动态数组外，还将原先的 puzzCells 变量的访问修饰符也改为 public，这样做的目的是为了在 GameActivity 中保存或加载游戏进度数据时能直接访问到 GameView 的这两个变量，当然也可以使用 Java 常见的 set/get 方法来处理。

（4）打开 GameActivity.java 文件，在类代码的空白位置单击鼠标右键，选择弹出菜单中的 "Source" → "Override/Implement methods" 项，勾选 Activity 类里面列出的 onPause() 项，然后继续修改 GameActivity 类的代码。

```java
public class GameActivity extends Activity {
    // 用于输出调试信息的 TAG
    public static final String TAG = "PT_GAME";
    // 设定存储名，通过这个名字可找到 SharedPreferences 对象
    public static final String PREFS_STRING = "PT_PROGRESS";
    // 游戏进度数据要传递给 GameView
    private GameView myView;

    @Override
    protected void onCreate(Bundle savedInstanceState) {
        ...
        requestWindowFeature(Window.FEATURE_NO_TITLE);
        // 加载游戏进度数据并传递给 GameView
        myView = new GameView(this);
        loadGameProgress();
        setContentView(myView);
    }
    @Override
    protected void onPause() {
        super.onPause();
        // Activity 结束之前保存游戏进度数据
        saveGameProgress();
    }
    /**
     * 保存当前游戏进度
     */
    private void saveGameProgress() {
        SharedPreferences settings = getSharedPreferences(
```

```
                PREFS_STRING, MODE_PRIVATE);
    SharedPreferences.Editor editor = settings.edit();
    String progress = "";
    // 拼图块状态信息格式"30|23|9|false#100|295|0|true#..."
    // 也可按"30 23 9 false#100 295 0 true#..."的格式保存,
    // 具体可根据自己的喜好设计。当取出这个字符串时,
    // 先按#将其分割为 12 个小字符串(因为拼图块是 12 块),
    // 每个小字符串代表一个拼图块的所有信息,然后对每个
    // 小字符串再以|或空格分割为 5 个子串(因为每个拼图块
    // 保存了 5 个属性值)
    for (PuzzleCell cell : myView.puzzCells) {
        // 拼图块的状态信息转换成一个字符串表示
        // 拼图块各属性之间用"|"连接
        String s = String.format("%d|%d|%d|%d|%s",
                cell.imgId, cell.x0, cell.y0,
                cell.zOrder, Boolean.toString(cell.fixed));
        // 每个拼图块之间用"#"连接,以示区分
        progress = progress + s + "#";
    }
    // 将所有拼图块的状态字符串保存起来
    editor.putString("PROGRESS", progress);
    // commit 才真正将数据写到存储卡上
    editor.commit();
}
/**
 * 加载以前保存的游戏进度
 */
private void loadGameProgress() {
    // 先清空 cellStates 动态数组
    myView.cellStates.clear();
    try {
        SharedPreferences settings = getSharedPreferences(
                PREFS_STRING, MODE_PRIVATE);
        // 获取"PROGRESS"对应的字符串值
        String progress =
                settings.getString("PROGRESS", "");
        // 将各个拼图块的状态数据按"#"分离出来
        String[] states = progress.split("[#]");
        for (String one : states) {
            // 将拼图块的各状态数据按"|"分离出来
```

```java
                    String[] props = one.split("[|]");
                    // 构造一个 PuzzCellState 对象
                    PuzzCellState pcs = new PuzzCellState();
                    pcs.imgId = Integer.parseInt(props[0]);
                    pcs.posx = Integer.parseInt(props[1]);
                    pcs.posy = Integer.parseInt(props[2]);
                    pcs.zOrder = Integer.parseInt(props[3]);
                    pcs.fixed = Boolean.parseBoolean(props[4]);
                    // 加入到 cellStates 数组中
                    myView.cellStates.add(pcs);
                }
            }
            catch (Exception e) {
                Log.e(TAG, e.getMessage());
            }
        }
    }
```

（5）修改 GameView 类的代码，实现将保存的状态信息还原成游戏中使用的拼图块对象。

```java
public class GameView extends View {
    ...
    @Override
    protected void onSizeChanged(int w, int h,
                    int oldw, int oldh) {
        ...
        // 初始化游戏，分割拼图块，在后台画布上绘制游戏界面
        initGame();
        // 视情况根据保存的游戏进度加载拼图块，否则就分割拼图块
        if (cellStates.size() > 0) {
            loadPuzzCells();
        }
        else {
            makePuzzCells();
        }
        drawPuzzle(backCanvas);
        super.onSizeChanged(w, h, oldw, oldh);
    }
    ...
    private void makePuzzCells() {
        ...
        for (int i=0; i<3; i++) {
```

```java
            for (int j=0; j<4; j++) {
                ...
                PuzzleCell cell = new PuzzleCell();
                // 计算拼图块图像编号，便于游戏退出时保存
                cell.imgId = i*4+j;
                cell.image = Bitmap.createBitmap(puzzImage,
                        puzzR.left, puzzR.top,
                        puzzR.width(), puzzR.height());
                ...
            }
        }
        ...
}
/**
 * 从保存的游戏进度中加载拼图块
 */
private void loadPuzzCells() {
    int row, col;
    Rect puzzR;
    for (PuzzCellState cellState : cellStates) {
        // 根据图像编号计算原拼图分割中的行列位置
        row = cellState.imgId / 4;
        col = cellState.imgId % 4;
        // 计算第(row,col)拼图块在原拼图中对应的矩形区域
        puzzR = new Rect((int)(col*pw), (int)(row*ph),
                (int)((col+1)*pw),(int)((row+1)*ph));
        // 创建 PuzzleCell 对象，初始化各状态值
        PuzzleCell cell = new PuzzleCell();
        // 拼图块图像及编号
        cell.image = Bitmap.createBitmap(puzzImage,
                puzzR.left, puzzR.top,
                puzzR.width(), puzzR.height());
        cell.imgId = cellState.imgId;
        // 拼图块在屏幕上显示的位置
        cell.x0 = cellState.posx;
        cell.y0 = cellState.posy;
        // 拼图块的宽高、堆叠次序、是否已归位
        cell.width = (int) pw;
        cell.height = (int) ph;
        cell.zOrder = cellState.zOrder;
```

```
                cell.fixed = cellState.fixed;
                // 拼图块的归位区域
                cell.homeX0 = puzzR.left + dip2px(10);
                cell.homeY0 = puzzR.top + dip2px(20);
                puzzCells.add(cell);
            }
            // 根据拼图块的 zOrder 倒排序
            sortPuzzCells();
        }
        ...
    }
```

在新增的 loadPuzzCells() 方法中，首先根据拼图块的图像编号找到原拼图中的小图像，然后通过计算图像编号找到对应的行、列，最后像拼图分割那样将小块图像提取出来。

有关 SharedPreferences 使用的更多知识，将在后面项目中予以详述。

本项目主要使用基本 Android 2D 绘图知识完成拼图游戏的开发，更多高级绘图技术可参考 ApiDemo 应用中 Graphics 分类中的各种演示程序。

4.11 知识拓展

4.11.1 背景音乐

拼图游戏中已经增加了拼图块归位的音效，其实还可以像大多游戏那样添加背景音乐的功能。Android 的背景音乐播放需要使用 MediaPlayer 类来实现。为此，应先准备一个 mp3 音乐文件（假定文件名为 bk.mp3），将其复制到项目 res 的 raw 文件夹中。

接下来按照下面的阴影部分内容修改 GameActivity 类的代码。

```
public class GameActivity extends Activity {
    ...
    private GameView myView;
    // 背景音乐播放 MediaPlayer 对象
    private MediaPlayer player;

    @Override
    protected void onCreate(Bundle savedInstanceState) {
        ...
        setContentView(myView);
        // 从 raw 文件夹中获取一个音乐资源文件
        player = MediaPlayer.create(this, R.raw.bg);
    }
    @Override
    protected void onResume() {
```

```
        super.onResume();
        // 当游戏在前台运行,设置背景音乐
        // 无限循环,然后正式开始播放
        player.setLooping(true);
        player.start();
    }
    @Override
    protected void onPause() {
        super.onPause();
        // Activity 结束之前保存游戏进度数据
        saveGameProgress();
        // 当游戏切换到后台或退出,则暂停播放
        if(player.isPlaying()){
            player.pause();
        }
    }
    @Override
    protected void onDestroy() {
        super.onDestroy();
        // 游戏退出,停止播放背景音乐并释放资源
        if(player.isPlaying()){
            player.stop();
        }
        player.release();
    }
    ...
}
```

按下<Ctrl+Shift+O>组合键导入所需的包,保存所做修改并运行。

从上面的修改可以看出,MediaPlay 类大大简化了声音文件的播放,只要加载声音文件资源,然后通过 start()、pause()和 stop()就能控制背景音乐的播放、暂停和停止,这些控制放在 onResume()、onPause()和 onDestroy()方法里面的原因是由 Activity 的生命周期决定的。

4.11.2 SurfaceView

1. 用 SurfaceView 替代 View 类实现拼图游戏

前面讲过,Android 除了提供 android.view.View 类实现应用程序界面的绘制,同时还有一个性能更好的 android.view.SurfaceView 类,这个类在正式游戏开发中更为常用。因为 SurfaceView 可以快速地绘制普通的 2D 和基于 OpenGL ES 的 3D 图形,而且也允许自由控制屏幕绘制的帧数(严格的说法是帧率,即每秒画面更新的次数)。帧数越高,画面的操控流畅性就越高,带来的用户体验也更佳。

SurfaceView 的使用与 View 类大体上是相同的。SurfaceView 封装的 Surface 支持所有标准

Canvas 方法绘图，同时也支持 OpenGL ES 库。使用 OpenGL ES，可以在 Surface 上绘制任何 3D 图形，如果图形硬件支持的话，这种方法可以依靠硬件加速来极大地提高性能，也就是游戏运行更流畅，游戏操作时的响应速度也更快。

下面，将改造已经完成的拼图程序，来体会一下用 SurfaceView 绘制拼图程序界面的方法。请参照下面阴影部分的代码进行修改。

```java
// GameView 类继承 SurfaceView 且实现 SurfaceHolder 内部的 Callback 接口
public class GameView extends SurfaceView
        implements SurfaceHolder.Callback {
    ...
    private SoundPool soundPool; // 音效对象
    private int soundId = 0; // 声音资源 id
    private SurfaceHolder holder; // Surface 控制器
    private boolean finished; // 界面显示刷新线程是否该退出

    public GameView(Context context) {
        ...
        initSounds();
        // 获取 holder，用于控制游戏界面的绘制
        holder = this.getHolder();
        // SurfaceView 内嵌了一个 SurfaceHoder 和一个 Surface
        // Surface 相当于显存，SurfaceView 是 Surface 的窗户
        // 也就是说，只有通过 SurfaceView 才可看到 Surface 的内容
        // 在 SurfaceView 中必须通过 SurfaceHoder 来控制 Surface
        // 它们的关系是：SurfaceView - SurfaceHoder - Surface
        // 当 Surface 在创建时，会触发一个 Callback 接口回调
        holder.addCallback(this);
        // 设置游戏界面可在触摸模式下得到焦点
        setFocusable(true);
        setFocusableInTouchMode(true);
        requestFocus();
    }
    ...
    // 请注释掉整个 onDraw()方法，由后面的线程负责游戏界面刷新工作
    // @Override
    // protected void onDraw(Canvas canvas) {
    //     ...
    // }
    ...
    @Override
    public boolean onTouchEvent(MotionEvent event) {
```

```
    ...
    switch (act) {
    case MotionEvent.ACTION_DOWN :
        // 确定被触摸单击的拼图块,并将其置顶显示
        for (int i=0; i<puzzCells.size(); i++) {
            ...
            if (cell.isTouched(x, y)) {
                ...
                // 将下面的 invalidate()方法注释掉
                //invalidate();
                ...
            }
        }
        break;
    case MotionEvent.ACTION_MOVE :
        // 触摸移动拼图块
        if (touchedCell != null) {
            // 移动拼图块到新位置
            touchedCell.moveTo(x, y);
        }
        break;
    case MotionEvent.ACTION_UP :
        ...
        // 置 touchedCell 值为空,表明当前拼图块触摸或移动结束
        touchedCell = null;
        // 重绘整个界面
        drawPuzzle(backCanvas);
        // 将下面的 invalidate()方法注释掉
        // invalidate();
        break;
    }// end of switch
    return super.onTouchEvent(event);
}
// Surface 在创建时,会触发 surfaceCreated()
@Override
public void surfaceCreated(SurfaceHolder holder) {
    // 启动游戏界面绘制线程
    Thread t = new Thread(new GameRender());
    finished = false;
    t.start();
```

```java
    }
    // Surface大小发生变化时,会触发surfaceChanged()
    @Override
    public void surfaceChanged(SurfaceHolder holder, int format,
                    int width, int height) {
    }
    // Surface要销毁时,会触发surfaceDestroyed()
    @Override
    public void surfaceDestroyed(SurfaceHolder holder) {
        // 将finished变量设置为true以使绘图线程终止
        finished = true;
    }
    /**
     * 内部类GameRender,用于绘制游戏界面
     */
    private class GameRender implements Runnable{
        @Override
        public void run() {
            Canvas canvas = null;
            // 绘制游戏画面的线程循环
            while (!finished) {
                try {
                    // 锁定画布,即当前屏幕的绘图对象
                    canvas = holder.lockCanvas();
                    if (canvas != null) {
                        // 绘制后备界面图像(即触摸拼图块
                        // 之外的绘图内容)
                        canvas.drawBitmap(
                        backDrawing,0,0,null);
                        // 绘制被触摸块
                        if (touchedCell != null) {
                            touchedCell.draw(canvas);
                        }
                    }
                } catch (Exception e2) {
                    e2.printStackTrace();
                } finally {
                    if (canvas != null) {
                        // 解锁画布,以便画面在屏幕上显示
                        holder.unlockCanvasAndPost(canvas);
```

```
                    }
                }
            }// of while
        }// of run()
    }// of class GameRender
    ...
}
```

保存并运行程序，查看和前面的结果是否完全相同。在上面所修改的代码中，容易看出绝大部分代码与使用 android.view.View 类都是相同的，最主要的变化在于使用一个专门线程类负责游戏界面的"主动"绘制工作，而不是通过调用 invalidate()被动刷新，因此 onDraw()方法就不需要了，这是 SurfaceView 与 View 实现上的最大不同。此时，onTouchEvent()中的 invalidate()方法就没有用了。

不过，运行程序时可能还会发现，拼图块触摸移动时，游戏界面是不闪烁的，但开始触摸和结束触摸的那一瞬间，游戏界面还是会闪一下，主要原因在于 GameRender 线程与主线程中的 onTouchEvent()两者在使用 backDrawing 时没有实现同步。当 onTouchEvent()中的 ACTION_DOWN 或 ACTION_UP 在修改 backDrawing 的内容的同时，GameRender 线程可能正在显示 backDrawing 的内容，相当于一边画东西一边显示，由于画面的突然变化，此时就出现闪烁现象了。当然，后面的问题实践部分将提供一种方案，在此之前自己可以先试着解决这个问题。

下面简要介绍一下 SurfaceView 的知识。

（1）SurfaceView 是 View 类的继承类，SurfaceView 里面内嵌了一个专门用于绘图的 Surface。Surface 翻译过来是"表面"的意思，简单地说，Surface 就是对应一块屏幕缓冲区，相当于显存的一个映射，然后写入到 Surface 的内容可以被直接复制到显存从而显示出来，这样显示速度就会非常快。

（2）要通过 SurfaceView 显示内容，必须要在 Surface 创建之后才能进行绘图操作。Surface 的创建是在 SurfaceView 内部实现的，但外面可以通过设置它的 SurfaceHolder.Callback 回调接口来执行一些初始化工作，如启动刷新线程等。SurfaceHolder.Callback 中有 3 个回调方法，分别是 surfaceCreated()、surfaceChanged()和 surfaceDestroyed()，代表 Surface 的创建、改变或者销毁状态。

（3）SurfaceView 还包含一个 SurfaceHolder，它相当于是 Surface 的控制器，可以通过 SurfaceHolder 操控 Surface。Surface 创建和销毁的回调对象是通过 SurfaceHolder 的 addCallback()设置的，SurfaceHolder 的 lockCanvas()方法可以得到 Surface 的 Canvas 画布对象，进行具体的绘图工作。SurfaceView 中有一个 getHolder()方法可以方便地获得 SurfaceHolder 对象。

（4）SurfaceView 内部使用了双缓冲机制。调用 lockCanvas()时，得到的是 Surface 的 Canvas 画布。但在 Canvas 画布上绘制的内容，不像 View 的 onDraw()方法那样会在屏幕上立即可见，而是直到调用 unlockCanvasAndPost()方法才会将画好内容的 Surface 复制到显存，从而在屏幕上显示出来。

（5）普通的 View 及其派生类的更新只能在 UI 线程的 onDraw()方法中完成，然而 UI 线程还要同时处理其他交互逻辑，这就无法保证 View 更新的速度。而 SurfaceView 是用独立的线程进行绘制，因此可以提供更高的画面更新速度，即帧率，所以像游戏、摄像头取景等场合下基本上都是使用 SurfaceView 来实现。

2. 拼图游戏刷新帧率

游戏界面上还可以显示当前游戏界面刷新的帧率，即每秒刷新次数。为了计算帧率，需要得到刷新界面代码执行所耗费的时间，此时计算界面刷新的起止时间点的差值即可。请按照下面代码的阴影部分修改 GameRender 这个内部类。

```java
private class GameRender implements Runnable{
    @Override
    public void run() {
        Canvas canvas = null;
        long tick0, tick1, frame;
        // 绘制游戏画面的线程循环
        while (!finished) {
            try {
                ...
                if (canvas != null) {
                    // 获取界面刷新代码执行之前的时间点，单位毫秒
                    tick0 = System.currentTimeMillis();
                    // ===============================
                    canvas.drawBitmap(backDrawing, 0, 0, null);
                    if (touchedCell != null) {
                        touchedCell.draw(canvas);
                    }
                    // ===============================
                    // 获取界面刷新代码执行之后的时间点，单位毫秒
                    tick1 = System.currentTimeMillis();
                    // 计算帧率，1秒除以每帧所花时间即得帧率
                    frame = 1000 / (tick1 - tick0);
                    canvas.drawText("FPS:" + frame,
                            screenW/2, screenH-10, paint);
                }
            } catch (Exception e2) {
                e2.printStackTrace();
            } finally {
                ...
            }
        }// of while
    }// of run()
}// of class GameRender
```

保存以上修改并运行程序，结果如图 4.22 所示，其中帧率将在屏幕的底部中间显示出来。

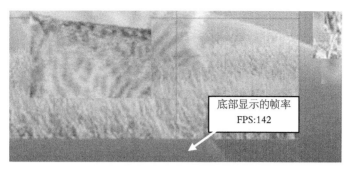

图 4.22 拼图游戏帧率

从运行结果可以看出，游戏刷新的帧率达到了 142，即每秒重复刷新界面 142 次。考虑到一般电影或视频的帧率也都在 25～30 帧/秒，当帧率达到 60 帧时画面效果已经很理想了。当然，帧率并不是越快越好，因为反复绘制界面需要 CPU/GPU 完成，由此就带来设备电量的额外消耗，所以最好能在 GameRender 类中对界面刷新的帧率进行控制。控制帧率的原理很简单，假定希望拼图刷新为 60 帧每秒，这样就要求每一次的界面刷新代码执行的时间应该为 17 毫秒（1000 毫秒除以 60 帧，就得到每帧刷新应该耗费的 17 毫秒）。如果界面刷新代码执行时间不需要这么多，就要在刷新界面代码结束后调用 Thread.sleep() 方法休眠一段时间，然后再开始下一次刷新界面的循环，这个问题留给读者自行解决。

3．触摸移动原理验证

接下来，通过对代码的简单修改，来验证一下拼图移动功能实现部分所说的"因为触摸屏灵敏度有限导致的触摸位置点非连续"的问题。

```java
@Override
public boolean onTouchEvent(MotionEvent event) {
    ...
    switch (act) {
    case MotionEvent.ACTION_DOWN :
        ...
    case MotionEvent.ACTION_MOVE :
        // 如果有拼图块被触摸滑动，则移动拼图块
        if (touchedCell != null) {
            touchedCell.moveTo(x, y);
            // 将新位置的拼图块绘制在后备界面中
            touchedCell.draw(backCanvas);
            return true;
        }
        break;
    case MotionEvent.ACTION_UP :
        ...
    }// end of switch
    return super.onTouchEvent(event);
}
```

保存修改并运行程序，运行效果如图 4.23 所示。

图 4.23　屏幕移动点测试

这里的修改，是在 MotionEvent.ACTION_MOVE 事件中，将新位置的拼图块绘制到后备界面中。从图 4.23 可以看出，左上角区域触摸滑动速度较快，系统检测到的触摸点较稀疏，而右下角区域因为触摸滑动速度慢，因此系统检测到的拼图块移动位置点就比较密集。

4.11.3　游戏中的动画

很多游戏程序都有一些会动的元素，比如怪物或者子弹，怪物会"自己"行走，子弹在射出之后也会按一定轨迹移动，那么这些行为都是如何实现的呢？为了阐明这一现象的背后实现机制，下面将在拼图游戏的界面上增加一个在屏幕上自由移动的球。

首先，找一张小球的图片（假定文件名是 ball.png），将其复制到项目 res 中的 drawable-mdpi 文件夹中。接下来像拼图块一样，定义一个 Ball 类来封装球的属性和行为，它包含球在屏幕上显示的图像、位置坐标和移动方向，其代码如下。

```
package mytest.pt;

import android.graphics.Bitmap;

public class Ball {
    public Bitmap image;// 球对应的图像
    public int x0; // 球在屏幕上的位置坐标
    public int y0;
    public int direction=1;// 1 为正方向，-1 为逆方向
}
```

其中的 direction 变量取值为 1 或 -1，用于控制球的位置坐标增加或减少。另外，还需修改 GameView 类的代码，见下面阴影部分的内容。

```
public class GameView extends SurfaceView
        implements SurfaceHolder.Callback {
    ...
    private SurfaceHolder holder; // SurfaceHolder，用于刷新屏幕显示
    private boolean finished; // 刷新线程是否该退出

    private Ball ball = new Ball(); // 一个自由移动的球
```

```java
public GameView(Context context) {
    ...
    requestFocus();
    // 设定球的图像
    ball.image = BitmapFactory.decodeResource(
            getResources(), R.drawable.ball);
}
/**
 * 用来更新小球的状态
 */
private void update() {
    // 产生两个随机数
    int x = (int)(6 * Math.random());
    int y = (int)(4 * Math.random());
    // 将随机数分别累加到小球的 x 和 y 坐标上(direction 为 1 或-1)
    ball.x0 = ball.x0 + ball.direction * x;
    ball.y0 = ball.y0 + ball.direction * y;
    // 检查小球是否超出屏幕边界，从而改变运动方向
    if (ball.x0 > screenW || ball.y0 > screenH){
        ball.direction = -1;
    }
    if (ball.x0 < 0 || ball.y0 < 0) {
        ball.direction = 1;
    }
}
...
private class GameRender implements Runnable{
    @Override
    public void run() {
        while (!finished) {
            ...
            try {
                // 锁定画布
                Canvas canvas = holder.lockCanvas(null);
                if (canvas != null) {
                    ...
                    if (touchedCell != null) {
                        touchedCell.draw(canvas);
                    }
                    // 更新小球状态，将小球显示在屏幕上
```

```
                        update();
                        canvas.drawBitmap(ball.image,
                            ball.x0, ball.y0, null);
                        // ==============================
                        ...
                    }
                } catch (Exception e2) {
                }
            }// of while
        }// of run()
    }// of class GameRender
    ...
}
```

在上面的 GameView 类中，首先定义了一个 Ball 对象作为成员变量，然后在构造方法中加载小球的图像资源，接下来定义了一个 update()方法，这个方法用来产生两个随机数分别累加到小球的两个坐标轴上，同时检查球是否超出屏幕边界，以此控制球的运动方向。最后，在 GameRender 线程循环中将反复调用 update()并将球显示在屏幕上。

可以看出，要让一个绘图元素运动，只需在线程中反复改变它的位置，然后绘制出来即可。这部分内容的运行效果如图 4.24 所示。

图 4.24　自由移动的球

容易看出，现在球的移动和拼图块的移动是毫不相干的。当然，GameRender 刷新线程循环执行得越快，意味着帧率越高，那么小球的运动速度就越快，反之越慢，这显然有些不合理。因此，还是应该控制一下 GameRender 线程循环的速度，让其保持在每秒循环 60 次左右，即 60 帧每秒。

4.11.4　Android 应用打包

当应用程序的功能开发完后，就要考虑程序的打包和发布工作了。在使用 Android Developer Tools 集成开发环境时，程序的打包和运行是 ADT 插件完成的，如果应用程序要提供给终端用户使用，显然这种方式是不合适的。因此，有必要将 Android 应用程序打包成一个类似于 Windows 下面的安装文件，只不过其扩展名不是.exe，而是.apk。

下面，以这里的拼图游戏为例，阐述一下 Android 应用程序的打包过程。

（1）在 PT 项目名字上单击鼠标右键，选择弹出菜单中的"Export"项，然后选择"Android"分类下面的"Export Android Application"。如图 4.25 所示。

图 4.25　导出 Android 应用

（2）指定打包的项目，单击"Browser"按钮选中 PT 项目。如图 4.26 所示。

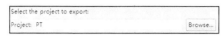

图 4.26　指定 Android 项目

（3）Android 应用程序的打包需要一个数字签名，即 keystore。因为是首次做这项工作，所以现在需要选中"Create new keystore"以新建一个签名文件，然后指定新创建签名文件的保存位置和密码，如图 4.27 所示。当然，如果下次再打包某个项目的话，只要选中"Use existing keystore"选项就可以。

图 4.27　创建 Android 应用签名文件

（4）接下来要提供签名文件的别名、密码、有效期以及签名者的一些信息。为简单起见，这里全部进行简单的设置，密码也与上一步的相同，如图 4.28 所示。

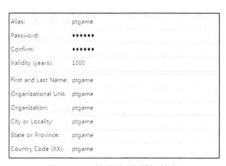

图 4.28　签名文件详细信息

（5）最后设定产生的 apk 文件名路径信息，单击"Finish"按钮完成拼图游戏程序的打包。

现在，在"C"盘上生成的 apk 文件就是一个打包好的 Android 应用程序，可以将其安装到 Android 模拟器，也可以安装到实际的 Android 设备上。

Android 应用程序的打包必须提供一个数字签名，实际上 ADT 本身会自动产生一个用于在集成开发环境中使用的签名文件（见图 4.29）。在 Windows 7 操作系统中如果登录用户是默认的 Administrator，那么目录"C:\Users\Administrator\.android"下就有这个自动产生的签名文件，文件名是"debug.keystore"，如图 4.30 所示。

图 4.29 打包生成的 Android 应用文件名　　图 4.30 ADT 开发环境自动生成的 keystore 签名文件

最后，打包好的应用程序就可以发布了。Android 平台发布应用程序的途径推荐使用 Google Play 应用商店，国内也有一些类似的应用程序商店，大家可以通过网络了解一下发布上传应用程序的方法。

4.11.5　游戏引擎

Android 的 View 适合绘图性能要求不高的场合，比如像这里的拼图游戏、连连看和棋牌之类的益智小游戏。SurfaceView 性能会更好，但在一般的应用开发中要考虑的细节会比较多，比如前面显示一个简单动画都要不少代码，因此在开发大型或复杂的游戏时的难度也将更大。实际上，无论是哪种游戏，都有很多共性的地方，所以现在也出现了一些称为"游戏引擎"的软件开发包。

游戏引擎是指一些已编写好的可编辑游戏系统或者一些互交式实时图像应用程序的核心组件。这些系统为游戏设计者提供各种编写游戏所需的工具，其目的在于让游戏设计者能容易和快速地做出游戏程序而不用由零开始。比如，使用一两行代码就可显示一个动画。大部分游戏引擎都支持多种操作系统平台，包括 Android 和 Apple 的 iOS 平台等。通常，游戏引擎包含以下系统：渲染引擎（即"渲染器"，含二维图像引擎和三维图像引擎）、物理引擎、碰撞检测系统、音效、脚本引擎、动画、人工智能、网络引擎以及场景管理等。

在 Android 游戏开发中，有很多免费或商用的游戏引擎，2D 游戏框架引擎包括 cocos2d-x、libGDX 和 AndEngine 等，3D 游戏引擎如 Unreal Engine、Unity3D 等。其中，cocos2d-x 已成为一个跨多平台的 2D 游戏引擎，是用 C++语言开发的。如果希望尝试在 Android 平台使用 Java 语言来开发一些基于游戏引擎的小游戏，libGDX 就是一个比较好的选择。实际上，libGDX 游戏引擎编写的游戏也可以跨 PC、Android 和 iOS 等平台，同时还支持 HTML5 的开发，其官方站点如图 4.31 所示。

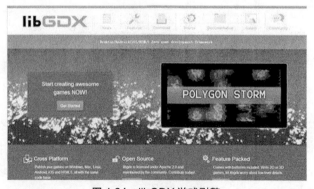

图 4.31　libGDX 游戏引擎

4.11.6　给初学者的建议

对大部分初学 Android 应用开发的人来说，面对扑面而来的新术语、新类和方法，很可能会陷入茫然的状态。Android 操作系统和大家平常接触的 Windows、MacOS 等操作系统本质上并没有太大区别，但在设计理念上存在一定差异。对初学者来说，Android 最关键的概念就是 Activity，这个词翻译过来是"活动"的意思，但从字面上是不容易理解的，不过却可以把 Activity 看作是 PC 操作系统的"窗体"，只是不如"窗体"那么直观。Activity 被设计成将代码和界面相分离，这就是为什么在创建一个继承 android.app.Activity 类的同时，通常还要创建一个 xml 格式的界面布局文件的原因，两者一起配合才构成一个整体。站在使用者的角度来看，布局界面是应用程序的可见部分，Activity 则是承载布局界面的支撑框架，是应用程序的主体，只是它在屏幕上不那么显眼而已。以 BMIActivity 为例，如图 4.32 所示，包含文本、输入框和按钮等组件的区域就是布局界面，它占据了绝大部分屏幕空间，Activity 在屏幕上看到的只有顶部的标题栏部分。

图 4.32　Activity 与布局界面的关系

当然，布局文件并不是产生 Activity 界面的唯一途径，通过代码也可以得到与布局文件等价的结果，正如色卡和拼图游戏所做的那样。无论是布局文件设计的界面，还是代码"画"出来的界面，对 Activity 来说都要调用 setContentView()方法将界面和 Activity 绑定到一起。界面显示的目的是为了提供一个用户交互操作的桥梁，应用程序的功能最终还是要通过 Activity 来实现的。

当初步掌握了 Activity 的概念后，接下来就要通过一些简明教程和功能单一的小例子来学习。"功能单一"和"短小"主要是为了降低初学者的学习门槛，否则容易转移注意力，而且一旦被复杂问题卡住的话往往会动摇学习信心。

对于 Android SDK 中用的很多类、方法等，没有一些简单易懂的 Demo 演示例子，初学者学习起来是非常困难的。所以，平时要养成多看、多接触的习惯，开阔自己的视野，就像每个人小时候学说话一样，如果某些语句是从未听过的，那么就无从理解它的意思，更不可能从自己的口中说出来。Android SDK 附带的 APIDemo 项目是初学 Android 技术开发的极佳参考，它包含有各种演示 Android 技术特性的小例子，这个项目在 BMI 项目单元中已有涉及。国内一些技术社区，如 ITEYE（http://www.iteye.com）和 CSDN（http://www.csdn.net）等，里面有大量面向初学者的博客教程和文章，而且每天都有更新，对编程开发来说是很好的资料库。此外，Android 官方站点（http://developer.android.com）也提供有各种基础教程和例子等资源，如图 4.33 所示。

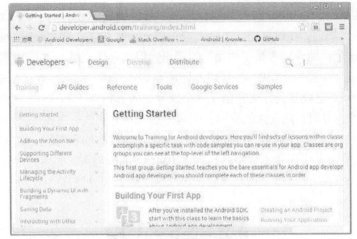

图 4.33 Android 官方站点资源

  Android 程序开发并不仅仅是对一些概念的理解，它更多的是一项实践活动，需要经过大量的学习、模仿和强化练习才能掌握。考虑到 Android 应用程序绝大部分场合采用的都是 Java 语言，所以对 Java 语言的常用语法如类、对象、接口、动态数组、内部类和线程等不能陌生，这是一个大前提。在学习 Android 教程或例子时，对遇到的新类名和方法名，要有意识地主动"认知"出现的英文生词，通过在线 API 文档理解每个方法和各参数的含义。此外，还可以通过替换方法中的某些参数来得到不同的结果，培养举一反三的习惯，这是学习过程中的一个必要环节。以拼图游戏项目中的代码片段为例。

```
paint.setColor(Color.RED);
paint.setAntiAlias(true);
paint.setStyle(Paint.Style.STROKE);
```

  在学习这段代码时，基本弄懂了方法调用的含义后，接下来就可以试着将部分参数替换成其他值，比如下面是一种可能的替换。

```
paint.setColor(Color.RED);
paint.setAntiAlias(true);
paint.setStyle(Paint.Style.FILL_AND_STROKE);
```

  通过这种变换，和之前的运行结果对比，setStyle()方法的含义就容易理解了。再如，色卡项目中的界面布局文件片段。

```
<TextView
    android:id="@+id/textView1"
    android:layout_width="wrap_content"
    android:layout_height="80dip"
    android:gravity="center"
    android:text="TextView" />
```

  在编辑布局文件的 xml 内容时，按下<Alt+/>快捷键，将某些属性如 android:gravity 的值改为 bottom，然后查看布局界面设计器中的结果，这样对 gravity 属性的印象将更加深刻。

  正如学说话一样，每个人学会说的每一句话都不是靠小时候"背"下来的，所以在学习过程中遇到的各种类、方法等并不需要刻意去记它。对初学者来说，只要基本理解，知道它们能够实现什么功能就够了。很多方法有多种不同参数的重载形式，此时应该多主动参考在线 API 文档，理解它们的含义和使用方法，而不是试图去记住它们，绝对没有必要死记硬背。熟能生巧，对那些经常用到的类和方法，即使没有现成的代码可参考，也是可以凭借自己的经验积累来解决新问题的。例如，String 类的大多数方法在实际开发工作中的使用频率是非常高的，用多了自然而然就能记住它们了。

除了通过对教程和例子的学习，还必须动手开发一些技术功能类似的程序或项目，这是必不可少的"模仿"和"吸收"的过程。只有以实际项目为载体，才能加工和提炼自己学的东西，促使自己运用各种手段解决实际问题，否则即使是学过的技术也不知道它有什么用处。比如，拼图游戏项目中有完整的开发步骤和代码，在实现基本功能的基础上还做了各种优化和增强，此时就应该自己动手编写一个类似的小游戏，然后运用拼图游戏中学过的技术去实现它，你会发现原来自己居然可以完成一件看起来"不可能完成"的任务！如果没有亲自做过，很难说对学过的东西能有多深的理解和掌握。没有什么书籍或教程能够包罗万象或者涵盖所有技术，对于实际项目需求引出的新技术，只能自己通过各种途径查找资料去学习，这样的技术学起来更有针对性，而且这个过程还锻炼了自己的自学能力和解决实际问题的能力。

每个自己学过的项目例子可以作为将来解决实际问题的一个参考，甚至还可以将某个例子作为自己工作的起点。如果要开发一个坦克大战游戏，此时可以仿照拼图游戏的开发过程创建一个新项目，定义一个继承 SurfaceView 的类，然后显示一张背景图，这样就搭好了一个基本的游戏项目框架。对于那些在屏幕上行驶的坦克对象，它与自由移动的球是类似的，只不过不能完全照搬，应做一定调整，毕竟球的移动和坦克的移动并不完全相同，但它们的动画原理却是相似的。因此，参考球的移动代码，设计出按一定方向移动的坦克并不是很难的事情。

归纳起来，就是要勤学习、善模仿、多琢磨，多动手做一些力所能及的小项目或练习，只有这样才能稳步提升自己的技术实力。

4.11.7 连连看/消色块原理

1．连连看游戏原理分析

在前面，已经完成了一个具有基本功能的拼图游戏。相对来说，这个游戏的开发难度还是比较低的。对于 2D 益智类的游戏，像连连看和消色块之类的，基本上都要用到被称为"二维矩阵"的机制，所对应的是编程语言的二维数组。下面将阐述一下连连看和消色块游戏的开发原理，读者也可以尝试在 Android 中创建一个项目去实现它，绘图工作和这里的拼图游戏差不多。连连看和消色块的编程原理也可以延伸到很多种类似游戏的开发中。

先来研究一下连连看游戏的编程原理（假定连的是水果）。首先定义一个 11×8 的二维数组（即 11 行 8 列），其中外圈全部设为 0，表示不放置水果（因为游戏界面上是可以通过四周来连水果的，故外圈应留空，因此能放水果的只有 9 行 6 列）。在数组中，使用字母表示水果，这样就可以根据数组中存储的字母来决定界面上显示的水果图片。此外，还需根据字母在数组中的行、列号来计算出水果图片在屏幕上显示的坐标位置。

连连看的工作原理分为两大类，共 4 种情形。为方便表述，将两个要连的水果称之为"红A"和"绿A"（红 A 是深色块，绿 A 是浅色块）。

（1）两个相同的水果在同一列或同一行，如图 4.34 所示。

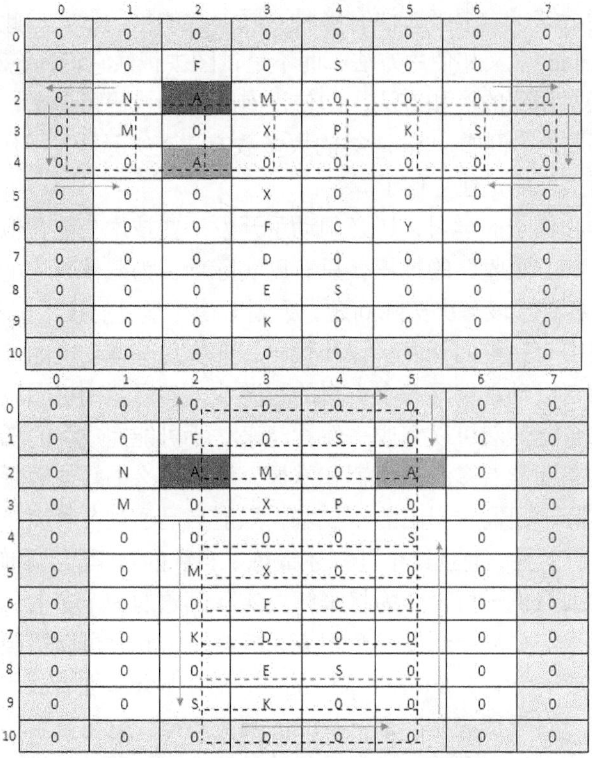

图 4.34　同一列和同一行的连接路径

若红 A 和绿 A 在同一列，则存在的连接路径有：A0A、ANM0A、AN000A（规律：左→下→右）和 AMX0A、AM0P00A、AM00K000A、AM000S0000A、AM0000000000A（规律：右→下→左）等几种。

若红 A 和绿 A 在同一行，则存在的连接路径有：AM0A、AF0S0A、AF00000A（规律：上→右→下）和 A0XP0A、A0000S0A、A00MX00S0A、A00M0FCY0S0A、A00M0KD00Y0S0A、A00M0K0ES00Y0S0A、A00M0K0SK0000Y0S0A、A00M0K0S0D00000Y0S0A（规律是：下→右→上）等几种。

（2）两个相同的水果在不同的行和列。

对于红 A 和绿 A 在不同的行和列的情况要复杂一些，需要单独分成两种情形考虑，图 4.35 是第一种情形，即红 A 比绿 A "高"。

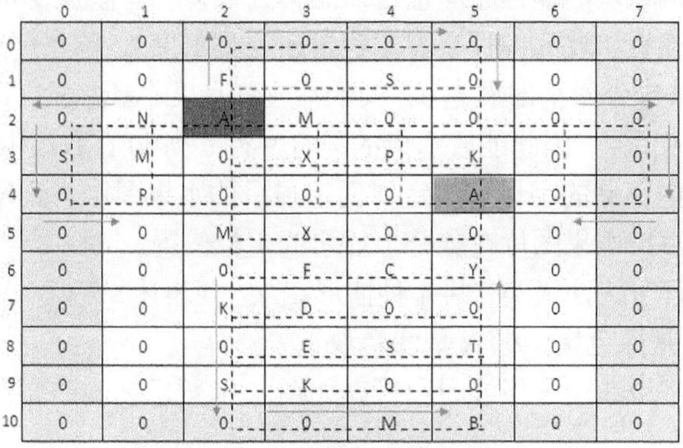

图 4.35　行列不同的连接路径(I)

若红 A 比绿 A "高"（即红 A 的行号小于绿 A 的行号），则存在的连接路径有：从左至右分别是 AN0S0P000A、ANMP000A、A0000A、AMX00A、AM0P0A、AM00KA、AM00000A 和 AM0000000A，从上至下是 AF000000KA、AF0S00KA、AM00KA、A0XPKA、A0000A、A00MX00A、A00M0FCY0A、A00M0KD00Y0A、A00M0K0EST0Y0A、A00M0K0SK00T0Y0A 和 A00M0K0S00MB0T0Y0A，可以看出，连接路径的寻找其实是同行和同列的综合。

对第二种情形，如图 4.36 所示，当红 A 比绿 A "低"（即红 A 的行号大于绿 A 的行号）时，则存在的连接路径有：从左至右分别是 AP0S0N0M0A、APMN0M0A、A00M0A、A0XM0A、A00P0A、A000KA、A000000A 和 A00000000A，从上至下是 A00F00000A、A00F0S0A、A00M0A、A0XPKA、A000KA、AMX000KA、AM0FCY00KA、AM0KD00Y00KA、AM0K0EST0Y00KA、AM0K0SK00T0Y00KA 和 AM0K0S00MB0T0Y00KA。虽然这里找出的连接路径可能会存在重复，但不会影响最终结果，无非是多算了几条连接路径而已。

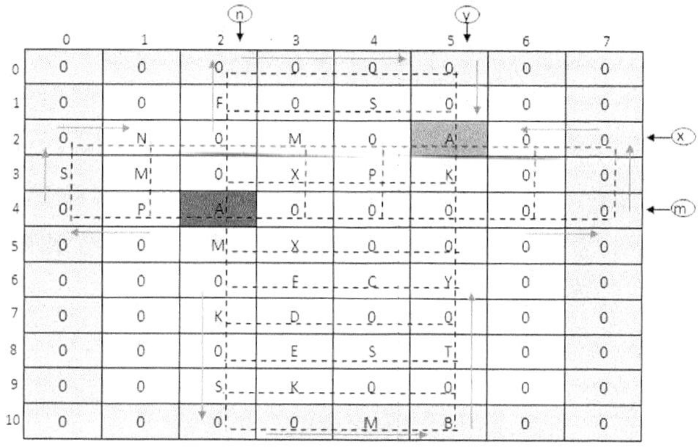

图 4.36 行列不同的连接路径(II)

当然，这里分析的连接路径是可以用肉眼看出来的，在编码时，应该找出连接路径"走向"的行列变化规律来进行处理，当然也可使用数据结构中的图算法去解决。这里，主要分析连接路径的走向规律来具体编写代码，因为每条路径都是由最多"三段"线路构成的。

假定 matrix 是图 4.36 中 11×8 的 char 型二维数组，首先定义一个 Route 类来表示连接路径，即使用一个 Route 类来封装路径信息。

```
class Route {
    // 起点到终点经过的节点列表
    public List<Node> routes = new ArrayList<Node>();
    // 起点到终点经过的节点字符串表示，形如 AN0S0P000A
    public String lines = "";

    // 将经过的第 row 行 col 列节点加入到列表中，并更新节点路径字符串
    public void push(int row, int col) {
        routes.add(new Node(row, col));
        lines = lines + matrix[row][col];
    }

    // 节点封装类，每个节点对象主要包括行号 row 和列号 col 两个属性
```

```
    class Node {
        public int row;
        public int col;

        public Node(int r, int c) {
            row = r;
            col = c;
        }
    }
}
```

这里的 Route 类用来描述连接路径，其中成员变量 routes 是该连接路径所经过的节点集合，它是一个动态数组，lines 是连接路径经过各节点的字符串表示，如 AP0S0N0M0A。另外，Node 类是一个内部类，代表节点，其中包含了节点在数组矩阵中的行、列号。

接下来，以两个 A 不在相同的行列，且红 A 比绿 A "低" 的情形来具体分析，如图 4.36 所示。红 A 在数组中的行列位置为(m,n)，绿 A 在数组中的行列位置为(x,y)，其中 m 和 x 为行号，n 和 y 为列号，此时应满足 "m>x 且 n<y"。当然，红 A 和绿 A 本质上都是同一个'A'字符，红和绿只是为了口头表述的方便。此时的连接路径寻找的主要代码如下。

```
// 处理"左低右高"的连接路径
if (m>x && n<y) {
    int i, j, k;
    // 红 A 到绿 A 的所有可能的"连接路径"
    List<Route> allRoutes = new ArrayList<Route>();
    // 左→上→右
    for (i = n; i >= 0; i--) {
        Route rout = new Route();
        // 第 m 行，红 A 出发，向左
        for (j = n; j >= i; j--) {
            rout.push(m, j);
        }
        // 第 i 列向上
        for (k = m - 1; k >= x; k--) {
            rout.push(k, i);
        }
        // 第 x 行向右，直到绿 A
        for (k = i + 1; k <= y; k++) {
            rout.push(x, k);
        }
        allRoutes.add(rout);
    }
    // 右→上→右
```

```
        for (i = n + 1; i < y; i++) {
            Route rout = new Route();
            // 第 m 行，红 A 出发，向右
            for (j = n; j <= i; j++) {
                rout.push(m, j);
            }
            // 第 i 列向上
            for (k = m - 1; k >= x; k--) {
                rout.push(k, i);
            }
            // 第 x 行向右，直到绿 A
            for (k = i + 1; k <= y; k++) {
                rout.push(x, k);
            }
            allRoutes.add(rout);
        }
        // 右→上→左
        for (i = y; i <= 7; i++) {
            Route rout = new Route();
            // 第 m 行，红 A 出发，向右
            for (j = n; j <= i; j++) {
                rout.push(m, j);
            }
            // 第 i 列向上
            for (k = m - 1; k >= x; k--) {
                rout.push(k, i);
            }
            // 第 x 行向左，直到绿 A
            for (k = i - 1; k >= y; k--) {
                rout.push(x, k);
            }
            allRoutes.add(rout);
        }
        // =========
        // 上→右→下
        for (int i = x; i >= 0; i--) {
            Route rout = new Route();
            // 第 n 列，红 A 出发，向上
            for (j = m; j >= i; j--) {
                rout.push(j, n);
```

```
        }
        // 第n+1 至 y 列，向右
        for (k = n + 1; k <= y; k++) {
            rout.push(i, k);
        }
        // 第 y 列，向下，直到绿 A
        for (k = i + 1; k <= x; k++) {
            rout.push(k, y);
        }
        allRoutes.add(rout);
    }
    // 上→右→上
    for (int i = m - 1; i > x; i--) {
        Route rout = new Route();
        // 第 n 列，红 A 出发，向上
        for (j = m; j >= i; j--) {
            rout.push(j, n);
        }
        // 第n+1 至 y 列，向右
        for (k = n + 1; k <= y; k++) {
            rout.push(i, k);
        }
        // 第 y 列，向上，直到绿 A
        for (k = i - 1; k >= x; k--) {
            rout.push(k, y);
        }
        allRoutes.add(rout);
    }
    // 下→右→上
    for (int i = m; i <= 10; i++) {
        Route rout = new Route();
        // 第 n 列，红 A 出发，向下
        for (j = m; j <= i; j++) {
            rout.push(j, n);
        }
        // 第n+1 至 y 列，向右
        for (k = n + 1; k <= y; k++) {
            rout.push(i, k);
        }
        // 第 y 列，向上，直到绿 A
```

```
    for (k = i - 1; k >= x; k--) {
        rout.push(k, y);
    }
    allRoutes.add(rout);
}
```

当把所有可能的连接路径都找出来后，如何判断哪些路径是能够连接的呢？答案是，只要检查连接路径中除首尾之外的内容是否为全 0 即可。比如，连接路径 AM00KA 就是不允许的，因为这条路径中包含了 M、K 这样的障碍物，而 A0000A 就是一条可行的连接路径。

还有一种情形需要考虑，假如正确的连接路径有多条，那么最终应该选取哪条路径呢？很简单，只需计算所有正确路径中"最短的"那条就可以了。比如，A000000A 就比 A00000000A 更短。在找出最短的那条连接路径后，接下来就可以利用该路径中经过的所有节点来绘制连接路径（节点中有行、列号信息）。

2．消色块游戏原理分析

最后，研究一下消色块类游戏的编程原理，典型代表就是"消灭星星"应用。相比"连连看"，消色块类的游戏在编程算法上要简单一些。考虑下面的情形（假定二维数组中不同的字母代表不同的颜色块，0 表示没有色块，数组中所有非 0 的色块应该在下面，以表明色块都是自下而上堆积的），如图 4.37 所示。

	0	1	2	3	4	5	6	7
0	0	0	0	0	0	0	0	0
1	0	0	F	0	0	0	0	0
2	0	0	A	M	S	0	0	0
3	0	N	K	X	P	K	0	0
4	0	M	K	K	X	X	0	0
	S	P	M	X	T	T	0	0

图 4.37 消色块编程原理

其中 X、X、X 和 A 是 4 个依次被单击的色块。当选中第一个色块 X 时，认为后续允许选中的色块也应该是 X，此时可以使用一个动态数组（如 ArrayList）来记录被选中的色块。当试图选中最后一个色块 A 时，因为 A 与动态数组中的 3 个 X 色块颜色不同，因此就不允许被选中，那么本次可消的色块就是 3 个 X 了。

还剩下一个问题，即在游戏界面操作时，如何确定哪些色块是允许被选中的呢？因为始终是以第一个被选中的色块为依据，因此后续选择的色块必须是与"最近选中的色块"相邻且相同，在数组中则表现为元素的值相等且元素的行号或列号相差 1。当然，可以根据需要加入其他制约因素。比如，只允许选中左右相邻或上下相邻的色块，而不允许选中斜角相邻的色块。在这种前提下，上图就只有第 4 行的两个绿色 X 色块可以消掉了。

当色块消掉以后，这些被消掉色块的上端色块就要往下"掉"，具体如何处理请自行分析，无非就是一组纵向的数组元素移动而已。

4.12　问题实践

1. 回顾最终完成的项目代码，仔细体会一下，看看自己从中学到了什么？
2. 拼图游戏设置为全屏的方法有两种，一种是通过代码实现，另一种则是在应用程序配置文件 AndroidManifest.xml 中直接配置。请修改本例中的全屏设置方法，将设置全屏的代码改为通过配置文件设置。
3. 在模拟器或 Android 设备上运行拼图游戏时，如果按下<Home>键，则拼图游戏将被切换到后台且不可见。当再次启动拼图游戏时，此时将导致分割出来的拼图块个数翻倍，请解决这一问题。
4. 如何确定拼图已经完成，即所有拼图块都已正确归位？
5. 在归位拼图块时，假如拼图块 A 即将归位到 A'位置，但此时恰好拼图块 B 也在 A'位置，此时会产生一个异常现象，即拼图块 A 在手指离开触摸屏归位后，拼图块 B 的部分或全部图像会被拼图块 A 覆盖住，请解决这一问题。
6. 在分割拼图块时，使用了 zOrders 用来保存已经产生的随机数，以保证循环分割拼图块时 zOrder 值不重复。请修改 makePuzzCells()方法，直接使用 Collections 类的 shuffle()方法打乱顺序分割的拼图块。
7. 在使用 SurfaceView 替换 View 实现拼图一节中，开始触摸拼图块和结束触摸的那一瞬间，游戏界面还是可能会出现闪烁现象，请解决这一问题。
8. Android 中的大多数游戏程序都会带一个游戏控制界面，通常包括开始游戏、选项设置和退出游戏之类的操作。请为拼图游戏设计一个类似的控制界面，在界面上可以启动和退出游戏，也可以设置是否播放背景音乐。
9. 当前的拼图游戏是将拼图分割为 3×4 的 12 个小拼图块，试修改程序实现通关功能，比如第一关是 3×4 分割，第二关是 4×5 分割，依次递增下去。
10. 很多游戏在正式开始之前，通常需要触摸一下屏幕才正式开始。另外，在游戏通关并进入下一关时，通常也需要暂停。请给拼图游戏添加暂停功能，即只有触摸屏幕，游戏才开始。
11. 拼图游戏设计时，定义了一个 GameView 类处理游戏的画面显示和操作处理，没有用到布局文件。实际上，这个 GameView 也可以像一个普通的 View 组件那样直接嵌入到布局文件中使用，即允许在普通布局文件中直接使用自定义组件。请修改 GameActivity 和 activity_game.xml 文件，使程序加载包含 GameView 组件的布局。
12. 如果在游戏界面希望区分单击和长按事件，像扫雷游戏中的雷区和空白区的消除，就可以用单击表示消除空白区，长按表示挖雷，请问该如何处理？
13. 请开发一款休闲类的 Android 小游戏，参考网上的连连看、消灭星星、疯狂瓶盖、弹球、扫雷、坦克大战、俄罗斯方块和五子棋等经典游戏应用，研究一下可以实现哪些功能，然后使用 SurfaceView 仿照着做。

项目 5 PhoneSecurity 手机防盗器的开发

【学习提示】

- 项目目标：开发一款手机防盗器，实现距离防盗报警和网络追回功能
- 知识点：Service/BroadcastReceiver 组件、SensorManager、TelephonyManager、JavaMail 邮件收发、TimerTask 定时器任务、地理定位
- 技能目标：能理解 Service/BroadcastReceiver 两大组件和手机定位原理；会创建自定义的 Service/BroadcastReceiver 组件；会使用 SharedPreferences 存储数据；会创建定时器任务；会使用 TelephonyManager 处理手机信息；会使用硬件传感器获取距离或地理位置；会使用 Java 发送后台短信和邮件

5.1 项目引入

众所周知，iPhone 手机中有一个非常好的功能叫做"Find My iPhone"，这个功能可以在手机被盗或丢失之后进行定位，远程锁定或者清除其中的内容以保护隐私。"Find My iPhone"的工作原理是在设备联网前提下，通过网络向 iCloud 注册当前地理位置，以接受来自 iCloud 的指令，这些指令可以通过其他 iOS 设备来发出。本项目单元准备开发一个具备类似功能的 PhoneSecurity 应用，其功能包括如下内容。

（1）防盗。比如，在公交车上，当手机被盗远离口袋时发出报警声音。其原理是，手机被盗时，手机内置的距离传感器能够检测到距离变化，以此播放报警声音。

（2）追回。追回功能主要是当手机被盗或遗失后，能获取到手机当前地理位置、不明使用者的电话号码等信息。其原理是：手机被盗后，新使用者一般要更换新 SIM 卡，因此可以在 SIM 卡更换后自动将新 SIM 卡信息以短信和电子邮件的方式发送到事先设定的电话号码和电子邮箱中，手机原主人就可利用这些信息以某些途径去追回，比如向警方报案等。所以，这里实现的并不是真正的"追回手机"，而是自动将手机的新号码、地理位置等信息发送到事先设定的电话号码和电子邮箱，这些信息将有助于追回手机。

当然，这里设想的功能并不完美，因为即使是"Find My iPhone"也有其固有的不足，主要目的是希望通过实现这些功能掌握 Android 传感器应用程序的开发方法，同时进一步扩充

Android 开发技术。当然，运行或调试本项目程序，需要一部带有距离传感器的手机才能得到实际效果。

本程序的主界面很简单，如图 5.1 所示，其中仅包括一个设置安全号码和邮箱的对话框和一个用来启动或停止防盗功能的布局，其他都是功能实现代码，因此着重从功能实现的角度来展开开发工作。

图 5.1　手机防盗器运行效果

5.2　PhoneSecurity 项目准备

（1）启动 Android Developer Tools 集成开发环境，选择主菜单"File"→"New"→"Android Application Project"，按图 5.2 所示的内容进行设置，然后单击"Next"按钮进入下一步。

图 5.2　创建 PhoneSecurity 项目

（2）其余步骤全部按默认进行。当然，可以根据需要设定应用程序的图标。

防盗功能的基本原理是当手机被盗时，通过手机上的距离传感器来检测与人身体距离的变化，以此播放报警声音达到报警的目的，在播放报警声音的同时还可以启用手机的震动功能。在技术上，可以通过单击按钮来启动一个 Service，该 Service 主要工作就是检测距离传感器是否有距离变化。由于在单击按钮启动 Service 时，手机还没那么快放入口袋，因此需要通过延时 10 秒启动 Service 来解决这一问题。

（3）单击菜单"File"→"New"→"Class"以创建一个新类，将这个类的超类/父类设置为 android.app.Service，如图 5.3 所示，创建一个名为 AntiTheftService 的 Service 组件。

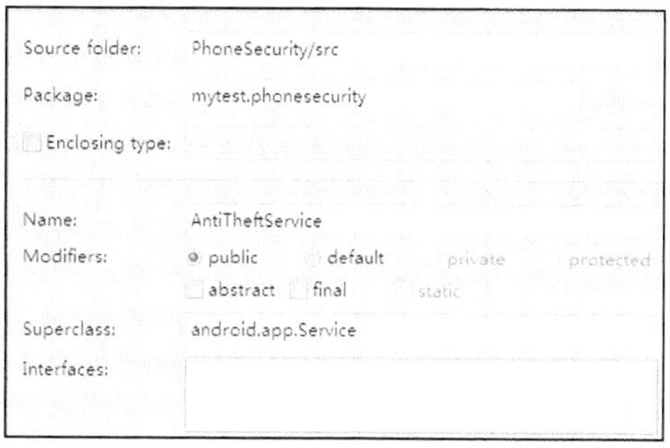

图5.3 创建 AntiTheftService 组件

[提示]

值得注意的是，Android 应用程序中定义的组件需要在项目 AndroidManifest.xml 清单中事先配置好才能使用。考虑到 AntiTheftService 组件需要用到手机中的传感器（如震动马达、距离传感器等），同样也要在 AndroidManifest.xml 中添加权限配置。

请将下面配置中的阴影部分内容添加到项目的 AndroidManifest.xml 文件中。

```xml
<?xml version="1.0" encoding="utf-8"?>
<manifest
    xmlns:android="http://schemas.android.com/apk/res/android"
    package="mytest.phonesecurity"
    android:versionCode="1"
    android:versionName="1.0" >
<uses-sdk
    android:minSdkVersion="8"
    android:targetSdkVersion="17" />
<!-- 申请手机震动权限 -->
<uses-permission android:name="android.permission.VIBRATE"/>
<application
    android:allowBackup="true"
    android:icon="@drawable/ic_launcher"
    android:label="@string/app_name"
    android:theme="@style/AppTheme" >
    <activity
        android:name="mytest.phonesecurity.MainActivity"
        android:label="@string/app_name" >
        <intent-filter>
            <action android:name="android.intent.action.MAIN" />
            <category android:name=
                "android.intent.category.LAUNCHER" />
        </intent-filter>
    </activity>
```

```xml
<!-- 声明 AntiTheftService 组件 -->
<service android:name=
        "mytest.phonesecurity.AntiTheftService" />
</application>
</manifest>
```

第一部分是向Android操作系统申请使用震动马达的权限(android.permission.VIBRATE)，第二部分则是声明新创建的 AntiTheftService 组件。

5.3 距离检测与报警

接下来在 AntiTheftService 类来具体完成距离检测、音效播放和启动震动马达这几项工作。

（1）在 AntiTheftService 类中新增几个成员变量，同时记得按下<Ctrl+Shift+O>组合键导入它们所在的包。各成员变量的含意在代码中通过注释予以说明，见下面阴影部分所示内容。

```java
public class AntiTheftService extends Service {
    private static final String TAG = "PhoneSecurity";
    private SensorManager mgr;// 传感器管理者对象
    private Sensor proximity;// 距离传感器
    private Vibrator vibrator;// 振动马达
    private double lastVal = -1;// 传感器最近一次检测到的距离
    private SoundPool soundPool;// 声音播放对象
    private int soundID = 0;   // 报警音效 id
    private int streamID = 0;// 报警音效播放流 id
    @Override
    public IBinder onBind(Intent intent) {
        // 默认返回 null，表示不使用绑定方式启动服务
        return null;
    }
}
```

除了成员变量的定义，还应该让它们有合适的初始化值，就像 Activity 组件通常都有一个重载的 onCreate()方法，Service 组件也有这个方法。

（2）在 AntiTheftService 类中任意位置单击鼠标右键，选择弹出菜单中的"Source"→"Override/Implement Methods"，勾选列表中的 onCreate()方法。此外，考虑到后续需要，将 onDestroy()、onStartCommand()方法一并勾选，如图5.4所示。

其中，onCreate()方法是在 Service 组件创建时由 Android 系统自动调用的，onStartCommand()方法在 Service 服务正式启动时调用，而 onDestroy()方法则在服务结束时调用，它们的调用先后次序是由 Service 组件的生命周期决定的。

Service 组件的启动方式可以通过 startService()或者 bindService()方法中的任意一种，主要取决于实际应用是否需要对 Service 组件进行精确控制。如同 startActivity()一样，startService()的功能是启动 Service 组件，然后 Service 组件就以线程的方式开始独立运行。

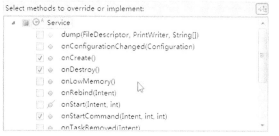

图 5.4 覆盖实现 onCreate()/onDestroy()/onStart()方法

（3）在 onCreate()方法中添加成员变量的初始化代码，见下面阴影部分的内容。

```
@Override
public void onCreate() {
    super.onCreate();
    // 初始化音频资源池，加载报警音频
    soundPool = new SoundPool(10, AudioManager.STREAM_SYSTEM, 5);
    soundID = soundPool.load(this, R.raw.alarm, 1);
    // 获得系统传感器服务、距离传感器、振动服务
    mgr = (SensorManager) getSystemService(SENSOR_SERVICE);
    proximity = mgr.getDefaultSensor(Sensor.TYPE_PROXIMITY);
    vibrator = (Vibrator) getSystemService(VIBRATOR_SERVICE);
    // 注册监听距离传感器
    mgr.registerListener(proximityListener, proximity,
            SensorManager.SENSOR_DELAY_UI);
}
```

【提示】 上述代码主要是通过获取系统的传感器服务来得到距离传感器对象，然后注册一个监听对象，这样传感器检测到距离发生变化时就会自动调用某些方法。考虑到智能手机的传感器通常包括重力、加速度、距离、方向、光线传感器等，Android 会通过传感器服务来统一对它们进行管理。

注意，proximityListener 监听器变量稍后会在 AntiTheftService 类中进行定义，所以现在代码会提示语法错误，请暂时忽略它，当后面给出它的定义时，错误提示会自动解除。当然，现在要做的一个工作是，提供一个文件名为 alarm.mp3（或者 alarm.ogg、alarm.wav 亦可）的音频文件（音频持续时长尽量不超过 10 秒钟），在项目的 res 下面新建一个 raw 文件夹，然后将这个报警音频文件复制到 raw 文件夹里面（见图 5.5），否则代码中的 R.raw.alarm 会一直提示有错误。

图 5.5 新增报警音频资源文件到项目中

(4)添加 onDestroy()和 onStartCommand()方法中的功能代码，如下面阴影部分代码所示。

```java
@Override
public void onDestroy() {
    // Service 结束时停止音频播放，并释放音频资源
    if (streamID != 0) {
        soundPool.stop(streamID);
        soundPool.unload(soundID);
    }
    // 解除距离传感监听器
    mgr.unregisterListener(proximityListener);
    super.onDestroy();
}
@Override
public int onStartCommand(Intent intent, int flags, int startId) {
    Log.i(TAG,"服务启动");
    return super.onStartCommand(intent, flags, startId);
}
```

在 onDestroy()方法中所做的是在 Service 结束之前停止可能播放的音频，并解除注册 proximityListener 监听器。onStartCommand()方法也仅仅是输出一个运行日志信息，目前没做其他用途。

(5)在 AntiTheftServcie 类中添加一个名为 proximityListener 的成员变量，同时创建一个继承自 SensorEventListener 匿名类的对象作为初始化值。

```java
@Override
public int onStartCommand(Intent intent, int flags, int startId) {
    Log.i(TAG,"服务启动" );
    return super.onStartCommand(intent, flags, startId);
}
private SensorEventListener proximityListener=new SensorEventListener() {
    @Override
    public void onAccuracyChanged(Sensor sensor, int accuracy) {
    }
    @Override
    public void onSensorChanged(SensorEvent event) {
        // 得到传感器检测到的当前值
        double thisVal = event.values[0];
        Log.d(AntiTheftService.TAG,
            "onSensorChanged[" + thisVal + ":" + lastVal + "]");
        // 判断是否首次检测距离，-1 代表以前没有检测过距离
        if (lastVal == -1) {
```

```
                // 首次检测的值保存到lastVal,以便与后面比较判断是否远离
                lastVal = thisVal;
                // 短振动提示
                vibrator.vibrate(100);
            } else {
                if (thisVal != lastVal) {
                    // 若两次检测的距离不同,说明有异常,长振动并报警
                    vibrator.vibrate(1000);
                    if (streamID == 0) {
                        streamID = soundPool.play(soundID, 1,
                                1, 0, -1, 1);
                    }
                }
            }
        }
    };
```

【提示】
当传感器检测到距离发生变化时,proximityListener 对象中的 onSensorChanged()方法会被自动触发执行,因此只要对两次检测出的距离进行比较,就可判断出手机是否被盗而报警。另外,proximityListener 对象中的 onAccuracyChanged()方法则是在传感器的检测精确度发生变化时自动触发的,这里并没有用到。

5.4 防盗功能实现

防盗功能需要用到上面定义的 AntiTheftService 组件,然后通过一个界面来启用或停止防盗功能。

(1)打开项目中的 activity_main.xml 布局,然后设计一个如图 5.6 所示的界面,其中左边两个按钮就是用来启动和停止 AntiTheftService 服务的,第 3 个按钮则用来将当前 Activity 隐藏起来。

图 5.6 防盗界面设计

（2）修改 MainActivity 类，在 onCreate()方法中填写按钮的单击事件，并按下面阴影部分所示的代码进行修改，请自行按下<Ctrl+Shift+O>组合键导入所需的包。

```java
public class MainActivity extends Activity {
    private Button btnStart;// 开始、停止和隐藏按钮
    private Button btnStop;
    private Button btnHide;
    private Timer timer;  // 定时器对象

    @Override
    protected void onCreate(Bundle savedInstanceState) {
        super.onCreate(savedInstanceState);
        setContentView(R.layout.activity_main);
        // 初始化按钮组件
        btnStart = (Button) findViewById(R.id.start);
        btnStop = (Button) findViewById(R.id.stop);
        btnHide = (Button) findViewById(R.id.hide);
        // 设置启动、停止和隐藏这 3 个按钮的单击事件监听器
        btnStart.setOnClickListener(new OnClickListener() {
            @Override
            public void onClick(View v) {
                // 设定延时 5 秒启动，手机放入口袋这一过程需要时间
                int delay = 5000;
                // 启用定时器，延时启动 AntiTheftService 服务
                timer = new Timer();
                timer.schedule(new TimerTask() {
                    @Override
                    public void run() {
                        Intent intent = new Intent(
                            MainActivity.this,
                                AntiTheftService.class);
                        startService(intent);
                    }
                }, delay);
                // 禁用开始按钮，启用停止按钮
                btnStart.setEnabled(false);
                btnStop.setEnabled(true);
            }
        });
        btnStop.setOnClickListener(new OnClickListener() {
            @Override
```

```java
            public void onClick(View v) {
                // 取消并清空定时器任务
                if (timer != null) {
                    timer.cancel();
                    timer.purge();
                }
                // 停止 AntiTheftService 服务
                Intent intent = new Intent(MainActivity.this,
                        AntiTheftService.class);
                stopService(intent);
                // 启用开始按钮，禁用停止按钮
                btnStart.setEnabled(true);
                btnStop.setEnabled(false);
            }
        });
        btnHide.setOnClickListener(new OnClickListener() {
            @Override
            public void onClick(View v) {
                // 实现<Home>按键的效果，隐藏当前 Activity 的界面
                Intent intent = new Intent(
                Intent.ACTION_MAIN);
                intent.setFlags(
                Intent.FLAG_ACTIVITY_NEW_TASK);
                intent.addCategory(Intent.CATEGORY_HOME);
                startActivity(intent);
                // 下面这句也可达到相同目的,即将当前应用移至后台运行
                //moveTaskToBack(true);
            }
        });
    }
}
```

这里主要的功能代码都在 MainActivity 类的 onCreate()方法中。"启动"按钮所做的工作，是通过调用 timer 定时器对象的 schedule()方法根据设定的 5 秒延时来启动 AntiTheftService 服务，因为 AntiTheftService 中已经提供了监听距离传感器的代码以确定报警的时机。"停止"按钮要做的工作，是先取消掉定时器任务，然后停止 AntiTheftService 服务，因为单击了"开始"按钮后可能会马上单击"停止"按钮，此时 AntiTheftService 可能还没来得及启动。"隐藏"按钮所做的工作就是将当前运行的 Activity 程序放到后台，这是通过模拟单击<Home>键来实现的，当然也可以直接调用 moveTaskToBack(true)来达到同样的效果。

虽然 AntiTheftService 与 MainActivity 位于同一个应用程序中，但它们是两个完全独立的 Android 组件。因为 AntiTheftService 服务是通过 startService()方法启动的，AntiTheftService 服

务一旦启动，它的运行就与 MainActivity 完全脱离开，直到 AntiTheftService 自己或者 MainActivity 调用 stopService()方法停止它为止。

至此，试着在手机上运行一下程序，单击"开始防盗"按钮，然后马上将手机放入口袋，稍后将手机从口袋中拿出，查看防盗是如何起作用的。当然，如果要正常从口袋中取出手机，应该握住手机上的距离传感器位置，否则也会产生报警效果。

5.5 追回技术分析

相比防盗功能，追回功能的实现要显得更为复杂一些。因此，追回技术分成两个阶段完成。

首先，是要确定手机是否遗失并被新的用户使用。考虑到手机遗失被他人使用时，新的使用者一般都会更换成自己的 SIM 卡，而更换 SIM 卡通常都要先关机然后再开机，所以可以在每次手机开机时检测当前 SIM 卡是否与原 SIM 卡的信息一致，如果有变化则说明 SIM 卡被换掉了，也就是说手机正在被其他人使用。其次，确定了手机被其他人非法使用后，可以通过当前使用者的 SIM 卡向事先设定的"安全手机号"发短信息以获得当前使用者的手机号码，如果手机联网的话，则自动将当前使用者所在的地理位置、SIM 卡等详细信息发送电子邮件到事先设定的安全邮箱中。

Android 中的 BroadcastReceiver 组件可以帮助读者实现第一部分的功能，它也是 Android 4 大组件（Activity/Service/BroadcastReceiver/ContentProvider）之一。要在开机时触发执行某些代码，首先应该自定义一个 BroadcastReceiver 组件，然后将此组件注册为响应开机广播事件（对应的 action 为 android.intent.action. BOOT_COMPLETED，要在 AndroidManifest.xml 中事先配置）。当 Android 系统启动时，会自动发送一个名为 android.intent.action.BOOT_COMPLETED 的广播事件，所有注册响应这一事件的 BroadcastReceiver 组件都将被执行，这一机制有点类似于 Windows 操作系统中的开机自启动程序。

5.6 手机信息保存

追回功能需要保存正常用户使用的 SIM 卡信息，只有这样才能在 SIM 卡被更换时进行新、旧 SIM 卡信息的比较。在 Android 中，存储数据有多种途径，包括 SharedPreferences、SQLite、ContentProvider 和网络等，还可以直接保存在文件中。在这几种存储数据的方式中，SharedPreferences 是最为简单的一种，在数据量较少的场合下使用也很普遍，但是如果有大量的数据要存储，此时选用 SQLite 或者网络更合适一些，因此这里将使用 SharedPreferences 来存储 SIM 卡的数据。此外，为了保存安全电话号码和电子邮件等信息，还需提供数据输入的界面。

（1）在项目 res 中的 layout 文件夹上单击鼠标右键，选择弹出菜单中的"New"→"Other"，选中 Android Layout XML File 项，然后将新建的布局文件名设定为 security_info_dialog.xml，如图 5.7 所示，最后单击"Finish"按钮完成创建工作。

（2）双击打开这个新建的 security_info_dialog.xml 布局，按照图 5.8 所示的内容进行设计。

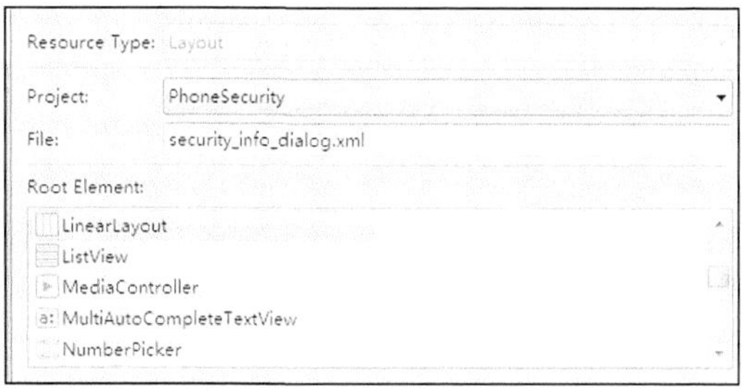

图 5.7 新建 security_info_dialog.xml 布局文件

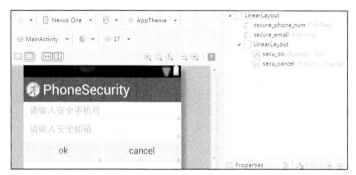

图 5.8 设计 security_info_dialog.xml 界面

【提示】
通常情况下，xml 布局界面一般都是在 Activity 中通过 setContentView()方法与当前 Activity 相关联，当启动 Activity 时就能显示出来，并且是独占整个屏幕空间的。但其实 Android 中也允许出现对话框形式的界面，它不像普通 Activity 那样独占屏幕，而是覆盖在当前 Activity 之上。下面准备采取对话框的方式来显示布局界面，这在显示一些简单的信息或输入数据的场合中更为方便。

（3）修改 MainActivity 类的代码，覆盖 onResume()方法。此方法是 Activity 生命周期中距离运行状态最近的一个接口。此时的 MainActivity 的界面是可见的，输入信息的对话框就在这里显示。

```java
public class MainActivity extends Activity {
    public static final String PREF =
        "cn.edu.hzvtc.phonesecurity.pref";
    public static final String SECU_INFO_SAVED =
        "SECU_INFO_SAVED";
    public static final String SECU_PHONE_NUM =
        "SECU_PHONE_NUM";
    public static final String SECU_EMAIL =
        "SECU_EMAIL";
    private Button btnStart;
    private Button btnStop;
    private Button btnHide;
    private Timer timer; // 定时器对象

    @Override
```

```java
    protected void onCreate(Bundle savedInstanceState) {
        ...
}
@Override
protected void onResume() {
    super.onResume();
    // 获取 SharedPreferences 数据存储对象
    final SharedPreferences pref = getSharedPreferences(
            PREF, MODE_PRIVATE);
    // 判断是否保存过安全号码和邮箱
    boolean saved =
            pref.getBoolean(SECU_INFO_SAVED, false);
    if (!saved) {
        // 加载 security_info_dialog 布局界面
        View view = LayoutInflater.from(this).inflate(
                R.layout.security_info_dialog, null);
        // 初始化界面控件
        final EditText txtPhoneNum = (EditText)
                view.findViewById(R.id.secure_phone_num);
        final EditText txtEmail = (EditText)
                view.findViewById(R.id.secure_email);
        Button btnOk = (Button)
                view.findViewById(R.id.secu_ok);
        Button btnCanel = (Button)
                view.findViewById(R.id.secu_cancel);
        // 创建 AlertDialog.Builder 对象，设定显示界面
        AlertDialog.Builder builder =
                new AlertDialog.Builder(this);
        builder.setTitle("设置安全手机号和邮箱");
        builder.setView(view);
        final AlertDialog dlg = builder.create();
        // 设置 OK 和 Cancel 按钮的单击事件监听器
        btnOk.setOnClickListener(new OnClickListener() {
            @Override
            public void onClick(View v) {
                String phoneNum =
                        txtPhoneNum.getText().toString();
                String email = txtEmail.getText().toString();
                // 检查输入内容是否完整
                if(phoneNum.trim().equals("") ||
```

```
                            email.trim(). equals("")){
                    Toast.makeText(
                        MainActivity.this,
                        "安全手机号和邮箱均不能为空!",
                        Toast.LENGTH_SHORT)
                        .show();
                    return;
                }
                // 通过 SharedPreferences 保存安全号码和邮箱
                Editor editor = pref.edit();
                editor.putBoolean(SECU_INFO_SAVED, true);
                editor.putString(SECU_PHONE_NUM, phoneNum);
                editor.putString(SECU_EMAIL, email);
                // TODO：这里准备保存手机 SIM 卡的信息
                //
                editor.commit();
                // 关闭对话框
                dlg.dismiss();
            }
        });
        btnCancel.setOnClickListener(new OnClickListener() {
            @Override
            public void onClick(View v) {
                // 关闭对话框
                dlg.dismiss();
            }
        });
        // 禁止对话框被<Back>键取消
        dlg.setCancelable(false);
        // 显示信息输入对话框
        dlg.show();
    }
}
}
```

[提示]

简单地说，SharedPreferences 可以理解成 Windows 平台下的注册表。SharedPreferences 保存数据的方式与 HashMap 类是相似的，都是通过"键→值"对的方式。因此，在 MainActivity 类中事先定义的几个静态常量，它们就是"key"，分别代表是否保存过数据、安全电话号码和安全邮箱。在 onResume()方法中，首先获取 SharedPreferences 中设置的 SECU_INFO_SETTED 值，如果以前没有保存过这个值就默认为 false（getBoolean()方法的第二个参数）。如果需要设置安全号码和邮箱等信息，就动态加载前面设计的 security_info_dialog 布局文件，然后创建一个 AlertDialog 并与布局界面关联，最后将这个输入信息的对话框显示出来。输入信息的保存代码主要在"OK"按钮的事件响应中处理。

（4）在 SharedPreferences 中，除了保存安全电话号码和邮箱以外，手机当前的 SIM 卡信息最好也保存到这里。考虑到后面的需要，专门新建一个 PhoneHelper 辅助类来处理，如下。

```java
package mytest.phonesecurity;

import android.content.Context;
import android.telephony.TelephonyManager;
import android.util.Log;

public class PhoneHelper {
    private static final String TAG = "PhoneSecurity";
    private TelephonyManager tm;// 电话管理器对象
    private String imsi;  // 国际移动用户识别码
    public PhoneHelper(Context ctx) {
        // 获取 Android 的电话服务
        tm = (TelephonyManager) ctx.getSystemService(
                Context.TELEPHONY_SERVICE);
    }
    /**
     * 获取 SIM 卡对应的电话号码，可能为空，
     * 因为有的运营商不会将电话号码写进 SIM 卡
     */
    public String getNativePhoneNumber() {
        return tm.getLine1Number();
    }
    /**
     * 获取手机服务商信息，目前国内主要就 3 家
     */
    public String getProviderName() {
        String provider = "N/A";
        try {
            imsi = tm.getSubscriberId();
            Log.d(TAG, imsi);
            // IMSI 号前面 3 位 460 是国家，紧接着后面 2 位数字，
            // 00 或 02 是中国移动，01 是中国联通，03 是中国电信
```

```java
            if (imsi.startsWith("46000") ||
                    imsi.startsWith("46002")) {
                provider = "中国移动";
            } else if (imsi.startsWith("46001")) {
                provider = "中国联通";
            } else if (imsi.startsWith("46003")) {
                provider = "中国电信";
            }
        } catch (Exception e) {
            Log.d(TAG, e.getMessage());
        }
        return provider;
    }
    /**
     * 获取手机SIM对应的IMSI信息,它是国际移动用户识别码,是唯一的
     */
    public String getIMSI() {
        try {
            imsi = tm.getSubscriberId();
            Log.d(TAG, imsi);
        } catch (Exception e) {
            Log.d(TAG, e.getMessage());
        }
        if (imsi != null) {
            return imsi;
        }
        else {
            return "N/A";
        }
    }
    /**
     * 获取SIM卡的简短信息
     */
    public String getPhoneInfo() {
        StringBuilder sb = new StringBuilder();
        sb.append("\n 新 IMSI 号: " + getIMSI());
        sb.append("\n 运营商: " + getProviderName());
        return sb.toString();
    }
    /**
```

```java
 * 获取 SIM 卡的详尽信息
 */
public String getPhoneDetail() {
    StringBuilder sb = new StringBuilder();
    sb.append("\nSubscriberId(IMSI) = " +
            tm.getSubscriberId());
    sb.append("\nDeviceId(IMEI) = " + tm.getDeviceId());
    sb.append("\nLine1Number = " + tm.getLine1Number());
    sb.append("\nNetworkCountryIso = " +
            tm.getNetworkCountryIso());
    sb.append("\nNetworkOperator = " +
            tm.getNetworkOperator());
    sb.append("\nNetworkOperatorName = " +
            tm.getNetworkOperatorName());
    sb.append("\nNetworkType = " + tm.getNetworkType());
    sb.append("\nPhoneType = " + tm.getPhoneType());
    sb.append("\nSimCountryIso = " +
            tm.getSimCountryIso());
    sb.append("\nSimOperator = " + tm.getSimOperator());
    sb.append("\nSimOperatorName = " +
            tm.getSimOperatorName());
    sb.append("\nSimSerialNumber = " +
            tm.getSimSerialNumber());
    sb.append("\nSimState = " + tm.getSimState());
    return sb.toString();
    }
}
```

（5）接下来将 SIM 卡信息的保存代码补充到 MainActivity 类中，详细见下面阴影部分代码的内容。

```java
public class MainActivity extends Activity {
    ...
    public static final String SECU_EMAIL =
            "SECU_EMAIL";
    public static final String PHONE_IMSI_0 =
            "PHONE_IMSI_0";
    private Button btnStart;
    ...
    @Override
    protected void onResume() {
        ...
```

```
            if (!saved) {
                ...
                // 设置 OK 和 Cancel 按钮的单击事件监听器
                btnOk.setOnClickListener(new OnClickListener() {
                    @Override
                    public void onClick(View v) {
                        ...
                        editor.putString(SECU_EMAIL, email);
                        // 保存手机 SIM 卡的信息
                        PhoneHelper ph = new PhoneHelper(
                                getApplicationContext());
                        editor.putString(PHONE_IMSI_0, ph.getIMSI());
                        editor.commit();
                        // 关闭对话框
                        dlg.dismiss();
                    }
                });
                ...
            }
        }
    }
```

（6）应用程序要读取手机信息需要获得 android.permission.READ_PHONE_STATE 权限，所以，还应该在 AndroidManifest.xml 配置文件中申请获取这一权限。

```
<?xml version="1.0" encoding="utf-8"?>
<manifest xmlns:android="http://schemas.android.com/apk/res/ android"
    ...
    <uses-permission android:name="android.permission.VIBRATE" />
    <!-- 申请读取电话状态信息的权限 -->
    <uses-permission android:name="android.permission.READ_PHONE_ STATE"/>
    ...
</manifest>
```

保存以上所做修改，运行程序，此时可以看到一个输入安全电话号码和邮箱的对话框，填好相应内容并单击"OK"按钮就完成了数据的保存。这样，安全号码、邮箱以及当前 SIM 卡的 IMSI 号就被存储在 SharedPreferences 中（实际数据位于手机存储卡上）。

5.7 SIM 卡检测和短信发送

前面分析过，当手机开机启动时，Android 会发出一个 action 为 android.intent.action.BOOT_COMPLETED 的广播通知事件，所有注册响应这一事件的 BroadcastReceiver 组件都将被执行（即执行 onReceive()方法）。事实上，也可以自定义任何想要的广播通知，就像这里所说的 android.intent.action.BOOT_COMPLETED 一样，只不过它是系统中定义好的一个广播名字。

（1）单击 ADT 集成开发环境主菜单"File"→"New"→"Class"以创建 PhoneLostCheck-Receiver 类，设定它的超类/父类为 android.content.BroadcastReceiver，如图 5.9 所示。

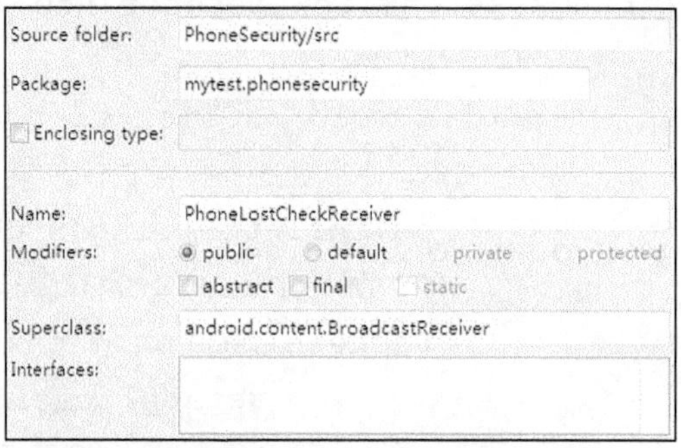

图 5.9　创建 PhoneLostCheckReceiver 组件

PhoneLostCheckReceiver 类创建完毕，ADT 会自动在 PhoneLostCheckReceiver 类中添加一个 onReceive()方法，这个方法是在收到符合条件的广播通知时由系统自动调用的，因此 SIM 卡的检测代码就要放在这里。这样，一旦 SIM 卡被更换，可以认为该手机被盗，需要启用追回功能。

（2）PhoneLostCheckReceiver 在正式使用之前还应在 AndroidManifest.xml 中进行配置，见下面阴影部分所示的内容。

```xml
<?xml version="1.0" encoding="utf-8"?>
<manifest xmlns:android="http://schemas.android.com/apk/res/android"
  ...
  <uses-permission
       android:name="android.permission.READ_PHONE_ STATE"/>
  <!-- 申请接收手机启动广播的权限 -->
  <uses-permission android:name=
       "android.permission.RECEIVE_BOOT_COMPLETED" />
  ...
  <application
     ...
     <service android:name="mytest.phonesecurity.AntiTheftService" />
     <!-- 声明 PhoneLostCheckReceiver 组件，
          注册接收的动作是开机启动广播 -->
     <receiver android:name=
          "mytest.phonesecurity.PhoneLostCheckReceiver">
        <intent-filter>
           <action android:name=
                "android.intent.action.BOOT_COMPLETED" />
        </intent-filter>
     </receiver>
```

```
        </application>
</manifest>
```

（3）修改 PhoneLostCheckReceiver 类的代码，完整代码如下面阴影部分所示。

```java
package mytest.phonesecurity;

import static mytest.phonesecurity.MainActivity.PHONE_IMSI_0;
import static mytest.phonesecurity.MainActivity.PREF;
import static mytest.phonesecurity.MainActivity.SECU_PHONE_NUM;
import java.util.List;
import android.content.BroadcastReceiver;
import android.content.Context;
import android.content.Intent;
import android.content.SharedPreferences;
import android.telephony.SmsManager;
import android.util.Log;

public class PhoneLostCheckReceiver extends BroadcastReceiver {
    private static final String TAG = "PhoneSecurity";
    private Context ctx; // 上下文环境对象

    @Override
    public void onReceive(Context context, Intent intent) {
        ctx = context;
        // 获取 SharedPreferences 对象
        SharedPreferences pref = context.getSharedPreferences(
                PREF, Context.MODE_PRIVATE);
        // 获取手机当前 IMSI 号
        PhoneHelper ph = new PhoneHelper(context);
        String imsi = ph.getIMSI();
        // 获取以前保存的 IMSI 号和安全电话号码
        String imsi0 = pref.getString(PHONE_IMSI_0, "");
        String safePhoneNumber =
                pref.getString(SECU_PHONE_NUM, "");
        // 手机号前面应该包含国际区号
        if (!safePhoneNumber.startsWith("+")) {
            safePhoneNumber = "+86" + safePhoneNumber;
        }
        // 比较两个 IMSI 的一致性以确定 SIM 卡是否被更换
        if (imsi.equalsIgnoreCase(imsi0)) {
```

```
                    return;
                } else {
                    // 获取 SmsManager 短信管理对象
                    SmsManager manager = SmsManager.getDefault();
                    // 短信可能超过单条 SMS 消息规定的最大长度
                    // 故应将短信分割为若干条长度合适的短信
                    List<String> messages = manager.divideMessage(
                        "SIM 卡已被更换:" + ph.getPhoneInfo());
                    for (String msg : messages) {
                        manager.sendTextMessage(safePhoneNumber,
                            null, msg, null, null);
                    }
                    // TODO: 接下来将实现发送电子邮件功能
                    Log.i(TAG, ph.getIMSI());
                }
            }
        }
```

这样，当手机开机启动时，onReceive()方法中的代码会对手机的 SIM 卡信息进行比较以确定是否更换过 SIM 卡，如果 SIM 卡被更换，则发送短信到以前设定的安全手机号。

5.8 电子邮件发送

在这一部分，将检测手机是否连接互联网。如果是，则将手机 SIM 卡详细信息和当前地理位置以邮件形式发送到安全邮箱，否则动态监听手机是否联网，一旦联网就可发送电子邮件。

Android 的 BroadcastReceiver 组件的执行有一个时间限制，也就是说 onReceive()方法从开始到结束的总执行时间不能超过 10 秒。考虑到发送短信需要耗费时间，加上 GPS 获取地理位置以及发送电子邮件，总耗费时间很可能会超过 BroadcastReceiver 组件的 10 秒限制（想象一下网络慢的场合，GPS 传感器与定位卫星的通信也可能需要较长时间）。所以，做这些工作的代码不宜放在 PhoneLostCheckReceiver 类中，而应通过另一个自定义的 Service 组件来解决这一问题。当 Service 启动后，由于启动 Service 所花的时间会很短，这样 PhoneLostCheckReceiver 就算执行完毕，剩下了的事情就由这个完全独立的 Service 组件去处理了。

（1）在项目中新建一个名为 PhoneLostService 的类，设置它的超类/父类为 android.app. Service。PhoneLostService 类中需要做的工作包括网络状态检测、地理位置定位和电子邮件发送等几项，具体代码稍后提供。

（2）现在可以完善 PhoneLostCheckReceiver 中的代码，请按下面阴影部分所示的内容进行修改。

```
public class PhoneLostCheckReceiver extends BroadcastReceiver {
    private static final String TAG = "PhoneSecurity";
    private Context ctx;
```

```java
@Override
public void onReceive(Context context, Intent intent) {
    ...
    // 比较两个 IMSI 的一致性以确定 SIM 是否被更换
    if (imsi.trim().equalsIgnoreCase(imsi0)) {
        return;
    } else {
        ...
        // TODO：接下来将实现发送电子邮件功能
        //Log.i(TAG, ph.getIMSI());
        // ------------------------------
        // 如果网络可用
        if (PhoneLostService.isNetworkAvailable(ctx)) {
            // 启动 PhoneLostService 以执行定时邮件发送
            startPhoneLostService(context);
        }
        else {
            // 动态注册一个监听网络状态改变的广播。当网络连接发
            // 生变化时，系统会发出 CONNECTIVITY_CHANGE 广播
            BroadcastReceiver receiver =
                    new BroadcastReceiver() {
                @Override
                public void onReceive(Context context,
                        Intent intent) {
                    // 启动 PhoneLostService
                    startPhoneLostService(context);
                    // 解除网络状态广播监听，避免重复启动服务
                    context.unregisterReceiver(this);
                }
            };
            IntentFilter filter = new IntentFilter();

            filter.addAction(
                "android.net.conn.CONNECTIVITY_CHANGE");
            ctx.registerReceiver(receiver, filter);
        }
    }// end of else
}// end of onReceive()
// 启动服务的自定义方法
private void startPhoneLostService(Context ctx) {
```

```
            Intent intent = new Intent(ctx,
                        PhoneLostService.class);
            ctx.startService(intent);
        }
}
```

阴影部分代码，首先检测手机当前的网络状态。如果网络可用，则立即启动 PhoneLostService 服务实现电子邮件的定时发送，否则动态注册一个监听手机网络状态改变（CONNECTIVITY_CHANGE）的自定义广播接收器。只要手机连接网络，这个自定义的组件会立即收到系统发送的广播，此时就能够启动 PhoneLostService 服务。当然，在启动 PhoneLostService 服务后，这里还调用了 unregisterReceiver()方法解除监听手机网络状态改变的广播事件，避免因手机多次改变网络状态时出现反复启动 PhoneLostService 的问题。

（3）为了能在后台发送邮件，需要用到 Java Mail API 组件，所需的几个文件包可以到 https://code.google.com/p/javamail-android/downloads/list 页面去下载，如图 5.10 所示。另外，本书配套资源中也包含了这几个文件。

图 5.10　下载 Java Mail API 组件

请将其中的 additional.jar、mail.jar 和 activation.jar 3 个文件下载下来，并将它们复制到 PhoneSecurity 项目的 libs 文件夹中，如图 5.11 所示。

图 5.11　复制 Java Mail API 组件包到项目的 libs 文件夹

（4）在 PhoneSecurity 项目名上单击鼠标右键，选择弹出菜单中的"Build Path"→"Config Build Path"，在出现的窗体中选择 Libraries 选项卡，单击右侧的"Add JARs"按钮，利用<Ctrl>键和鼠标将 libs 下面的 additional.jar、mail.jar 和 activation.jar 3 个文件选中并确认，这样就把它们加到项目的构建路径中了，如图 5.12 所示。

（5）现在可以给出 PhoneLostService 类的实现代码，完整内容见下面阴影部分所示。

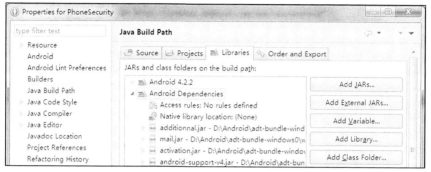

图 5.12　将 Java Mail API 组件包加入到下面的构建路径中

```
package mytest.phonesecurity;

import java.io.IOException;
import java.util.List;
import java.util.Locale;
import java.util.Properties;
import java.util.Timer;
import java.util.TimerTask;

import javax.mail.Authenticator;
import javax.mail.Message;
import javax.mail.MessagingException;
import javax.mail.PasswordAuthentication;
import javax.mail.Session;
import javax.mail.Transport;
import javax.mail.internet.InternetAddress;
import javax.mail.internet.MimeMessage;

import android.app.Service;
import android.content.Context;
import android.content.Intent;
import android.location.Address;
import android.location.Geocoder;
import android.location.Location;
import android.location.LocationManager;
import android.net.ConnectivityManager;
import android.net.NetworkInfo;
import android.os.IBinder;
import android.util.Log;
```

```java
public class PhoneLostService extends Service {
    private static final String TAG = "PhoneSecurity";
    private Timer timer; // 定时器
    private double latitude=0.0; // 定位得到的地理位置(纬度)
    private double longitude =0.0; // 定位得到的地理位置(经度)

    @Override
    public IBinder onBind(Intent intent) {
        return null;
    }
    @Override
    public void onCreate() {
        super.onCreate();
    }
    @Override
    public int onStartCommand(Intent intent, int flags, int startId) {
        Log.i(TAG,"PhoneLostService 服务启动" );
        // 关闭定时器
        if (timer != null) {
            timer.cancel();
        }
        // 启动新定时器任务,并设定每小时
        // 执行一次(1 * 60 * 60 * 1000 毫秒)
        timer = new Timer();
        timer.scheduleAtFixedRate(new TimerTask() {
            @Override
            public void run() {
                if (isNetworkAvailable(
                    PhoneLostService.this)) {
                    // 获取 SIM 卡详细信息
                    PhoneHelper helper = new PhoneHelper(
                        PhoneLostService.this);
                    String detail = helper.getPhoneDetail();
                    // 通过 GPS 或网络进行地理定位
                    String location = getLocation();
                    // 将 SIM 卡和地理位置信息发送到电子邮件
                    sendMail(detail, location);
                }
            }
        }, 0, 1 * 60 * 60 * 1000);
```

```java
        return super.onStartCommand(intent, flags, startId);
}
@Override
public void onDestroy() {
        Log.i(TAG,"停止 PhoneLostService" );
        if (timer != null) {
                timer.cancel();
        }
        super.onDestroy();
}
/**
 * 检测手机的网络是否可用,即是否已联网
 * @param context 上下文环境
 * @return
 */
public static boolean isNetworkAvailable(Context context) {
        // 获取网络连接服务
        ConnectivityManager mgr = (ConnectivityManager)
                        context.getSystemService(
                                Context.CONNECTIVITY_SERVICE);
        // 得到网络信息,包括移动数据网络、WiFi 等,
        // 只要其中之一可用说明网络已连接
        NetworkInfo[] info = mgr.getAllNetworkInfo();
        if (info != null) {
                for (int i = 0; i < info.length; i++) {
                        if (info[i].getState() ==
                                        NetworkInfo.State.CONNECTED) {
                                return true;
                        }
                }
        }
        return false;
}
/**
 * 获取当前定位对应的地名
 * @return 地名
 */
private String getLocation() {
        StringBuilder sb = new StringBuilder();
        // 获取位置管理器对象
```

```java
LocationManager manager = (LocationManager)
        getSystemService(
            Context.LOCATION_SERVICE);
// 先尝试通过GPS定位得到当前位置的经纬度
Location location = manager.getLastKnownLocation(
        LocationManager.GPS_PROVIDER);
if (location != null) {
    latitude = location.getLatitude(); //纬度
    longitude = location.getLongitude(); //经度
}
// GPS定位无效则再尝试网络定位
else {
    location = manager.getLastKnownLocation(
            LocationManager.NETWORK_PROVIDER);
    if(location != null) {
        latitude = location.getLatitude(); //纬度
        longitude = location.getLongitude(); //经度
    }
}
// 通过Geocoder对象获取经纬度对应的地址信息
sb.append("latitude="+latitude+",
        longitude="+longitude + "\n");
try {
    Geocoder gc = new Geocoder(this,
            Locale.getDefault());
    // 获取经纬度对应的Address对象数组
    List<Address> addrlist = gc.getFromLocation(
            latitude, longitude, 1);
    if (addrlist != null && addrlist.size() > 0) {
        Address address = addrlist.get(0);
        // 地址信息可能会被分成多行,将其逐行取出
        for (int i = 0; i < address
                .getMaxAddressLineIndex(); i++) {
            sb.append(address.getAddressLine(i))
                .append("\n");

        }
        sb.append("----\n");
        sb.append(address.getLocality()).
                append("\n");
```

```java
                sb.append(address.getCountryName());
            }
        } catch (IOException e) {
            Log.e(TAG, e.getMessage());
        }
        return sb.toString();
    }
    /**
     * 使用 Java Mail API 发送邮件
     * @param detail 手机 SIM 卡详细信息
     * @param location 定位位置
     */
    private void sendMail(String detail, String location) {
        String SMPT_HOSTNAME = "smtp.163.com";// 邮件发送服务器
        final String USERNAME = "xxx";// 发件服务器验证账户
        final String PASSWORD = "yyy";
        String to = "zzzz@126.com";// 收件人
        String from = "xxxx@163.com";// 发件人
        // 设置邮件发送服务器、协议和是否需要验证
        Properties props = System.getProperties();
        props.setProperty("mail.smtp.host", SMPT_HOSTNAME);
        props.setProperty("mail.transport.protocol", "smtp");
        props.setProperty("mail.smtp.auth", "true");
        // 创建一个包含用户验证的邮件发送 Session
        Session session = Session.getInstance(props, new Authenticator() {
            @Override
            protected PasswordAuthentication
                            getPasswordAuthentication(){
                return new PasswordAuthentication(USERNAME, PASSWORD);
            }
        });
        try {
            // 构造 MimeMessage，相当于一封邮件
            MimeMessage message = new MimeMessage(session);
            // 设定发件人、收件人、主题、正文
            message.setFrom(new InternetAddress(from));
            message.addRecipient(Message.RecipientType.TO,
                    new InternetAddress(to));
            message.setSubject("From PhoneSecurity");
            message.setText(detail + "\n" + location);
```

```
                // 发送邮件
                Transport.send(message);
                Log.i(TAG, "Sended!!");
        } catch (MessagingException mex) {
                Log.e(TAG, mex.getMessage());
                mex.printStackTrace();
        }
    }
}
```

【提示】
PhoneLostService 是自定义的一个 Service 组件，它的结构与前面 AntiTheftService 是类似的，也是一个非绑定的 Service，意味着不需要对这个 Service 做精细的控制，只要在适当条件下启动它即可。在 PhoneLostService 类中，定义了诸如 isNetworkAvailable、getLocation 和 sendMail 这样的方法，分别用来确定网络是否可用、得到地理位置信息和发送邮件，然后在 onStartCommand()方法中进行调用，从而实现定时发送邮件的功能。

（6）最后，在运行程序之前，还要修改项目的 AndroidManifest.xml 文件，在其中增加 Service 组件的注册和权限申请等配置信息，如下面阴影部分所示。

```xml
<?xml version="1.0" encoding="utf-8"?>
<manifest xmlns:android="http://schemas.android.com/apk/res/android"
    ...
    <uses-permission android:name=
            "android.permission.RECEIVE_BOOT_COMPLETED" />
    <!-- 发送短信权限 -->
    <uses-permission android:name="android.permission.SEND_SMS" />
    <!-- 网络状态和 Internet 访问权限 -->
    <uses-permission
        android:name="android.permission.ACCESS_NETWORK_STATE" />
    <uses-permission android:name="android.permission.INTERNET" />
    <!-- 地理定位权限 -->
    <uses-permission
        android:name="android.permission.ACCESS_COARSE_LOCATION" />
    <uses-permission
        android:name="android.permission.ACCESS_FINE_LOCATION" />
    <application
        android:allowBackup="true"
        ...
        <service android:name="mytest.phonesecurity.AntiTheftService" />
        <service android:name="mytest.phonesecurity.PhoneLostService" />
        <!-- 声明 PhoneLostCheckReceiver 组件，
             注册接收的动作是开机启动广播 -->
```

```
        ...
    </application>
</manifest>
```

（7）在进行地理位置定位与地址信息转换时，需要用到 Google API，所以需要将相关支持库绑定到项目中。方法是：用鼠标右键单击 PhoneSecurity 项目，选择弹出菜单中的 Properties 项，然后按图 5.13 所示设置勾选 Google APIs 的选项即可。

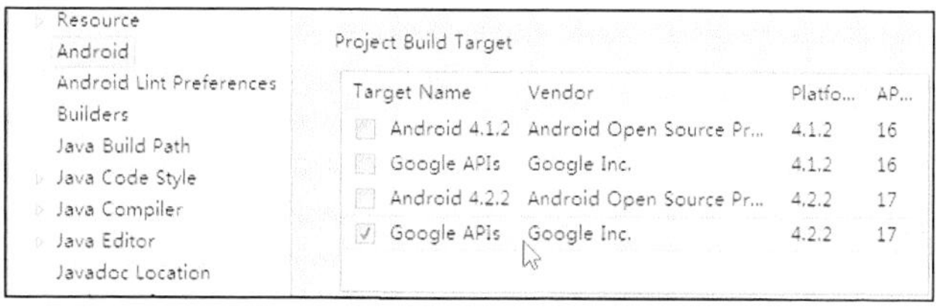

图 5.13　设置 Google API 构建目标

至此，所有预期设计的功能已全部实现，保存所有修改并运行程序，检验一下追回功能是如何工作的。

【提示】
本项目仅仅用到了距离传感器和 GPS 传感器，目前大多数手机附带的传感器还包括光线传感器、加速度传感器、磁场传感器、方向传感器等，灵活使用传感器可以实现良好的用户体验。在 ApiDemo 应用中，Graphics 和 OS 分类下面提供了 Compass（罗盘）、RotationVector（重力感应旋转立方体）等演示程序，读者可以使用手机实际测试运行一下这些应用，未来可以将它们作为一个极好的参考应用到自己的开发工作中去。

5.9　知识拓展

5.9.1　Service

Service 是 Android 程序中 4 大基础组件之一，它和 Activity 一样都是 Context 的子类，只不过它没有 UI 界面，是在后台运行的组件，这也是 Service 与 Activity 的最大区别。Service 不能自己启动，通常都要通过某个 Activity、Service 或者其他 Context 类型的对象来启动它。Service 的启动方法主要包括 Context.startService() 和 Context.bindService() 两种。

通过 startService() 启动的 Service 与启动它的那个组件是完全独立的，即使那个组件被销毁，Service 仍会继续运行，不会自动结束，而且通常情况下不返回任何结果。因此，在 Service 不再需要时应该由 Service 自身调用 stopSelf() 或者由其他组件调用 stopService() 来关闭。

通过 bindService() 启动的 Service，其生命周期与绑定该 Service 的组件有关，可以是多个组件绑定同一个 Service，当这些组件都解除了与服务的绑定后，Service 才会被销毁掉。但只要还有某个绑定 Service 的组件还存在，该 Service 就无法以 stopService() 或 stopSelf() 的方式进行终止。

在默认情况下，Android 中的任何组件都可以访问 Service，包括系统中已安装的其他应用程序，但是可以在 AndroidManifest.xml 中将其声明为私有，从而拒绝其他应用程序中的组件访问本应用中的 Service，而且通过设置 intent-filter 可以使得 Service 能够被隐式调用。Service 默认情况下运行在它的宿主进程中，除非在 AndroidManifest.xml 中有单独设置。因此，如果要在一个 Service 中执行一些复杂耗时的操作，应该在 Service 的执行代码中新建一个线程，将耗时的操作放到线程中去执行,降低系统出现 ANR 错误的风险(Application Not Responding)。

Service 的生命周期如图 5.14 所示。

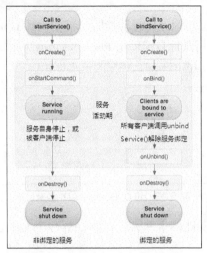

图 5.14　Service 组件生命周期

Service 组件的生命周期相对于 Activity 要显得更加简单,不像 Activity 有多种状态切换。无论以何种方式启动,Service 只会创建一次,也就是说 Service 中的 onCreate()方法只会执行一次。当然,如果只是想在 Activity 运行时在后台执行某些操作,可以在 Activity 的 onCreate()中新建一个线程,然后在 onStart()中启动这个线程,并在 onStop()中停止它,此时就没有必要采用 Service 的方式来处理。

通过 startService()方法启动服务的方式已经在项目中用到了,下面以 Android Developer 官方站点提供的一个例子来简要说明一下如何通过 bindService()方法来启动服务并调用服务实例/对象中的方法。首先,来看 LocalService 类的定义。

```java
public class LocalService extends android.app.Service {
    // 提供给客户端(如Activity)的 Binder 对象
    private final IBinder mBinder = new LocalBinder();

    public class LocalBinder extends Binder {
        LocalService getService() {
            // 返回当前 Service 对应的实例
            return LocalService.this;
        }
    }
    // 当客户端绑定到本 Service 时返回 Binder 对象
    @Override
    public IBinder onBind(Intent intent) {
        return mBinder;
    }
    // 供客户端(如Activity)调用的方法
    public int getRandomNumber() {
```

```
        return (int)(Math.random()*100);
    }
}
```

在 LocalService 类中有一个 LocalBinder 内部类，当客户端（如 Activity）开始绑定到服务时，系统会通过 onBind()方法向客户端提供一个 Binder 对象。也就是说，客户端不是直接获得当前服务的实例，而是通过一个 Binder 对象间接获取这个服务的实例，即当前服务对应的对象。

再看客户端 Activity 的代码，如下。

```java
public class BindingTestActivity extends Activity {
    LocalService mService;  // 服务对象实例
    ...
    @Override
    protected void onStart() {
        super.onStart();
        // 将当前 Activity 客户端绑定到服务
        // 此时 LocalService 会自动启动
        Intent intent = new Intent(this, LocalService.class);
        bindService(intent, mConnection,
                Context.BIND_AUTO_CREATE);
    }
    @Override
    protected void onStop() {
        super.onStop();
        // 解除服务的绑定
        unbindService(mConnection);
    }
    public void onButtonClick(View v) {
        // 调用所绑定服务实例的方法
        int num = mService.getRandomNumber();
    }
    // 绑定到服务的连接器
    ServiceConnection mConnection = new ServiceConnection() {
        @Override
        public void onServiceConnected(
                ComponentName className, IBinder service) {
            // 获取系统传递过来的 Binder 对象，
            // 并通过 Binder 对象获取服务的实例
            LocalBinder binder = (LocalBinder) service;
            mService = binder.getService();
        }
        @Override
```

```
            public void onServiceDisconnected(ComponentName arg0) {
                // 与服务断开时,重置 mService
                mService = null;
            }
        };
    }
```

在客户端,绑定到某个服务需要提供一个 ServiceConnection 连接器对象,当调用 bindService()方法执行服务绑定时,系统会自动启动被绑定的服务,然后将被绑定服务中的 Binder 对象传递过来,客户端可以根据这个 Binder 对象得到对应绑定服务的实例,这样服务在运行的同时,客户端还可以调用服务实例中的方法。当然,当客户端退出运行时,应该调用 unbinderService()方法来解除服务绑定。

由上面内容可以看出,以 bindService()方法启动服务的方式尽管可以提供对被绑定服务的实例更多控制,但却比 startService()方法启动服务更为复杂。

在 Android 中,每个应用程序都有自己的进程,上面所讨论的服务是和客户端 Activity 位于同一个进程空间的,如果在客户端希望使用位于其他进程中的某个"远程"服务时,那么就要用到 Android 提供的 Android 接口定义语言(Android Interface Definition Language,AIDL),这种方式已经超出这里的讨论范围,请读者自行查阅相关资料进一步学习。

5.9.2 Broadcast Receiver

BroadcastReceiver,即广播接收器。顾名思义,它是用来接收来自 Android 系统和应用程序发送的广播消息。在 Android 中,广播体现在方方面面,如开机完成后系统会产生一条广播,接收这条广播就能实现开机启动 Activity 或 Service,类似于 Windows 系统的自启动程序功能;还有当网络状态改变时,系统也会产生一条广播,接收这条广播就能及时地了解系统网络是连接还是断开等。Android 广播机制设计非常出色,很多场合下,原来需要开发者周密考虑它们的操作时机和顺序,现在只需等待系统或应用程序的广播通知就可以了。

要创建一个 BroadcastReceiver 并让它按照某种意图来执行,可以通过继承 android.content.BroadcastReceiver 类并实现 onReceive()方法,下面是一个名为 MyReceiver 广播接收器的例子。

```
public class MyReceiver extends BroadcastReceiver {
    private static final String TAG = "MyReceiver";
    @Override
    public void onReceive(Context context, Intent intent) {
            // 获取随广播传递过来的数据
        String msg = intent.getStringExtra("msg");
        Log.i(TAG, msg);
    }
}
```

在 onReceive()方法中,可以通过 Intent 获取随广播传递过来的数据。这非常重要,就像无线电一样本身包含很多有用的信息。当然,只定义自己的 BroadcastReceiver 还不够,应该为它注册一个指定的广播地址才行,没有注册广播地址的 BroadcastReceiver 就像一部缺少选台按钮的收音机，无法收到正常的电台信号。

注册 BroadcastReceiver 的广播地址主要包括两种途径，一种是直接在应用程序的 AndroidMenifest.xml 中进行静态注册，这种做法比较普遍。另一种则是通过代码动态注册。静态注册需要修改 AndroidManifest.xml 配置文件，下面是为 MyReceiver 注册的一个广播地址。

```xml
<receiver android:name=".MyReceiver">
    <intent-filter>
        <action android:name="android.intent.action.MY_BROADCAST"/>
        <category android:name="android.intent.category.DEFAULT" />
    </intent-filter>
</receiver>
```

其中 android.intent.action.MY_BROADCAST 是设定的一个名字，也可以改成任何字符串。经过配置之后，只要是来自 android.intent.action.MY_BROADCAST 的广播，MyReceiver 组件就能收到，系统会自动执行 MyReceiver 组件的 onReceive()方法。不过，这种在配置文件中注册 MyReceiver 的广播接收器是常驻型的，也就是说即使应用程序关闭，如果系统或其他应用程序发送了这个地址的广播，MyReceiver 仍会被系统加载而运行。

广播接收器也可以通过代码动态注册，此时应该在代码中动态指定广播地址，通常是在 Activity 或 Service 中动态注册一个广播。比如，在 Activity 的 onCreate()方法中有如下代码。

```java
MyReceiver receiver = new MyReceiver();
IntentFilter filter = new IntentFilter();
filter.addAction("android.intent.action.MY_BROADCAST");
registerReceiver(receiver, filter);
```

注意，registerReceiver()是 ContextWrapper 类中的方法，因为 Activity 和 Service 都继承了 ContextWrapper，所以可以直接在这里调用。在实际应用中，如果是通过 Activity 或 Service 注册的 BroadcastReceiver，当这个 Activity 或 Service 结束被销毁时，必须在特定的地方执行解除注册操作。比如将解除注册的工作放到 onDestroy()中进行，如下。

```java
@Override
protected void onDestroy() {
    super.onDestroy();
    unregisterReceiver(receiver);
}
```

从这里可以看出，动态注册与在 AndroidMenifest.xml 配置文件中注册有所不同，它不是常驻型的，也就是说广播会随程序的生命周期结束而结束。

可以使用以上任一种方法完成注册，当广播接收器注册之后，这个接收者就可以正常工作了。下面这个方法就是向 MyReceiver 发送一条广播。

```java
public void send() {
    // 通过广播地址构造 Intent 对象
    Intent intent = new Intent("android.intent.action.MY_BROADCAST");
    // 发送广播时携带数据给接收者
    intent.putExtra("msg", "hello receiver.");
    // 发送普通广播
```

```
            // 如果是发送有序广播，则应调用sendOrderedBroadcast()
            sendBroadcast(intent);
        }
```

这个例子只是定义一个接收者来接收广播，如果有多个接收者都注册了相同的广播地址，这就涉及普通广播和有序广播的概念了。普通广播，即 Normal Broadcast，它对于多个接收者来说是完全异步的，通常每个接收者都无需等待就可以同时收到广播，接收者之间不会相互干扰。但是这种广播一旦发出，无法在某个接收者那里提前终止，即无法阻止其他接收者的接收动作。另一种就是有序广播，即 Ordered Broadcast，它每次只发送到优先级较高的接收者那里，然后由优先级高的接收者再传播到优先级低的接收者那里，优先级高的接收者有能力终止这个广播。比如，如果手机里面安装了多个短信接收程序，那么可以在某个短信接收程序中设定屏蔽其他程序接收短信。

有序广播的优先级设置，对于动态注册的 BroadcastReceiver，需要调用 filter.setPriority(int priority) 方法，对于在配置文件中配置的 BroadcastReceiver，需要在 <filter> 标签中设置 android:priority 属性值。无论是哪一些形式的有序广播，优先级的取值范围都是 $-1000 \sim 1000$，值越大优先级越高。如果没有设置明确的优先级，默认情况下则为 0。

当有序广播发生时，Android 会寻找符合条件的接收者，并按照他们各自设置的优先级逐一执行 onReceiver()，直到某一个接收者在 onReceiver() 方法中调用 abortBroadcast()，此时广播的传递就被中断，后续低优先级的接收者再也收不到广播了。如果某些接收者的优先级相同，那么相同优先级的接收者执行次序就是随机的。此外，如果广播传递过程中没有任何接收者调用 abortBroadcast()，那么所有接收者都将被按顺序执行一次。

Android 系统本身内置了一些常见的广播 Action 常量，它们包括：
- ACTION_TIME_CHANGED：   系统时间被改变
- ACTION_DATE_CHANGED：   系统日期被改变
- ACTION_TIMEZONE_CHANGED：   系统时区被改变
- ACTION_BOOT_COMPLETED：   系统启动完成
- ACTION_BATTERY_CHANGED：   电池电量改变
- ACTION_SHUTDOWN：   系统被关闭
- ACTION_BATTRY_LOW：   电池电量低

5.10 问题实践

1. 回顾最终完成的项目代码，仔细体会一下，看看自己从中学到了什么？

2. 在电子邮件发送一节中的 sendMain(String detail, String location) 方法中，收件人地址并不是从 SharedPreferences 中获取的安全电子邮箱，请将其修改成将邮件发送至安全电子邮箱中。

3. 请参考 ApiDemo 项目中的 "com.example.android.apis.graphics" 下面的 Compass 类，然后自己设计并实现一个手机上的 "指南针" 应用。

4. 结合后续的新闻阅读器和地图相册项目用到的技术（网络访问、地图、地理定位、拍照等），试着策划一款实用有创意的 APP 应用，并在后续学习过程中逐步实现它。

项目 6
NewsReader 新闻阅读器的开发

【学习提示】

- 项目目标：开发一款 RSS 新闻阅读器，实现从网络读取和显示 RSS 新闻信息
- 知识点：Fragment；HTTP 网络访问；XML 数据解析；Adapter 数据适配器；WebView 组件；Handler/AsyncTask 异步机制
- 技能目标：能使用 Fragment 构造复杂程序界面；会解析 XML/JSON 数据；会自定义 ListView 显示数据；会使用 Handler/AsyncTask 异步机制更新主线程数据；深入理解 LinearLayout/FrameLayout 布局，会使用 ADT 可视化布局设计器设计灵活的程序界面

6.1 项目引入

相对于传统媒体，如报纸、杂志等，互联网极大地方便了获取信息的方式，它使得信息的发布极为高效，也为及时了解国内外发生的新闻事件提供了方便的手段。相比通过门户网站展示新闻的方式，国内几大互联网巨头（网易、新浪和搜狐等）都开发了专门用于新闻阅读的手机 App，它们的工作原理基本上都是一种称为 RSS 的技术有关。RSS 是 Real Simple Syndication 的简写，是一种用来描述和同步网站内容的 xml 数据格式，用户端借助支持 RSS 的新闻聚合工具软件，可以在不打开网站页面的前提下阅读支持 RSS 输出的网站内容。当网站提供 RSS 输出支持时，可以很便地让用户发现站点内容的更新。

Android 平台下搜狐新闻 APP 运行的界面，如图 6.1 所示。

本项目开发的新闻阅读器 NewsReader 的功能与此类似。为简单起见，将重点实现新闻阅读器的核心内容，即 RSS 网络数据获取和新闻内容显示，新闻数据为网易官方站点提供的 RSS 数据源，程序运行效果如图 6.2 所示。

图6.1 搜狐新闻客户端

图6.2 新闻阅读器运行效果

6.2 NewsReader 项目准备

（1）启动 Android Developer Tools 集成开发环境，选择主菜单"File"→"New"→"Android Application"以创建一个 Android 项目，按图6.3所示设定项目的名字和包名。

图6.3 创建 NewsReader 项目

（2）剩余步骤按默认即可，也可根据需要自定义一下应用程序的图标。

（3）从前面 ColorCard 色卡应用程序的开发过程可知，灵活运用 Android 布局可以设计出复杂的程序界面。根据预期规划，程序界面主体初步设想如图6.4所示，总界面是一个方向垂直的 LinearLayout 布局，其中包括两部分，上部是新闻列表区域，占据了界面的大部分区域空间，底部是导航栏区域。

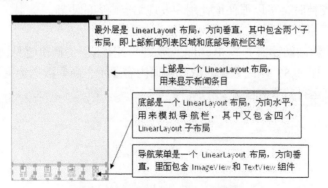

图6.4 NewsReader 初步界面设想

根据初步的界面设想，接下来可以像 ColorCard 色卡应用程序所做的那样，通过代码具体实现导航栏的切换功能，并在上部显示从网络获取的新闻条目。不过，本项目准备采用的是另一种界面设计方法，同样可以得到类似的效果，具体过程稍后介绍。

（4）将界面设计用到的图片素材复制到项目资源中的 drawable-mdpi 文件夹中，以便进行具体界面设计工作，这些素材可以自行设计，也可以通过互联网寻找一些免费的设计资源。

6.3 NewsReader 界面设计

6.3.1 主界面设计

（1）打开 activity_main.xml 布局文件，在可视化设计区中将默认包含的 TextView 组件删除，同时修改默认的 RelativeLayout 为 LinearLayout，修改完毕的源文件内容如下（阴影部分为关键变化）。

```
<LinearLayout
    xmlns:android="http://schemas.android.com/apk/res/android"
    xmlns:tools="http://schemas.android.com/tools"
    android:layout_width="match_parent"
    android:layout_height="match_parent"
    android:orientation="vertical"
    tools:context=".MainActivity" >
</LinearLayout>
```

这里所做的改动是将 RelativeLayout 标签元素换成 LinearLayout，然后增加一个 android:orientation 属性用来指明排列方向，并删除了 4 个有关 padding 的边距设置。

（2）从组件面板中分别拖放 FrameLayout、LinearLayout 和 4 个 RadioButton 组件到顶部 LinearLayout 中，它们之间的层次关系如图 6.5 所示。

图 6.5 NewsReader 界面设计

（3）为了使界面外观达到预期效果，接下来要修改各个组件的属性，以及将容纳 4 个 RadioButton 组件的 LinearLayout 改成 RadioGroup，从而实现单选功能，所做修改如下面阴影部分内容所示。

```
<LinearLayout
    xmlns:android="http://schemas.android.com/apk/res/android"
    xmlns:tools="http://schemas.android.com/tools"
    android:layout_width="match_parent"
    android:layout_height="match_parent"
    android:orientation="vertical"
```

```xml
            tools:context=".MainActivity" >
    <FrameLayout
        android:id="@+id/content"
        android:layout_width="match_parent"
        android:layout_height="0dp"
        android:layout_weight="1.0" />
    <RadioGroup
        android:id="@+id/navgroup"
        android:layout_width="match_parent"
        android:layout_height="wrap_content"
        android:layout_weight="0.0"
        android:background="@drawable/tab_background"
        android:gravity="center_vertical"
        android:orientation="horizontal"
        android:paddingTop="5dp" >
        <RadioButton
            android:id="@+id/radioButton1"
            android:layout_width="wrap_content"
            android:layout_height="wrap_content"
            android:text="首页" />
        <RadioButton
            android:id="@+id/radioButton2"
            android:layout_width="wrap_content"
            android:layout_height="wrap_content"
            android:text="新闻" />
        <RadioButton
            android:id="@+id/radioButton3"
            android:layout_width="wrap_content"
            android:layout_height="wrap_content"
            android:text="组图" />
        <RadioButton
            android:id="@+id/radioButton4"
            android:layout_width="wrap_content"
            android:layout_height="wrap_content"
            android:text="更多" />
    </RadioGroup>
</LinearLayout>
```

保存修改，此时的程序界面外观如图 6.6 所示。

图 6.6　NewsReader 界面初步效果

界面的上部区域是 FrameLayout 布局，底部变成了包含了 4 个单选按钮的 RadioGroup 布局。由于最外层是 LinearLayout 布局，其中的 FrameLayout 和 RadioGroup 元素的 android:layout_weight 属性分别设为 1.0 和 0.0，代表它们在 LinearLayout 布局空间所占的"比重"。另外，RadioGroup 的 android:layout_height 属性为 wrap_content，FrameLayout 的 android:layout_height 属性设为 0dp，但由于 FrameLayout 的 layout_gravity 更大，所以当满足 RadioGroup 的内容显示高度后，剩余的空间将全部分配给 FrameLayout 组件。由于组件的 layout_weight 默认情况下都是 0.0，所以 RadioGroup 的 layout_weight 属性设置也可以省略。

【提示】

6.3.2　底部导航栏设计

（1）为使底部 RadioGroup 更接近"导航栏"的外观状态，还应该设置各 RadioButton 组件的属性以隐藏其文字左边的"小圆圈"，所做修改为下面阴影部分内容所示。

```
<RadioButton
    android:id="@+id/radioButton1"
    android:layout_width="wrap_content"
    android:layout_height="wrap_content"
    android:button="@null"
    android:text="首页" />
```

请依次将这一属性添加至其余 3 个 RadioButton 组件，底部导航栏将变成如图 6.7 所示的外观效果。

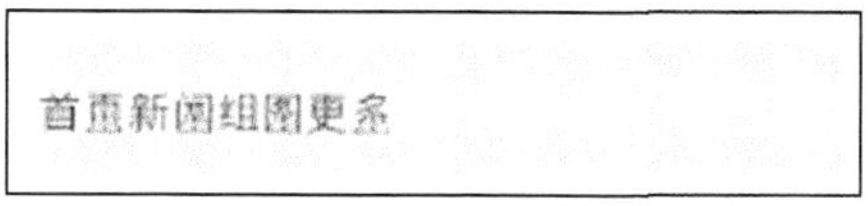

图 6.7　消除 RadioButton 的小圆圈按钮

（2）虽然上面 4 个 RadioButton 组件挤到一起去了，但只要将底部横向空间均分给它们即可解决问题。因此，接下来修改 RadioButton 的属性，设置它们各自占据横向空间的比重。

```
<RadioButton
    android:id="@+id/radioButton1"
    android:layout_width="0dp"
```

```
        android:layout_height="wrap_content"
        android:layout_weight="1.0"
        android:gravity="center_horizontal"
        android:button="@null"
        android:text="首页" />
```

按照同样方法，依次修改其余 3 个 RadioButton 元素的属性。由此可以看出，RadioGroup 也有类似于 LinearLayout 布局的 android:layout_weight 属性，这是因为 RadioGroup 类本身就是从 LinearLayout 类继承而来的。

修改之后的效果如图 6.8 所示。

图 6.8　RadioButton 组件均分底部空间

（3）底部导航栏除了显示文字，还可将图片附在文字上部显示，此时只需添加一个 android:drawableTop 的属性，使其指向一个图片即可，所做修改见下部阴影部分所示内容。

```
<RadioButton
        android:id="@+id/radioButton1"
        android:layout_width="fill_parent"
        android:layout_height="wrap_content"
        android:layout_weight="1.0"
        android:gravity="center_horizontal"
        android:button="@null"
        android:drawableTop="@drawable/tab_icon1"
        android:text="首页" />
```

最终完成的底部导航栏将是如图 6.9 所示的外观效果。

图 6.9　底部导航栏效果

（4）考虑到 4 个 RadioButton 组件的大部分属性设置都是相同的，因此可以像在 HTML 网页中所做的那样，事先定义一个 style 样式，然后将这个预定义的样式应用到各个 RadioButton 组件上。打开 NewsReader 项目资源中的 values 文件夹里面的 styles.xml，在 <resources></resources>标签中添加下面阴影部分所示的内容。

```
<resources>
    ...
    <!-- Application theme. -->
    <style name="AppTheme" parent="AppBaseTheme">
        <!-- All customizations that are NOT specific to ... -->
    </style>
    <style name="tab_item_style">
```

```xml
        <item name="android:textSize">14.0sp</item>
        <!--字体大小-->
        <item name="android:textColor">#ff696969</item>
        <!--字体颜色-->
        <item name="android:singleLine">true</item>
        <!-- 文字单行显示-->

        <item name="android:gravity">center_horizontal</item>
        <item name="android:layout_width">0dp</item>
        <item name="android:layout_height">wrap_content</item>
        <item name="android:layout_weight">1.0</item>
        <item name="android:button">@null</item>
    </style>
</resources>
```

（5）现在可以移除 RadioButton 的部分属性设置，直接增加对 style 的引用，见如下阴影部分的内容。

```xml
<RadioButton
    android:id="@+id/radioButton1"
    style="@style/tab_item_style"
    android:drawableTop="@drawable/tab_icon1"
    android:text="首页" />
<RadioButton
    android:id="@+id/radioButton2"
    style="@style/tab_item_style"
    android:drawableTop="@drawable/tab_icon2"
    android:text="新闻" />
<RadioButton
    android:id="@+id/radioButton3"
    style="@style/tab_item_style"
    android:drawableTop="@drawable/tab_icon3"
    android:text="组图" />
<RadioButton
    android:id="@+id/radioButton4"
    style="@style/tab_item_style"
    android:drawableTop="@drawable/tab_icon4"
    android:text="更多" />
```

这里是将每个 RadioButton 组件的 style 属性设为@style/tab_item_style，实际上相当于每个 RadioButton 组件具备了下列属性值。

```
android:textSize="14.0sp"
android:color="#ff696969"
```

```
android:singleLine="true"
android:gravity="center_horizontal"
android:layout_width="0dp"
android:layout_height="wrap_content"
android:layout_weight="1.0"
android:button="@null"
```

【提示】 Android 界面设计中涉及的 style 和 selector，与 Web HTML 网页技术中的 CSS（Cascade Style Sheet）是相似的。在正式的项目中，通常都要定义大量的 style 样式和 selector 选择器，以便在多个界面中复用，提高效率。

保存以上所有修改，并运行一下程序，查看实际效果是否和这里设计的界面外观一样，但目前单击底部导航栏中的 RadioButton 是没有任何反应的。要使 RadioButton 组件响应外部操作，可以在代码中添加相应的 OnClick()事件，通过代码来控制 RadioButton 的外观。当然，如果只是希望单击 RadioButton 时外观能有所变化，可以采取其他手段来做到。

（6）用鼠标右键单击 NewsReader 项目中的 res 文件夹，选择弹出菜单中的"New"→"Folder"项，然后设定新建的文件夹名为"drawable"，结果如图 6.10 所示。

（7）用鼠标右键单击这个 drawable 文件夹，选择弹出菜单中的"New"→"Android XML File"项，在出现的窗体中设定文件名为 selector_tab_background.xml，选中 Root Element 根元素列表中的"selector"项，然后单击"Finish"按钮完成创建工作，如图 6.11 所示。

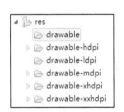   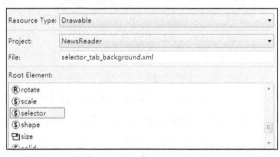

图 6.10　新建 drawable 文件夹　　　图 6.11　新建 selector_tab_background.xml 资源

（8）打开这个 selector_tab_backgroud.xml 文件，修改其中的内容，如阴影部分所示。

```
<?xml version="1.0" encoding="utf-8"?>
<selector xmlns:android="http://schemas.android.com/apk/res/android" >
    <item
        android:state_pressed="true"
        android:drawable="@drawable/tab_item_p"/>
    <item
        android:drawable="@drawable/tab_background"/>
</selector>
```

其中的 selector 标签，即 Android 界面元素的选择器，有点类似于 HTML 网页中 CSS 的选择器，这里所做的是设置 state_pressed（被点中状态）的背景颜色和默认情况下的背景颜色。

（9）修改导航栏中的 RadioButton 组件，引用这个选择器，如下面阴影部分内容所示。

```xml
<RadioButton
    android:id="@+id/radioButton1"
    style="@style/tab_item_style"
    android:background="@drawable/selector_tab_backgroud"
    android:drawableTop="@drawable/tab_icon1"
    android:text="首页" />
```
其他 3 个 RadioButton 组件的修改是相同的，请自行完成。

【提示】 自定义 selector 的使用与普通的图片资源没什么区别，唯一的不同就是 selector 可以和用户的操作行为关联起来（见 item 元素的 andriod:state_pressed 属性）。

保存以上修改，试着运行程序，查看底部导航栏在单击时有何反应。

除了 RadioButton 背景颜色的改变，还可以改变 RadioButton 中的图片外观。用同样的步骤，在 drawable 文件夹中再新建一个名为 selector_tab_1.xml 的选择器，使其内容如下所示。

```xml
<?xml version="1.0" encoding="utf-8"?>
<selector xmlns:android="http://schemas.android.com/apk/res/android">
    <item
        android:state_checked="true"
        android:drawable="@drawable/tab_icon1_pressed"/>
    <item
        android:drawable="@drawable/tab_icon1"/>
</selector>
```

上面内容的含义是，当 RadioButton 被选中时（见 item 元素的 android:state_checked 属性）显示的图片资源为 tab_icon1_pressed，默认情况下显示的图片资源为 tab_icon1。

此外，还要修改界面布局中 RadioButton 组件的属性，见下面阴影部分的内容。

```xml
<RadioButton
    android:id="@+id/radioButton1"
    style="@style/tab_item_style"
    android:background="@drawable/selector_tab_backgroud"
    android:drawableTop="@drawable/selector_tab_1"
    android:text="首页" />
```

【提示】 其余 3 个 RadioButton 组件请仿照上面的内容自行修改，以得到最终的程序界面。

6.4 导航栏切换

前面设计的底部导航栏已经可以响应用户的操作了，而且可以在不编写代码的前提下，自动根据单击操作改变各导航选项的外观，但每个操作所对应的真正显示内容还没有处理。当切换导航栏选项时，应该动态将对应的内容显示在程序界面上。回顾一下，在之前的色卡应用程序中，是通过动态加载不同的布局文件实现界面切换的，但这里准备换用 Android 3.0

版本之后才出现的 Fragment 来进行处理。如果新建应用程序项目时设定的最低版本小于 Android 3.0 的话，此时必须通过 android-support-v4.jar 兼容库中的 android.support.v4.app.Fragment 来实现。换句话说，android-support-v4.jar 兼容库的目的是为了让低版本的 Android 应用程序能够使用那些本来在高版本 Android 系统才有的一些新特性，这个兼容库文件在新建项目时就由 ADT 自动添加进来了，因此不需要再另行处理。

Fragment 本意是"碎片"或"界面片段"，它为实现复杂程序界面提供了一种灵活手段，使应用程序界面能够拆解成多个独立部分成为可能，这些部分还可以灵活组合，以适应不同分辨率的手机或平板设备。尽管 Android 3.0 以上版本的 Activity 已经自动支持 Fragment，但这里的新闻阅读器并没有设定 Android3.0 的最低版本要求，所以接下来将使用兼容库中的 Fragment 来达到相同效果，只是要求自定义的 Activity 类应继承 android.support.v4.app.FragmentActivity。

考虑到 ADT 在创建项目时，提供的默认超类/父类是 android.app.Activity，因此需要手工进行更改。

（1）打开 MainActivity.java，将其中的 Activity 替换成 FragmentActivity，然后导入所需的包，如下面阴影部分的内容所示。

```
package mytest.newsreader;

import android.os.Bundle;
import android.support.v4.app.FragmentActivity;
import android.view.Menu;

public class MainActivity extends FragmentActivity {
    ...
}
```

（2）创建4个自定义的 Fragment 类，它们分别对应导航栏的4个导航菜单的显示界面。用鼠标右键单击 NewsReader 项目中 src 文件夹下面的 mytest.newsreader 包，选择弹出菜单中的"New"→"Class"项，设定类名为 Fragment1,超类超类/父类为 android.support. v4.app.Fragment，如图6.12所示。

图6.12　新建 Fragment1 类

（3）为使 Fragment1 显示特定的界面，还需在 NewsReader 项目资源文件夹中的 layout 上单击鼠标右键，选择弹出菜单中的"New"→"Android XML File"项，在出现的窗体中设定文件名为 fragment1.xml，Root Element 根元素设为 LinearLayout，如图6.13所示。

图 6.13 新建 Fragment1 对应的界面布局

fragment1.xml 布局文件创建好后,可以在其中拖放一个 TextView 组件,并将其文本内容设为 "This is Fragment1",以便后面程序运行时可以清楚地看到界面内容是否真正在切换。

(4) 打开 Fragment1.java 文件,在类中单击鼠标右键,选择弹出菜单中的 "Source" → "Override/Implement Methods" 项,然后在出现的窗体中勾选 "onCreateView()",如图 6.14 所示。

图 6.14 覆盖实现 onCreateView() 方法

(5) 在 Fragment1 类中添加如下阴影部分的代码,并按下<Ctrl+Shift+O>组合键导入所需的包。

```java
public class Fragment1 extends Fragment {
    private View layoutView;

    @Override
    public View onCreateView(LayoutInflater inflater, ViewGroup
                        container,Bundle savedInstanceState) {
        // 加载 fragment1.xml 布局
        layoutView = inflater.inflate(R.layout.fragment1, null);
        // 返回 layoutView 作为 Fragment1 的界面
        return layoutView;
    }
}
```

【提示】 这里的 onCreateView() 与 Activity 的 setContentView() 作用是类似的,onCreateView() 方法中首先调用 inflate() 将 fragment1.xml 布局加载进来,然后返回给 Fragment1,完成 Fragment1 界面片段的创建和显示。

（6）用同样的步骤，分别新建 Fragment2、Fragment3 和 Fragment4 3 个类，然后让每个 Fragment 都对应一个新的界面布局（假定名字分别为 fragment2.xml、fragment3.xml 和 fragment4.xml），并实现它们的 onCreateView()方法。

> **【提示】** 为了新建类似的类，还可以直接在 Fragment1.java 文件上单击鼠标右键，选择菜单中的"Copy"项，然后在 mytest.newsreader 包上单击鼠标右键，选择弹出菜单中的"Paste"项，设定一下新的类名即可。此外，布局文件也可以采用这个方法进行复制。
>
> 除了用鼠标操作，也可以像 Windows 文件管理器那样通过<Ctrl+C>和<Ctrl+V>快捷键操作。不过，复制操作是针对类或文件的，类里面的代码和布局文件里面的 xml 内容还是需要手工更改的。

（7）准备好 4 个 Fragment 以及它们对应的界面布局，现在可以修改 MainActivity 类的代码，使得底部导航栏的选择项可以在操作时切换界面内容。请按下面阴影部分的代码进行修改。

```java
package mytest.newsreader;

import android.os.Bundle;
import android.support.v4.app.Fragment;
import android.support.v4.app.FragmentActivity;
import android.support.v4.app.FragmentManager;
import android.support.v4.app.FragmentTransaction;
import android.widget.RadioButton;
import android.widget.RadioGroup;
import android.widget.RadioGroup.OnCheckedChangeListener;

public class MainActivity extends FragmentActivity {
    private RadioGroup navGroup;
    private String tabs[] = { "首页", "新闻", "组图", "更多" };

    @Override
    protected void onCreate(Bundle savedInstanceState) {
        super.onCreate(savedInstanceState);
        setContentView(R.layout.activity_main);
        // 初始化底部导航栏
        navGroup = (RadioGroup) findViewById(R.id.navgroup);
        // 设定导航栏中每个选项的选中事件响应
        navGroup.setOnCheckedChangeListener(new
                OnCheckedChangeListener() {
            @Override
            public void onCheckedChanged(RadioGroup group, int
```

```java
                        checkedId) {
                    switch (checkedId) {
                    case R.id.radioButton1:
                        // 切换到"首页"界面
                        switchFragmentSupport(R.id.content, tabs[0]);
                        break;
                    case R.id.radioButton2:
                        // 切换到"新闻"界面
                        switchFragmentSupport(R.id.content, tabs[1]);
                        break;
                    case R.id.radioButton3:
                        // 切换到"组图"界面
                        switchFragmentSupport(R.id.content, tabs[2]);
                        break;
                    case R.id.radioButton4:
                        // 切换到"更多"界面
                        switchFragmentSupport(R.id.content, tabs[3]);
                        break;
                    }
                }
            });
        // 默认选中最左边的RadioButton
        RadioButton btn = (RadioButton) navGroup.getChildAt(0);
        btn.toggle();
    }
    /**
     * 动态切换组件中显示的界面
     * @param containerId
     *              待切换界面的布局控件
     * @param tag
     *              目标Fragment的标签名称
     */
    public void switchFragmentSupport(int containerId,
                                            String tag) {
        // 获取FragmentManager管理器
        FragmentManager manager = getSupportFragmentManager();
        // 根据tag标签名查找是否已存在对应的Fragment对象
        Fragment destFragment = manager.findFragmentByTag(tag);
        // 如果tag标签对应的Fragment对象不存在，则初始化它
        if (destFragment == null) {
```

```
        if (tag.equals(tabs[0])) destFragment = new Fragment1();
        if (tag.equals(tabs[1])) destFragment = new Fragment2();
        if (tag.equals(tabs[2])) destFragment = new Fragment3();
        if (tag.equals(tabs[3])) destFragment = new Fragment4();
    }

    // 获取 FragmentTransaction 事务对象
    FragmentTransaction ft = manager.beginTransaction();
    // 将组件 id 为 containerId 的内容替换为 destFragment，
    // 并把 destFragment 的标签设为 tag 变量的值
    ft.replace(containerId, destFragment, tag);
    // 下面代码是设置 Fragment 切换效果，可根据需要使用
    // ft.setTransition(FragmentTransaction.TRANSIT_NONE);
    // 也可以将状态保持到回退栈，这样
    // 按下 Back 键时将返回到前一个 Fragment 界面
    // ft.addToBackStack(null);
    ft.commit();
    }
}
```

保存修改并运行程序，至此程序主界面已经可以正常切换了。

6.5 新闻获取

当程序启动时，默认显示的是导航栏的"首页"内容，因此本节将实现新闻数据的获取，然后以列表的形式将新闻显示出来。当然，这里并不是直接得到网站所提供的新闻内容，而是网站对外提供的新闻 RSS 数据源，它是一个 XML 格式的文本文件。得到新闻 RSS 数据源后，只有对其解析，才能得到真正的新闻内容。

（1）以网易 163 站点提供的 RSS 数据源为例，可以在网易 RSS 订阅中心（www.163.com/rss/）找到对应的新闻类别的 RSS 地址，如图 6.15 所示。其中，右侧的橙色 xml 图标就是 RSS 数据源地址。比如头条新闻的 RSS 地址就是：http://news.163.com/special/ 00011K6L/rss_newstop.xml。

图 6.15　网易 RSS 订阅中心

（2）请将某个 RSS 数据源的链接地址复制到浏览器的地址栏，并按<Enter>键确认，此时便可获得该 RSS 的数据源内容（如果浏览器中无显示的话，请在浏览器当前页面中单击鼠标右键，选择弹出菜单中的"查看网页源代码"项），如图 6.16 所示，从中可以看出，RSS 实际

上是以 XML 格式编写出来的文本内容。

图 6.16 RSS 数据源内容

RSS 数据源其实就是类似于一个网站地址的 URL 链接，那么在代码中要得到其内容就需要使用 HTTP 协议连接到该 URL 站点，然后得到其文本字符串的内容。在 Android 中，可以借助 HttpGet 或 HttpPost 来进行 HTTP 协议的网络连接。当然，也可以直接使用 Java 中的 Socket 来连接网络，但这样会繁琐一些，因为它需要手工处理 HTTP 协议的全部过程。

（3）打开 Fragment1.java 文件，修改其中的代码实现 RSS 数据的获取工作，见如下阴影部分所示的内容（请自行导入所需的包）。

```java
@Override
public View onCreateView(LayoutInflater inflater, ViewGroup
        container,Bundle savedInstanceState) {
    layoutView = inflater.inflate(R.layout.fragment1, null);
    // 通过 HttpGet 获取 RSS 数据
    HttpClient client = new DefaultHttpClient();
    HttpGet get = new HttpGet(
        "http://news.163.com/special/00011K6L/rss_newstop.xml");
    try {
        HttpResponse response = client.execute(get);
        // 检查服务器返回的响应码，200 表示成功
        if (response.getStatusLine().getStatusCode() == 200) {
            // 将获取到的数据转换成文本字符串
            HttpEntity entity = response.getEntity();
            String content = EntityUtils.toString(entity, "UTF-8");
            // 在 LogCat 视图中显示得到的 RSS 文本内容
            Log.i("rss", content);
        }
```

```
        } catch (Exception e) {
            e.printStackTrace();
        }
        return layoutView;
    }
```

这里所做的是通过构造一个 HttpGet 对象并使用 HttpClient 建立到 RSS 数据源服务器的网络连接，然后根据服务器返回的 HTTP 协议响应码来获取数据内容。

保存以上修改，运行程序，不出意外的话程序能够正常启动，但无法得到具体的网络数据。

【提示】
查看 Eclipse 中的 LogCat 可以发现，程序在启动时出现了一个名为 NetworkOnMainThreadException 的异常，如图 6.17 所示。

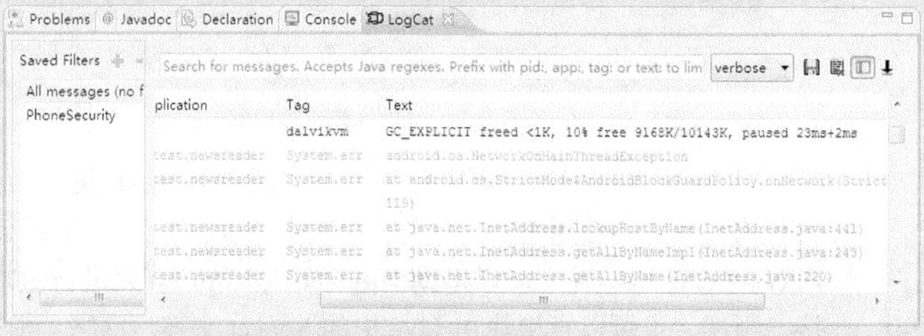

图 6.17　LogCat 中的 NetworkOnMainThreadException 异常信息

原来，Android 规定使用网络连接获取数据之类的操作不能放在 UI 主线程中进行，否则因为网络超时的原因容易造成程序无响应的现象。要解决这个问题也很简单，只要将上面阴影部分的代码放到一个线程中执行就好了。

（4）请按下面阴影部分所示的内容调整代码。

```
@Override
public View onCreateView(LayoutInflater inflater,
        ViewGroup container,Bundle savedInstanceState) {
    layoutView = inflater.inflate(R.layout.fragment1, null);
    // 启动一个线程，以执行网络连接操作
    new Thread(new Runnable() {
        @Override
        public void run() {
            // 通过 HttpGet 获取 RSS 数据
            HttpClient client = new DefaultHttpClient();
            HttpGet get = new HttpGet("http://news.163.com"+
                "//special/00011K6L/ rss_newstop. xml");
            try {
                HttpResponse response = client. xecute(get);
                // 检查服务器返回的响应码，200 表示成功
                if (response.getStatusLine().getStatusCode() == 200) {
```

```
                    // 将获取到的数据转换成文本字符串
                    HttpEntity entity = response.getEntity();
                    String content = 
                            EntityUtils.toString(entity, "UTF-8");
                    // 在 LogCat 视图中显示得到的 RSS 文本内容
                    Log.i("rss", content);
                }
            } catch (Exception e) {
                e.printStackTrace();
            }
        }
    }).start();
    return layoutView;
}
```

这里所做的修改，只是将获取 RSS 数据源的网络访问代码放到了一个子线程中，然后调用 start()方法启动这个线程。

保存所做修改并运行程序，从 LogCat 显示的内容来看还是存在问题，如图 6.18 所示。

图 6.18　LogCat 中的 UnknownHostException 异常信息

UnknownHostException 代表的是一个网络异常，表示无法连接到所指定的服务器。造成这种问题的原因主要有 3 个方面，一是网络 URL 存在错误或者服务器不存在，二是运行程序的设备或模拟器没有正常联网，三是项目的 AndroidMenifest.xml 中没有声明程序所需的网络访问权限。

（5）除了保证模拟器或设备正常联网外，打开 AndroidMenifest.xml 文件，在其中添加下面阴影部分所示的内容，这是应用程序访问网络的权限声明。

```
<?xml version="1.0" encoding="utf-8"?>
<manifest xmlns:android="http://schemas.android.com/apk/res/android"
    package="mytest.newsreader"
    android:versionCode="1"
    android:versionName="1.0" >
    <uses-sdk
        android:minSdkVersion="8"
```

```
        android:targetSdkVersion="17" />
    <uses-permission android:name="android.permission.INTERNET" />
    <application
        ...
    </application>
</manifest>
```

保存修改,再次运行程序,然后查看 LogCat 的输出信息,从图 6.19 显示的结果可知,应用程序已经正确获取到了 RSS 数据了。

图 6.19　正常获取到的 RSS 数据源内容

很多网络应用程序在联网的时候,通常会显示一个进度条,告知用户正在获取网络数据需要等待,这里也准备添加这一特性。

(6) 请按照下面阴影部分的内容进行修改。

```
public class Fragment1 extends Fragment {
    private View layoutView;
    private ProgressDialog pd; // 进度指示 dialog

    @Override
    public View onCreateView(LayoutInflater inflater, ViewGroup
            container, Bundle savedInstanceState) {
        layoutView = inflater.inflate(R.layout.fragment1, null);
        // 创建并显示一个进度条,设定可以被用户打断
        pd = ProgressDialog.show(getActivity(),
                "请稍候...", "正在加载数据", true, true);
        // 启动一个线程,以执行网络连接操作
        new Thread(new Runnable() {
            @Override
            public void run() {
                ...
                try {
                    ...
```

```
            } catch (Exception e) {
                e.printStackTrace();
            }
            // 数据加载完毕销毁进度条
            pd.dismiss();
        }
    }).start();
    return layoutView;
    }
}
```

此时运行程序的话,将出现一个进度条指示,当网络数据加载完毕时,进度条会自动消失。

【提示】

以后在编写访问网络的应用程序时,应事先在项目的 AndroidMenifest.xml 配置文件中声明所需的 android.permission.INTERNET 权限。

另外,如果要得到某个网页的源内容,只需调整 HttpGet 构造方法的参数,提供所需的网址链接即可,比如:HttpGet get=new HttpGet("http://www.163.com/index.html")

6.6 RSS 数据源解析

为了显示 RSS 数据源包含的新闻内容,还应对这个 xml 格式的 RSS 数据进行解析。在 Android 程序中,xml 解析最常用的有 SAX、DOM 和 PULL 这三种方式。其中 PULL 解析是 Android 平台内置的,也是推荐使用的解析方式。所以,这里准备采用 PULL 方式进行处理。

RSS 数据源的格式举例如下。

```xml
<?xml version="1.0" encoding="UTF-8"?>
<?xml-stylesheet type='text/xsl' ...?>
<rss xmlns:itunes="http://www.itunes.com/dtds/podcast-1.0.dtd" ...>
    <channel>
        <title>网易头条新闻</title>
        <link>http://news.163.com/</link>
        <description>网易头条新闻</description>
        <pubDate>Sat, 20 Jul 2013 11:02:29 GMT</pubDate>
        <lastBuildDate>Sat, 20 Jul 2013 11:02:29 GMT</lastBuildDate>
        <item>
            <title>马英九连任中国国民党党主席</title>
            <link>http:// rss.feedsportal.com/...</link>
            <description>中新网台北 7 月 20 日电...</description>
            <pubDate>Sat, 20 Jul 2013 11:02:29 GMT</pubDate>
            <guid isPermaLink="false">http://news.163.com/...</guid>
        </item>
        <item>
```

```
            ...
        </item>
        ...
    </channel>
</rss>
```
其中，channel 节点元素代表新闻频道，里面的 item 节点元素就是具体的每一条新闻。每个 item 节点代表一条新闻，也就是说，多条新闻就会有多个 item 节点包含在 channel 中。在 Item 节点元素中，title 代表本条新闻的标题，link 和 guid 代表本条新闻的链接地址（guid 是新闻的直接地址，link 则是在 rss 中引用的新闻地址，它们对应的内容是相同的），pubDate 表示本条新闻的发布日期。

还有一点需要注意，即 channel 节点中的 title、link、description 和 pubDate 等几个标签节点与 item 节点中的是类似的，因此后续解析工作中必须先识别出 item 节点才能将 title、link、description、pubDate 等标签的内容提取出来。

为方便起见，下面将 RSS 数据的 xml 解析专门定义成一个方法。

（1）打开 Fragment1.java 文件，在其中添加下面阴影部分的内容。

```java
public class Fragment1 extends Fragment {
    // 标识当前正在解析 channel 标签还是 item 标签
    private static final int NODE_CHANNEL = 0;
    private static final int NODE_ITEM = 1;
    private static final int NODE_NONE = -1;
    private View layoutView;
    ...
    @Override
    public View onCreateView(LayoutInflater inflater, ViewGroup
                container, Bundle savedInstanceState) {
        ...
    }
    public List<Map<String, String>>
                getRssItems(InputStream xml) throws Exception {
        // itemList 表示新闻的列表
        List<Map<String, String>>
                itemList = new ArrayList<Map<String, String>>();
        // RSS 中的每条新闻使用一个 Map 对象表述，Map 中存储多个子节点分支
        Map<String, String> item = new HashMap<String, String>();
        String name, value;
        // currNode 指示当前解析的是 channel 还是 item 节点
        int currNode = NODE_NONE;
        // 准备 XmlPullParser，设置 xml 的内容编码
        XmlPullParser pullParser = Xml.newPullParser();
        pullParser.setInput(xml, "UTF-8");
```

```java
// XmlPullParser 是以事件触发的方式工作的,每遇到
// 一个标签节点即产生一个事件,所以,下面将循环
// 解析 XML 中的每一个元素节点,直到整个文档结束
int event = pullParser.getEventType();
while (event != XmlPullParser.END_DOCUMENT) {
    switch (event) {
    // 节点元素开始,比如<title>
    case XmlPullParser.START_TAG:
        name = pullParser.getName();
        // 确定当前是 channel 还是 item 节点
        if ("channel".equalsIgnoreCase(name)) {
            currNode = NODE_CHANNEL;
            break;
        } else if ("item".equalsIgnoreCase(name)) {
            currNode = NODE_ITEM;
            break;
        }
        // 如果当前是在 channel 节点中,则提取 item 节点的
        //子元素(title,link,description,pubDate,
        // guid)的值,并以"键->值"对的形式保存到 Map 中
        if (currNode == NODE_ITEM) {
            value = pullParser.nextText();
            item.put(name, value);
        }
        break;
    // 节点元素结束,比如</title>
    case XmlPullParser.END_TAG:
        name = pullParser.getName();
        // 如果到了</item>节点,说明一条新闻结束,然后
        // 把这条新闻加入动态数组,并为下一条新闻做准备
        if ("item".equals(name)) {
            itemList.add(item);
            item = new HashMap<String, String>();
        }
        break;
    } //of switch
    // 继续处理下一节点
    event = pullParser.next();
}
return itemList;
```

        }
    }

上面的代码是将每个解析出来的 item 节点视为一个 Map 对象，item 节点下面的各子节点（title,link,description,pubDate,guid）对应的值就保存在这个 Map 中（比如，title→马英九连任中国国民党党主席等）。显然，当 RSS 数据解析完毕，此时得到的是一个 item 节点列表，也即新闻列表。

 【提示】 考虑到每条新闻对应一个 item 节点，且每条新闻均包含有多方面的信息（title、link 等），所以最好定义一个 Bean 类来存储每条新闻的各项内容。

（2）用鼠标右键单击项目的 src 文件夹，选择弹出菜单中的"New"→"Class"，设定类名和包名分别为 NewsBean 和 mytest.newsreader.bean，完成后的结果如图 6.20 所示。

图 6.20　创建 NewsBean 类

（3）然后修改 NewsBean 的代码为下面阴影部分所示的内容。

```
package mytest.newsreader.bean;

public class NewsBean {
    public String title;
    public String link;
    public String description;
    public String pubDate;
    public String guid;
}
```

显然，NewsBean 类中的成员变量与 RSS 中的 item 子节点是一一对应的，这也是类的封装性的典型体现。

（4）接下来准备将解析出来的 RSS 数据转换为 NewsBean 的数组列表，请按下面阴影部分所示的内容修改 Fragment1 类的代码。

```
...
private ProgressDialog pd; // 进度指示 dialog
private List<NewsBean> newsList =
        new ArrayList<NewsBean>();// 新闻条目数组
@Override
public View onCreateView(LayoutInflater inflater, ViewGroup
        container,Bundle savedInstanceState) {
```

```java
...
// 启动一个线程，以执行网络连接操作
new Thread(new Runnable() {
    @Override
    public void run() {
        ...
        try {
            HttpResponse response = client.execute(get);
            // 检查服务器返回的响应码，200 表示成功
            if (response.getStatusLine()
                    .getStatusCode() == 200) {
                // 获取网络连接的输入流，然后解析收到的 RSS 数据
                InputStream stream =
                        response.getEntity().getContent();
                List<Map<String, String>> items =
                        getRssItems(stream);
                // 先清空数组列表
                newsList.clear();
                // 将解析后的 RSS 数据转换成 Bean 对象保存
                for (Map<String, String> item : items) {
                    NewsBean news = new NewsBean();
                    news.title = item.get("title");
                    news.description =
                            item.get("description");
                    news.link = item.get("link");
                    news.pubDate = item.get("pubDate");
                    news.guid = item.get("guid");
                    newsList.add(news);
                }
            }
        } catch (Exception e) {
            e.printStackTrace();
        }
        // 销毁进度条
        pd.dismiss();
    }
}).start();
return layoutView;
}
```

6.7 新闻条目加载

前面已经完成了通过网络获取 RSS 数据,并将其解析成 NewsBean 对象的列表,下一步就应该把新闻显示到界面上。从前面的设计效果可知,在 Fragment1 的布局界面上需要添加一个 ListView 组件。

(1)打开 fragment1.xml 文件,将左侧组件面板 Composite 分类中的 ListView 组件添加进来,添加完毕的效果如图 6.21 所示。

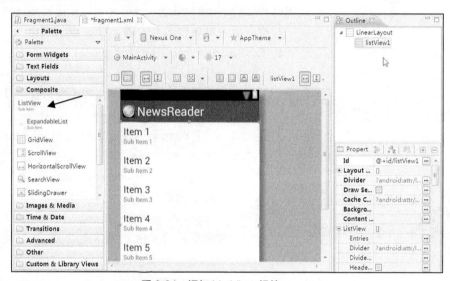

图 6.21 添加 ListView 组件

(2)在 Fragment1 类中增加对该 ListView 组件的引用代码,见下面的阴影部分所示的内容。

```
public class Fragment1 extends Fragment {
    ...
    private List<NewsBean> newsList = new ArrayList<NewsBean>();
    private ListView listView1;

    @Override
    public View onCreateView(LayoutInflater inflater, ViewGroup
                container,Bundle savedInstanceState) {
        layoutView = inflater.inflate(R.layout.fragment1, null);
        listView1 = (ListView) layoutView.findViewById(R.id.listView1);
        ...
    }
    ...
}
```

(3)用鼠标右键单击 NewsReader 项目 res 中的 layout 文件夹,选择弹出菜单中的"New"→"Android XML File"项,并设定布局文件名为 news_item.xml,Root Element 根元素为 LinearLayout,如图 6.22 所示。

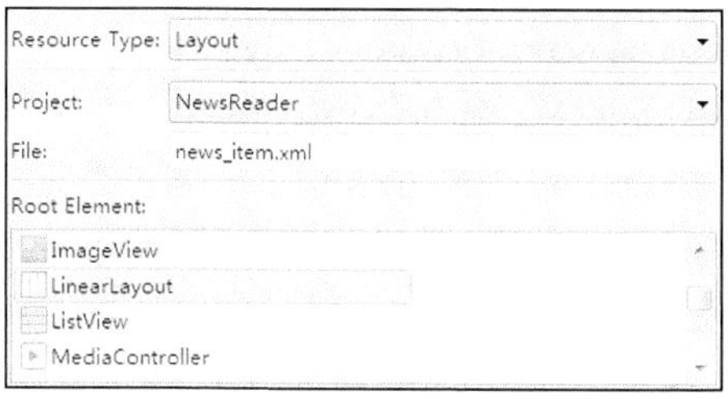

图 6.22 新建 news_item.xml 布局文件

（4）打开 news_item.xml 布局文件，在其中添加 LinearLayout、TextView 和 ImageView 等几种组件，然后调整子布局 LinearLayout 的属性以控制它们的排列位置，最终设计出的效果如图 6.23 所示。

图 6.23 新闻条目设计效果

为方便起见，这里给出完整的布局 xml 源内容，其中各组件和布局的关键属性设置用阴影予以标识，包括字体颜色、大小等，同时还设定了部分组件的 id，以供设计时做适当参考。当然，要特别体会 layout_weight 在 LinearLayout 布局中对组件所占空间大小所起的调节作用。

```xml
<?xml version="1.0" encoding="utf-8"?>
<LinearLayout
    xmlns:android="http://schemas.android. com/apk/res/ android"
    android:layout_width="match_parent"
    android:layout_height="match_parent"
    android:orientation="horizontal" >
    <LinearLayout
        android:orientation="vertical"
        android:layout_weight="1.0"
        android:layout_width="0dp"
        android:layout_height="wrap_content" >
        <TextView
            android:id="@+id/news_title"
            android:textColor="#0000ff"
            android:layout_width="match_parent"
            android:layout_height="17dp"
            android:textSize="12sp"
```

```xml
            android:text="news title" />
        <TextView
            android:id="@+id/news_description"
            android:textColor="@color/android:black"
            android:layout_width="match_parent"
            android:layout_height="56dp"
            android:textSize="14sp"
            android:text="news description" />
        <TextView
            android:id="@+id/news_pubdate"
            android:textColor="#3f3f3f"
            android:layout_width="match_parent"
            android:layout_height="17dp"
            android:gravity="right"
            android:textSize="12sp"
            android:text="2013-01-01 03:20" />
    </LinearLayout>
    <ImageView
        android:src="@drawable/netease"
        android:layout_width="90dp"
        android:layout_height="90dp"
        android:id="@+id/news_icon" />
</LinearLayout>
```

（5）接下来在 Fragment1 类中添加代码，从而实现新闻条目的加载和显示，见如下阴影部分的内容。

```java
public class Fragment1 extends Fragment {
    ...
    private ListView listView1;
    // 使用 Adapter 才能使 ListView 显示数据
    private NewsAdapter adapter;

    @Override
    public View onCreateView(LayoutInflater inflater,
            ViewGroup container,Bundle savedInstanceState) {
        ...
        // 创建并显示一个进度条，设定可以被用户打断
        pd = ProgressDialog.show(getActivity(),
                "请稍候...", "正在加载数据", true, true);
        // 初始化 ListView 显示的数据源
        adapter = new NewsAdapter(newsList);
```

```java
        listView1.setAdapter(adapter);
        // 启动一个线程，以执行网络连接操作
        new Thread(new Runnable() {
            @Override
            public void run() {
                ...
                try {
                    HttpResponse response = client.execute(get);
                    // 检查服务器返回的响应码，200 表示成功
                    if (response.getStatusLine()
                            .getStatusCode() == 200) {
                        ...
                        for (Map<String, String> item : items) {
                            ...
                        }
                        // 数据加载完毕，通知 ListView 显示
                        adapter.notifyDataSetChanged();
                    }
                } catch (Exception e) {
                    e.printStackTrace();
                }
                // 销毁进度条
                pd.dismiss();
            }
        }).start();
        return layoutView;
    }
    public List<Map<String, String>>
            getRssItems(InputStream xml) throws Exception {
        ...
    }
}
class NewsAdapter extends BaseAdapter{
    // 待显示的新闻列表
    private List<NewsBean> newsItems;
    public NewsAdapter(List<NewsBean> newsitems){
        this.newsItems = newsitems;
    }
    // ListView 组件根据 getCount()方法的返回值
    // 来确定显示的总数据条数
```

```java
    @Override
    public int getCount() {
        return newsItems.size();
    }
    // 返回第 position 行条目，这里直接设为 NewsBean 数据对象
    @Override
    public Object getItem(int position) {
        return newsItems.get(position);
    }
    // 返回第 position 行条目的 id，这里直接设为 position 值
    @Override
    public long getItemId(int position) {
        return position;
    }
    // ListView 显示每条数据时，都要调用 getView() 方法
    // 创建视图组件，然后传递给 ListView 显示
    @Override
    public View getView(int position, View view,
            ViewGroup parent) {
        if(view == null){
            view = getActivity().getLayoutInflater()
                .inflate(R.layout.news_item, null);
        }
        // 初始化行布局视图中的各个子控件
        TextView newsTitle = (TextView)
            view.findViewById(R.id.news_title);
        TextView newsDescr = (TextView)
            view.findViewById(R.id.news_description);
        TextView newsPubdate = (TextView)
            view.findViewById(R.id.news_pubdate);
        ImageView newsIcon = (ImageView)
            view.findViewById(R.id.news_icon);
        // 获取第 position 行的数据
        NewsBean item = newsItems.get(position);
        // 将第 position 行的数据显示到布局界面中
        newsTitle.setText(item.title);
        newsDescr.setText(item.description);
        newsPubdate.setText(item.pubDate);
        // 将行布局视图返回给 ListView 组件显示
        return view;
```

        }
    }

不能在可视化布局设计器中添加 ListView 中显示的行，也就是说没有办法让 ListView 在设计时直接显示所要求的数据，而应通过一个 Adapter 作为中间媒介，完成"数据"到"行界面"的转换工作，这就是 Fragment1 类中先定义一个 NewsAdapter 内部类的原因。Adapter 的作用类似于现实生活中的变压器，比如将 220 伏的交流电转换为 5 伏的直流电，变压器的学名就是"适配器"，对应的英文即为"adapter"。

保存以上修改，并运行程序，不出意外的话，LogCat 中将出现"android.view.ViewRootImpl$CalledFromWrongThreadException: Only the original thread that created a view hierarchy can touch its views."之类的错误信息，如图 6.24 所示。

图 6.24　CalledFromWrongThreadException 异常

该错误提示所表达的意思是，界面更新的代码不能在子线程中处理，只能在 UI 线程去做。问题是，访问网络获取 RSS 新闻条目的工作只能在子线程中完成，而显示 RSS 新闻条目数据的工作又必须在主线程中执行，这之间存在着矛盾。

为解决这一问题，需要用到 Android 提供的 Handler 机制，也就是说，可以在子线程中正常得到 RSS 数据之后，主动向主线程发生一个消息，以通知主线程更新 ListView 的显示内容。

（6）请按照下面阴影部分所示的代码，在 Fragment1 中新增一个 Handler 对象。

```java
public class Fragment1 extends Fragment {
    ...
    private static final int NODE_NONE = -1;
    // 指示 RSS 新闻数据已获取
    private static final int MSG_NEWS_LOADED = 100;
    ...
    @Override
    public View onCreateView(LayoutInflater inflater,
            ViewGroup container,Bundle savedInstanceState) {
        ...
        try {
            HttpResponse response = client.execute(get);
```

```java
                    // 检查服务器返回的响应码，200 表示成功
                    if (response.getStatusLine()
                            .getStatusCode() == 200) {
                        // 获取网络连接输入流，然后解析收到的RSS数据
                        InputStream is =
                            response.getEntity().getContent();
                        List<Map<String, String>> items =
                            getRssItems(is);
                        ...
                        // 将下面这行代码注释掉
                        // adapter.notifyDataSetChanged();
                        Message msg = mUIHandler.obtainMessage(
                            MSG_NEWS_LOADED);
                        // 向主线程发送消息时，还可以携带数据
                        //msg.obj = newsList;
                        mUIHandler.sendMessage(msg);
                    }
                } catch (Exception e) {
                    e.printStackTrace();
                }
                ...
            }
            private Handler mUIHandler = new Handler() {
                @Override
                public void handleMessage(Message msg) {
                    switch (msg.what) {
                    case MSG_NEWS_LOADED:
                        // 更新ListView显示
                        adapter.notifyDataSetChanged();
                        break;
                    }
                }
            };
            ...
        }
```

上面所做的修改，是在 Fragment1 中定义一个匿名内部类的对象赋值给 mUIHandler 变量，mUIHandler 对象的代码是在主线程中运行的。在网络获取 RSS 的子线程中，通过 mUIHandler 发送了一个自定义的消息，达到通知主线程更新 ListView 数据显示的目的。

6.8 新闻内容查看

当单击 ListView 的新闻条目时，可以启动一个新的 Activity，这个 Activity 将展示新闻的详细内容。为了实现这一目标，需要先定义一个 Activity 类和一个显示新闻内容的布局。

（1）用鼠标右键单击 NewsReader 项目源文件夹中的 mytest.newsreader 包，选择弹出菜单中的"New"→"Class"项，设定类名为 NewsActivity，超类/父类为 android.app.Activity，如图 6.25 所示。

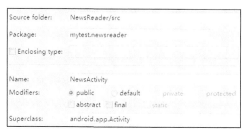

图 6.25 新建 NewsActivity 类

（2）用鼠标右键单击 NewsReader 项目 res 中的 layout 文件夹，选择弹出菜单中的"New"→"Aandroid XML File"项，设定文件名为 news_detail.xml，Root Element 根元素为 LinearLayout，如图 6.26 所示。

图 6.26 新建 news_detail.xml 布局文件

（3）打开 news_detail.xml 布局界面，按照如图 6.27 所示的效果进行设计。其中，界面主体分为上下两部分，上部分包括显示新闻标题和时间的 TextView 和 ImageView 组件，下部分只有一个 WebView 组件，占满屏幕高度上的剩余空间。

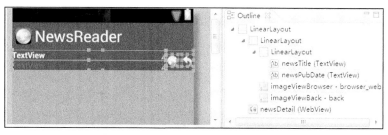

图 6.27 news_detail.xml 的布局外观

为方便起见，现将完整的 xml 源内容提供如下。

```xml
<?xml version="1.0" encoding="utf-8"?>
<LinearLayout
```

```xml
    xmlns:android="http://schemas.android.com/apk/res/android"
    android:orientation="vertical"
    android:layout_width="fill_parent"
    android:layout_height="fill_parent"
    android:gravity="center_horizontal"
    >
<LinearLayout
    android:orientation="horizontal"
    android:background="#990000"
    android:layout_width="match_parent"
    android:layout_height="wrap_content" >
    <LinearLayout
        android:layout_width="0dp"
        android:layout_weight="1.0"
        android:layout_height="wrap_content"
        android:orientation="vertical" >
        <TextView
            android:id="@+id/newsTitle"
            android:layout_height="wrap_content"
            android:layout_width="match_parent"
            android:textColor="#FFFFFF"
            android:textSize="14sp"
            android:singleLine="true"
            android:text="TextView"
            android:textStyle="bold" />
        <TextView
            android:id="@+id/newsPubDate"
            android:layout_width="match_parent"
            android:layout_height="wrap_content"
            android:text="TextView" />
    </LinearLayout>
    <ImageView
        android:id="@+id/imageViewBrowser"
        android:layout_width="wrap_content"
        android:layout_height="wrap_content"
        android:layout_gravity="center_vertical"
        android:layout_marginRight="5dp"
        android:src="@drawable/browser_web" />
    <ImageView
        android:id="@+id/imageViewBack"
```

```
                android:layout_width="wrap_content"
                android:layout_height="wrap_content"
                android:layout_gravity="center_vertical"
                android:src="@drawable/back" />
        </LinearLayout>
        <WebView android:layout_width="match_parent"
            android:layout_height="match_parent"
            android:id="@+id/newsDetail"
            />
</LinearLayout>
```

（4）覆盖实现 Activity 的 onCreate()方法，以使 NewsActivity 与 news_detail.xml 界面布局相关联，如下面阴影部分的代码所示。

```
public class NewsActivity extends Activity {
    @Override
    protected void onCreate(Bundle savedInstanceState) {
        super.onCreate(savedInstanceState);
        setContentView(R.layout.news_detail);
        setTitle(R.string.app_name);
    }
}
```

（5）在使用 NewsActivity 之前，还应先在 AndroidMenifest.xml 中正确配置它，见下面阴影部分的内容所示。

```
<?xml version="1.0" encoding="utf-8"?>
<manifest
    xmlns:android="http://schemas.android.com/apk/res/android"
    ...
    <application
        ...
        <activity
            ...
        </activity>
        <activity android:name="mytest.newsreader.NewsActivity" />
    </application>
</manifest>
```

（6）打开 Fragment1 类，修改其中的 onCreateView()方法，实现单击 ListView 组件中的新闻列表项时启动 NewsActivity。

```
@Override
public View onCreateView(LayoutInflater inflater, ViewGroup
            container, Bundle savedInstanceState) {
    ...
```

```
        // 初始化 ListView 显示的数据源
        adapter = new NewsAdapter(newsList);
        listView1.setAdapter(adapter);
        // 设置 ListView 列表项的单击动作
        listView1.setOnItemClickListener(
                    new AdapterView.OnItemClickListener() {
                @Override
                public void onItemClick(AdapterView<?> parent, View view,
                            int location, long id) {
                    // 启动 NewsActivity，其中的 getActivity()
                    // 方法是获取 Fragment 所在的 Activity 对象
                    Intent intent = new Intent(
                            Fragment1.this.getActivity(), NewsActivity.class);
                    startActivity(intent);
                }
        });
        // 启动一个线程，以执行网络连接操作
        ...
        return layoutView;
    }
```

保存以上所有修改，运行程序，查看是否能正常启动 NewsActivity。

（7）上面并没有将新闻条目传递给 NewsActivity，所以还要在使用 Intent 启动 NewsActivity 之前先设置好欲传递过去的新闻数据，请按下面阴影部分所示的内容修改 Fragment1 类的代码。

```
@Override
public View onCreateView(LayoutInflater inflater,
            ViewGroup container, Bundle savedInstanceState) {
        ...
        // 初始化 ListView 显示的数据源
        adapter = new NewsAdapter(newsList);
        listView1.setAdapter(adapter);
        // 设置列表项的单击动作
        listView1.setOnItemClickListener(
                    new AdapterView.OnItemClickListener() {
                public void onItemClick(AdapterView<?> parent,
                            View view, int location, long id) {
                    // 启动 NewsActivity，其中的 getActivity()
                    // 方法是获取 Fragment 所在的 Activity
                    Intent intent = new Intent(
                    Fragment1.this.getActivity(),NewsActivity.class;
                    // 将被单击的新闻条目封装到 Intent 中
```

```java
                // 传递给 NewsActivity 显示
                NewsBean news = newsList.get(location);
                intent.putExtra("news", news);
                startActivity(intent);
            }
        });
        // 启动一个线程，以执行网络连接操作
        ...
        return layoutView;
    }
```

除此之外，还要使 NewsBean 类实现 Serializable 接口，以表明 NewsBean 对象是可序列化的，只有这样才能通过 Intent 进行传递。

```java
package mytest.newsreader.bean;
import java.io.Serializable;
public class NewsBean implements Serializable {
    public String title;
    public String link;
    public String description;
    public String pubDate;
    public String guid;
}
```

【提示】Serializable 接口是 Java 中可序列化对象要求实现的接口，这个接口中并没有任何具体的东西，因此不需要在 NewsBean 类额外实现什么方法。换句话说，Serializable 相当于可序列化对象的一个标识。

（8）修改 NewsActivity 的代码，以显示实际传递过来的新闻内容。

```java
public class NewsActivity extends Activity {
    @Override
    protected void onCreate(Bundle savedInstanceState) {
        super.onCreate(savedInstanceState);
        setContentView(R.layout.news_detail);
        setTitle(R.string.app_name);
        // 接收 intent 传递过来的数据
        Intent intent = this.getIntent();
        final NewsBean news =
                (NewsBean) intent.getSerializableExtra("news");
        // 初始化组件
        TextView titleView =
                (TextView) findViewById(R.id.newsTitle);
        TextView pubDateView =
                (TextView) findViewById(R.id.newsPubDate);
```

```java
final WebView webview =
        (WebView) findViewById(R.id.newsDetail);
// 显示新闻标题
titleView.setText(news.title);
// 显示新闻发布时间
try {
    SimpleDateFormat sdf = new SimpleDateFormat(
            "EEE, d MMM yyyy HH:mm:ss 'GMT'",
            Locale.US);
    sdf.setTimeZone(TimeZone.getTimeZone("GMT"));
    Date d = sdf.parse(news.pubDate);
    // 按照"年-月-日 时:分:秒"的格式显示时间
    SimpleDateFormat sdf2 = new SimpleDateFormat(
            "yyyy-MM-dd HH:mm:ss",
            Locale.US);
    String s = sdf2.format(d);
    pubDateView.setText("(发布日期: " + s + ")");
} catch (Exception e) {
    e.printStackTrace();
}
// WebView 参数设置（是否支持多窗口，是否支持缩放）
WebSettings settings = webview.getSettings();
settings.setSupportMultipleWindows(false);
settings.setSupportZoom(false);
// 加载显示新闻描述内容
webview.loadDataWithBaseURL(null,
        news.description, null, "utf-8", null);
// 返回动作，单击返回则结束当前 NewsActivity
ImageView back = (ImageView)
        findViewById(R.id.imageViewBack);
back.setOnClickListener(new OnClickListener() {
    @Override
    public void onClick(View v) {
        finish();
    }
});
// 单击浏览新闻 URL 对应的详细页面
ImageView browser = (ImageView)
        findViewById(R.id.imageViewBrowser);
browser.setOnClickListener(new OnClickListener() {
```

```
            @Override
            public void onClick(View v) {
                webview.loadUrl(news.guid);
            }
        });
    }
}
```

导入上述代码所需的包，保存所有修改并运行程序，最终的新闻显示运行结果如图 6.28 所示。

图 6.28　新闻内容显示运行效果

6.9　知识拓展

6.9.1　Fragment

　　Fragment 在字面上是"碎片"的意思，是从 Android 3.0 才引入的概念，对应的 API 类为 android.app.Fragment，其基本原理是将应用程序界面进行拆分，从而支持更加动态和灵活的 UI 设计。比如，平板计算机的屏幕要比手机的大得多，有更多的空间来放更多的 UI 组件，并且这些组件之间会产生更多的交互，Fragment 允许这样的一种动态设计而不需要手工来管理界面布局的复杂变化。通过将本属于单个 Activity 的界面布局分散到多个 Fragment 中，可以在运行时灵活修改 Activity 的外观。

　　回顾一下在 ColorCard 色卡应用中所做的，尽管每个选项卡都对应一个独立的界面布局，但不得不将所有功能代码置于同一个 ColorCardActivity 中处理，也就是说界面分割，但代码并没有分割。而 Fragement 则是将 Activity 代码和界面一起"切割"，从而变成完全独立的多个"碎片"，每小块就相当于一个迷你版的 Activity，这就是所谓的 Fragment 的概念。尽管 Fragment 是在 Android 3.0 才出现的，但是 Google 提供了一个 android-support-v4.jar 兼容库，其中就包含了在较低版本 Android 系统中使用 Fragment 的具体实现，正如新闻阅读器项目中所做的那样。

　　例如，一个新闻应用可以在屏幕左侧使用一个 Fragment 来展示文章列表，然后在屏幕右侧使用另一个 Fragment 来展示文章的内容，这两个 Fragment 由同一个 Activity 管理，但每一个 Fragment 都有它自己的一套生命周期回调方法，能够独立处理用户交互事件。相对于使用一个 Activity 来列出文章清单而用另一个 Activity 来阅读文章的方式，可以很方便地实现在同一个 Activity 中列出文章启动显示其详细内容，而且在诸如平板计算机之类的大屏幕设备上，还可以轻易做到在屏幕左侧显示文章清单，右侧显示文章的详细内容。下图就是一个 Fragment 的应用示例，如图 6.29 所示。

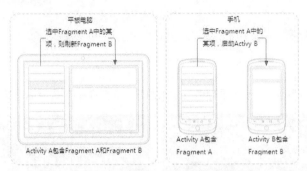

图 6.29　Fragment 的使用场景

因此，可以将 Fragment 理解成是 Activity 界面中的一部分，多个 Fragment 能够自由组合到一个 Activity 来创建一个复杂多变的界面，并且可以在多个 Activity 中重用一个 Fragment。和 Activity 类似，Fragment 相当于是模块化的一段 Activity，它具有自己的 layout 布局界面，也有自己的生命周期，可以独立接收处理用户交互事件，可以在 Activity 运行时动态添加或删除。当然，Fragment 不能独立存在，它必须嵌入到 Activity 中，Fragment 的生命周期直接受所在宿主 Activity 的影响。比如，当 Activity 暂停时其中的 Fragment 都会暂停，当 Activity 销毁时 Fragment 也将被自动销毁，它不能脱离 Activity 独立存在。

Fragment 一般作为 Activity 用户界面的一部分嵌入到主界面布局中，所以在创建一个自定义的 Fragment 时，首先要为该 Fragment 设计一个布局界面，然后在代码中覆盖实现 onCreateView()回调方法，返回一个从布局文件转换而来的 View 对象提供给 Activity 显示。如果某个局部界面不涉及 Fragment 动态切换的话，甚至可以在布局文件中直接使用自定义的 Fragment。下面是一个例子，假定有一个 ArticleListFragment 和一个 ArticleDetailFragment，前者代表新闻列表，后则代表新闻内容。如果是在平板计算机上，完全可以将新闻列表和新闻内容左右排列，就像 Android 自带的 Gmail 应用所做的那样。

```xml
<?xml version="1.0" encoding="utf-8"?>
<LinearLayout
    xmlns:android="http://schemas.android.com/apk/res/android"
    android:layout_width="match_parent"
    android:layout_height="match_parent"
    android:baselineAligned="false"
    android:orientation="horizontal" >
    <fragment
        android:id="@+id/list"
        android:name="mytest.ArticleListFragment"
        android:layout_width="0dp"
        android:layout_height="match_parent"
        android:layout_weight="1.0" />
```

```
    <fragment
        android:id="@+id/viewer"
        android:name="mytest.ArticleDetailFragment"
        android:layout_width="0dp"
        android:layout_height="match_parent"
        android:layout_weight="2.0" />
</LinearLayout>
```

如果是通过代码来显示指定的 Fragment，可以借助 SurrportFragmentManager 或者 FragmentManager 来切换 Fragment，就像在项目中定义的 switchFragmentSupport()方法那样。如下面代码所示。

```
public void switchFragmentSupport(int containerId,
            Fragment destFragment){
    FragmentTransaction ft =
            getSupportFragmentManager().beginTransaction();
    ft.replace(containerId, destFragment);
    ft.commit();
}
```

其中的 containerId 就是准备容纳 Fragment 显示的组件 id，它们一般都是 LinearLayout/RelativeLayout/FrameLayout3 种布局组件的某一种。如果希望按下<Back>键时切换回上一个 Fragment，还可以调用 ft.addToBackStack(null)方法将其加入 Fragment 的回退栈中。

对于最低 SDK 版本为 API 11 以上的 Android 项目，可以直接使用 Activity 支持的 Fragment，下面是 android.app.Fragment 切换的方法代码。

```
public void switchFragment(int containerId, Fragment destFragment){
    FragmentTransaction ft = getFragmentManager().beginTransaction();
    ft.replace(containerId, destFragment);
    ft.commit();
}
```

在 Fragment 内部，可以很方便地通过调用 getActivity()方法得到它所在的 Activity 对象，此时 Fragment 就可以根据需要访问到它所属的 Activity 中的内容了。

最后，以一个图示来帮助理解 Activity 与 Fragment 之间的关系，如图 6.30 所示，可以简单地理解成"Activity = Fragment + Fragment + Fragmen……"，因此 Fragment 使得应用程序的模块化更加便利了。

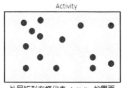
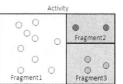

图 6.30　Fragment 与 Activity 的关系

6.9.2 HttpClient

HTTP 即 Hyper Text Transfer Protocol（超文本传输协议），是用于从 Web 服务器传输超文本内容的传送协议，它主要用在浏览器上，使得数据传输更加高效。它不仅保证计算机正确快速地传输超文本文档，还确定传输文档中的哪一部分，以及哪部分内容先显示（如文本先于图形）等。HTTP 是一个应用层协议，由请求和响应构成，是一个标准的客户端服务器模型，也是一个无状态的协议。

大多数有网络连接功能的 Android 应用程序都会使用 HTTP 协议来发送和接收数据。Android 提供了两种用于 HTTP 通信的手段，即 HttpURLConnection 和 Apache HttpClient，它们均支持 HTTPS、数据上传与下载和超时处理等功能。

HttpClient 是 Apache 软件基金会这个开源组织提供的一个开源项目，它是一个简单的 HTTP 客户端辅助手段，并不是独立的浏览器，通过它可以编写程序发送 HTTP 请求和接受 HTTP 响应，但它不会像浏览器那样缓存服务器的响应数据，也不能执行 HTTP 数据中嵌入的 JS 代码，更不会对页面内容进行任何解析处理。可以直接使用 HttpClient 来向 Web 服务器提交请求并接受响应，就像在浏览器输入网址所做的那样。HttpClient 封装了访问 Web 服务器需要执行的 HTTP 请求、身份验证、连接管理和其他特性。HttpClient 是一个 Java 接口，它的实现类有 AbstractHttpClient 和 DefaultHttpClient，还有一个专门为 Android 设计的 AndroidHttpClient 实现类。

使用 DefaultHttpClient 对象来发送 Web 请求，如果还要包含发送的参数如用户名和密码，对于 GET 方式只需要拼接发送的参数字符串到服务器链接 URL 末尾即可。比如，链接地址可为 "http://192.168.1.123:6464/login.jsp?name=abc&pass=123"。但对于 POST 方式则需要通过一个 HttpEntity 对象来发送所需参数。HttpEntity 是一个 Java 接口，它有多个实现类，可以使用 UrlEncodedFormEntity 实现类来保存请求的参数。

下面是一个简单的示例代码。

```java
// 构造通过 POST 方式发送数据的 HttpClient
HttpClient client = new DefaultHttpClient();
HttpPost post = new HttpPost(
        "http://192.168.1.123:6464/login.jsp");
// 设置发送请求的参数
List<NameValuePair> params =
        new ArrayList<NameValuePair>();
String name = "test";
String pass = "123";
params.add(new BasicNameValuePair("name", name));
params.add(new BasicNameValuePair("pass", pass));
post.setEntity(new UrlEncodedFormEntity(
        params, HTTP.UTF_8));
// 发送 POST 请求到服务器
HttpResponse response = client.execute(post);
// 接收服务器成功返回的响应
```

```
if (response.getStatusLine().getStatusCode() == 200) {
    String msg =
            EntityUtils.toString(response.getEntity());
    //
    // 后续处理
}
```

对于 DefaultHttpClient，它是 Apache 本身项目提供的 HttpClient 接口的具体实现，定义在 org.apache.http.impl.client 包中，而 AndroidHttpClient 则是定义在 android.net.http 包中，它没有公开的构造方法，只能通过其中的静态方法 newInstance() 来获得对应的实例，然后才能调用它的功能方法。

6.9.3 XML/JSON

XML 意为可扩展标记语言（eXtensible Markup Language，XML），形式上有些类似于 HTML 标签，但 XML 被设计用来传输和存储数据，其焦点是数据的内容，不像 HTML 那样被设计用来以网页的形式显示数据。XML 也是一种简单的数据存储语言，虽然它比二进制数据要占用更多的空间，但可读性更好，也易于掌握和使用。下面是一个 XML 的简单例子。

```
<?xml version="1.0" encoding="UTF-8"?>
<bookstore>
    <book catalog="Programming">
        <title lang="cn">XML 入门</title>
        <author>Erik T.Ray</author>
        <price>42.00</price>
    </book>
    <book catalog="Networking">
        <title lang="cn">TCP/IP 详解</title>
        <author>W.Richard Stevens</author>
        <price>45.00</price>
    </book>
</bookstore>
```

在 XML 中允许用户自定义标签描述一段数据。从这个例子可以看出，XML 表述数据的方式有点类似于关系数据库中的表和记录的概念，比如把 bookstore 当成一个数据库，book 即是数据库中的表，book 表中包含两条记录，每条记录均有 title、author 和 price 这 3 个字段对应的值。

在 Android 中，常见的 XML 解析器包括 SAX、DOM 和 PULL3 种。SAX（Simple API for XML）是一种基于事件的解析器，它的核心是事件处理模式，其优点是解析速度快，占用内存少。DOM 解析器（Document Object Model）是基于树形结构的的节点或信息片段的集合，通常需要加载整个文档在内存中构造树形结构，然后才可以检索和更新节点信息，大文档解析和加载工作比较耗资源。而 PULL 解析器的运行方式和 SAX 类似，都是基于事件的模式，但 PULL 解析过程中需要主动获取产生的事件然后做相应处理。PULL 解析器小巧轻便，简单易用，解析速度快，非常适合在 Android 移动设备中使用，Android 系统内部解析各种 XML 数据时用的就是 PULL 解析器。

相比 XML，JSON（JavaScript Object Notation）也是一种轻量级的数据交换格式，采用完全独立于语言的文本格式，使用了类似于 C 语言的习惯，这些特性使 JSON 成为理想的数据交换语言，易于阅读和编写，同时也易于机器解析和生成。下面是 JSON 数据格式的一个简单例子，其中每个冒号左右两边的字符串相当于一个"键→值"对，或者理解成类似于数据表的列和值。

```
{
    "firstName":"John",
    "lastName":"Smith",
    "male":true,
    "age":25
}
```

JSON 的另一个优点是它的非冗长性。在 XML 中，起始和结束标记是必需的，这样才能保证标记的完整性。而在 JSON 中，所有这些要求只需通过一个简单的大括号/花括号即可满足，但 JSON 在数据的自描述性方面要比 XML 要弱一些。

JSON 语法是一种用于传输和生成数据的格式约定，可以很容易被各种编程语言所解析。JSON 语法主要包括如下内容。

（1）对象：对象包含于{ }之中；
（2）属性：采用 Key-Value 键值对表示，多个属性之间用逗号分开；
（3）数组：数组存放于[ ]之中；
（4）元素：元素之间用逗号分开；
（5）值：值可以是字符串、数字、对象、数组、true、false、null。

Google 提供了一个用来解析处理 JSON 数据的 Gson 库，它是 Google 公司发布的一个开放源代码的 Java 库，用来在串行化 Java 对象和 JSON 字符串之间相互转换，可以从 https://code.google.com/p/google-gson 页面上下载到该库。

Gson 库主要包含 toJson()与 fromJson()两个转换方法。比如，下面是一个简单的 Example 类。

```
class Example {
    private int answer1 = 100;
    private String answer2 = "Hello world!";
    Examples(){
    }
}
```

通过 Gson 可将 Java 对象串行化为 JSON 字符串，下面是代码示例。

```
Example ex1 = new Example();
Gson gson = new Gson();
String jsonStr = gson.toJson(ex1);
```

此时得到的 jsonStr 字符串的内容为{"answer1":100,"answer2":"Hello world!"}。同样，也可以将 JSON 字符串反串行化成对应的 Java 对象，比如，

```
Example ex2 = gson.fromJson(jsonStr, Example.class);
```

6.9.4　Notification

众所周知，很多新闻阅读应用都会提供一个热门新闻的"推送通知"功能，即使应用程

序没有打开，也能在 Android 顶部通知栏显示一个通知消息，起到提醒的效果，类似于手机收到短信出现的通知提示。推送服务在智能设备上应用得比较广泛，其基本原理是在服务器端主动向那些与服务器建立了网络连接的设备发送数据。由于 Web 服务器是基于 HTTP 协议的被动服务，是无状态的，服务器并不时时刻刻知道有哪些客户端，除非客户端主动连接服务器。所以，普通的 Web 服务器是无法实现这种服务端的主动推送服务的。

目前，Google 已经推出了 Google Cloud Messaging for Android (GCM) 消息推送服务，可以实现手机短信那样的网络即时通知功能，详细内容请参考 Android Developer (http://developer.android.com/google/gcm/index.html)。当然，服务端推送通知的实现已经超出这里的讨论范围，请读者自行参考相关资料。

接下来，将为本单元的新闻阅读器增加一个 Android 通知栏的通知消息功能，即启动新闻阅读器时，在 Android 通知栏显示一条通知信息，也可以在此基础上实现基于客户端的通知推送功能。

打开 Fragment1 类的代码，在其中添加一个成员方法 sendNotification()，然后在新闻加载结束后的 Handler 中调用，其代码见下面阴影部分的内容。

```java
public class Fragment1 extends Fragment {
    ...
    private Handler mUIHandler = new Handler() {
        @Override
        public void handleMessage(Message msg) {
            switch (msg.what) {
            case MSG_NEWS_LOADED:
                // 更新 ListView 显示
                adapter.notifyDataSetChanged();
                // 往通知栏发送消息
                sendNotification(getActivity());
                break;
            }
        }
    };
    @SuppressWarnings("deprecation")
    public void sendNotification(Context context) {
        long when = System.currentTimeMillis();
        String title = "新闻标题";
        String content = "新闻内容";
        // 通过 Context 获取系统通知服务
        NotificationManager manager = (NotificationManager)
                context.getSystemService(
                    Context.NOTIFICATION_SERVICE);
        // 设置单击通知信息的处理动作。如不需处理通知
        // 信息的单击动作，则使用无参的构造方法即可，
```

```java
            // 即 Intent notifIntent = new Intent();
            Intent notifIntent =
                    new Intent(context, MainActivity.class);
            // 产生一个 PendingIntent 对象，当用户单击通知栏
            // 的通知消息时，将会启动一个 Activity，就像平时
            // 调用 startActivity()启动 Activity 一样。Pending
            // 的含义为"悬而未决"，意味着 PendingIntent 并
            // 不会像普通 Intent 一样立即生效
            PendingIntent pendingIntent = PendingIntent
                    .getActivity(context,0,notifIntent, 0);
            // 定义通知栏图标和标题，且单击通知后系统将
            // 自动在通知栏消除该通知消息
            Notification notif = new Notification(
                    R.drawable.ic_launcher,"有新消息了!", when);
            notif.flags |= Notification.FLAG_AUTO_CANCEL;
            notif.setLatestEventInfo(
                    context, title, content, pendingIntent);
            // 在 Android 标题栏发送一条通知消息
            manager.notify(1, notif);
        }
        ...
}
```

向顶部通知栏发送通知消息，需要用到系统提供的 NOTIFICATION_SERVICE 服务。如果希望用户单击通知消息打开某个 Activity 处理，则需要在构造 Intent 对象时指定对应的 Activity。另外，通知消息被单击后，一般情况下应该由系统自动清除掉，否则容易造成用户体验不佳的后果。当然，如果确实需要设置通知消息一直保持在通知栏显示，只需将上面代码中的 FLAG_AUTO_CANCEL 替换成 FLAG_ONGOING_EVENT 即可。

6.9.5 ListView

ListView 是 Android 开发中比较常用的一种组件，它能够以列表形式展示数据，并且能够根据数据的长度自适应显示。比如，手机里的通讯录就是使用 ListView 显示联系人信息的。ListView 组件中的每个子项 Item 既可以是一个字符串，也可以是一个包含若干组件的布局视图。但与其他普通组件不同的是，ListView 中显示的数据需要通过一个被称为中间角色的"适配器"来提供，从而确定数据的具体显示样式，这也导致 ListView 组件使用起来要比普通组件麻烦一些。

在使用 ListView 组件展示数据时，需要具备 3 个要素：一个 ListView 组件，一个数据适配器对象和一组数据。ListView 适配器主要包括 ArrayAdapter、SimpleAdapter 和 SimpleCursorAdapter 等几种，它们都是 BaseAdapter 类的子类。其中 ArrayAdapter 最为简单，它只能显示一行文字；SimpleAdapter 主要是针对自定义数据显示而准备的；SimpleCursorAdapter 则可看成是 SimpleAdapter 与数据库的简单结合，能把数据库的记录内容

以列表的形式展示出来。下面的代码是使用 ArrayAdapter 在 ListView 中显示数据的简单例子，运行效果如图 6.31 所示。

```
// 待显示的数据
String[] mStrings = { "唐僧", "孙悟空", "猪八戒", "沙僧" };
// 准备 ArrayAdapter, 其中 simple_list_item_1 是系统内置的一个
// 简单布局, 它里面只包含一个 TextView 组件用来显示文字
ArrayAdapter<String> adapter = new ArrayAdapter<String>(
        this, android.R.layout.simple_list_item_1,
        Arrays.asList(mStrings));
// 将 ArrayAdapter 与 ListView 组件关联
ListView listView1 = (ListView) findViewById(R.id.listView1);
listView1.setAdapter(adapter);
```

其中 ArrayAdapter() 构造方法需要 3 个参数，依次为所在上下文、列表每一行的布局（这里是 android.R.layout.simple_list_item_1，它是系统预置的一个布局文件）以及 List 类型的数据源。

图 6.31 ListView 组件显示简单数据

不过，ArrayAdapter 显示的数据样式过于简单，所以大部分情况下都需要自定义 ListView 的数据适配器。要创建数据适配器，可以继承 SimpleAdapter 类，但考虑到 SimpleAdapter 的父类是 BaseAdapter，而且 BaseAdapter 还实现了 ListAdapter 和 SpinnerAdapter 接口，从而 GridView、ListView 和 Spinner 这几种组件都可以使用 BaseAdapter 来作为它们的数据适配器。因此，通过继承 BaseAdapter 类来定义适配器最为便利。

下面就是一个名为 MyAdapter 的适配器定义框架。

```
class MyAdapter extends BaseAdapter {
    // 在 ListView 中显示的总数据行数
    @Override
    public int getCount() {
        ...
    }
    // 第 position 行的条目对象
    @Override
    public Object getItem(int position) {
        ...
    }
```

```
        // 第 position 行的条目对象 id 标识
        @Override
        public long getItemId(int position) {
            ...
        }
        // getView()相当于每一数据行的界面"制作工厂"
        @Override
        public View getView(int position,View convertView,
                    ViewGroup parent) {
            // position 代表当前显示的数据行号，convertView 是复用的行
            // 布局。当 ListView 显示或更新数据显示时，都会调用 getView()
            // 方法得到列表行界面。如果屏幕上的 ListView 有 n 行数据可见，
            // 那么 getView()方法最多被调用 n 或 n+1 次
            ...
        }
    }
```

系统在开始绘制 ListView 组件的时候，首先要调用适配器的 getCount()方法得到 ListView 要显示的数据行数。如果 getCount()返回值是 0 的话，ListView 列表将什么都不显示。同样，如果返回值为 1 则只会显示一行数据。

ListView 在显示数据的时候，将多次调用 getView()方法生成在屏幕上显示的列表行。getView()方法有 3 个参数，其中 position 表示当前显示的是第几行数据，covertView 是指已经加载进来的行界面布局，这些布局因为以前的数据行在屏幕上不可见，因此可以被复用。当然，在 getView()中还可以为每一个列表行中包含的子控件添加监听事件。

不过，getView()方法的调用次数是与当前 ListView 在屏幕上可见的 ListView 组件行数来确定的。举例来说，假定 ListView 组件要显示的数据为 100 条，屏幕上可见列表行数只有 4 行，此时 ListView 理论上最多只需创建 5 个列表行组件，而不是 100 个。因为 ListView 只是充当数据的一个"小窗户"。当 ListView 组件上下滑动时，ListView 就使用这 5 个列表行组件来循环显示当前可见的部分数据，参数 convertView 就是系统传递过来的被循环利用的列表行组件。图 6.32 演示了 ListView 的工作原理，其中黑色粗线框代表 ListView 组件，字母代表列表行，数字代表数据行。站在这个角度来看，ListView 是一个"以四两拨千斤"的典型案例。

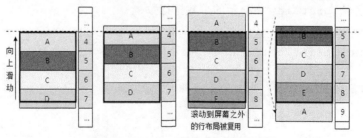

图 6.32 ListView 组件工作原理示意图

6.9.6 Handler/AsyncTask

当应用程序启动时，Android 会开启一个主线程，这个线程的主要工作就是管理界面中的

UI 控件显示，进行事件分发，所以主线程通常就是 UI 线程。当单击界面上的一个按钮时，Android 会将单击事件分发给被单击的按钮以此响应用户的操作。如果执行的是一个耗时操作，如通过网络读取数据，若这些操作在主线程中执行的话，应用程序的界面就会出现"假死"现象，也就是界面卡住没有反应。一旦执行的操作超过 5 秒钟，Android 系统会发送一个强制关闭的 ANR 错误提示。

在这种情况下，应该将那些耗时的操作放到一个子线程中去处理。不过，如果直接在子线程中更新 UI 界面上的内容，Android 将会直接抛出一个名为 CalledFromWrongThreadException 的异常。也就是说，Android 不允许在子线程直接更新 UI 界面。为了解决这一问题，Android 就引入了 Handler 机制。

由于这里是在 Fragmentl 类中定义了一个继承 Handler 的匿名内部类，这个匿名内部类的实例会被直接绑定到它所在的主线程，通常就是 UI 线程，也就是 Activity 中。Handler 可以接收子线程传递过来的 Message 消息对象，然后把这些消息放入到主线程的消息队列中，以此配合子线程更新 UI 的要求。子线程需要更新 UI 界面时，只需将包含更新数据的 Message 对象传递过去就可以了。从这个角度讲，Handler 充当的其实只是"中间人"的角色。

除了 Message 对象，Handler 还可以分发 Runnable 对象到主线程。Handler 维护两个队列，即消息队列和 Runnable 队列，这些都是由 Android 操作系统提供的。在消息队列中，Handler 可以发送、接收和处理消息，在 Runnable 队列中则可以启动、结束和休眠线程。

由于 Handler 会被绑定到主线程，Handler 就持有一个主线程对象的引用，当主线程可以结束时，由于引用被 Handler 对象持有导致内存不能及时释放，由此可能引发潜在的"内存泄漏"问题。ADT 开发环境中的 lint 检查工具也会给出提示信息，如图 6.33 所示。

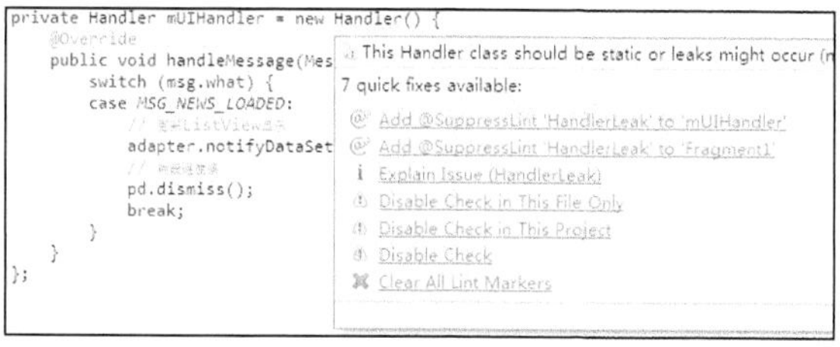

图 6.33 Handler 的 lint 提示

解决这个问题的办法是通过弱引用来处理。下面，给出本单元新闻阅读器的代码示例，其中定义了一个 static 的内部类 UIHandler，它持有所在主线程对象的弱引用（此处为 Fragment1），这样 lint 警告信息就不会有了。

请将原 Fragment1 类中定义的 mUIHandler 及其初始化代码换成下面阴影部分的内容。

```
Handler mUIHandler = new UIHandler(this);

static class UIHandler extends Handler {
    // 弱引用会在系统垃圾回收时强行将内存释放
    WeakReference<Fragment1> ref;

    UIHandler(Fragment1 fragment) {
        ref = new WeakReference<Fragment1>(fragment);
    }
```

```
        @Override
        public void handleMessage(Message msg) {
            Fragment fragment1 = ref.get();
            If(fragment1==null)return;
            switch (msg.what) {
            case MSG_NEWS_LOADED:
                fragment1.adapter.notifyDataSetChanged();
                break;
            }
        }
    };
```

当然，由于弱引用指向的内存块可能被系统强行回收，为安全起见，上面handleMessage()方法中的fragmentl对象在使用之前还应判断一下是否为null。

除了Handler，Android还提供了一个AsyncTask类用来执行异步线程任务，用于在子线程中更新UI界面的场合，这个AsyncTask生来就是处理一些后台的耗时任务，给用户带来良好的用户体验，编程语法上也显得更加优雅，不需子线程和Handler就可以完成异步操作并且刷新用户界面。

使用Handler时，需要开启子线程执行任务，当任务执行结束后子线程要发消息给Handler，以执行主线程UI界面更新等相关处理。AsyncTask则对这种需要与用户界面交互的费时任务处理变得更加简单。AsyncTask是从Android 1.5就开始提供的一个异步任务工具类，它使用了java.util.concurrent并发框架来管理线程和任务的执行。AsyncTask的特点是任务处理在主线程之外运行，而回调方法是在主线程中执行，有效地避免了使用Handler带来的繁琐。

AsyncTask是一个抽象类，使用时需要定义一个子类（匿名类或普通类均可）来继承它，并根据需要实现其中的若干方法。不过，子类继承AsyncTask时需要提供3个泛型类型，它们分别对应子类中覆盖的 doInBackground()、onProgressUpdate()和 onPostExecute()3个方法的传入参数类型。不考虑实际需要的前提下，子类化AsyncTask的一般结构如下。

```
class DownloadTask extends AsyncTask<Void, Void, Void> {
    protected void onPreExecute() { ... }
    protected Void doInBackground(Void... arg0) { ... }
    protected void onProgressUpdate(Void... values) { ... }
    protected void onPostExecute(Void result) { ... }
    ...
}
```

这里直接将子类化需要的泛型参数类型设置为Void，因为doInBackground()是抽象方法，所以子类化AsyncTask至少要实现这个方法，其他几个方法可以根据实际需要选择。其中，doInBackground()将在onPreExecute()方法之后执行，具体后台处理工作都是放在doInBackground()中的。在doInBackground()中可以调用publishProgress()方法来实时更新任务执行的进度。当调用publishProgress()方法时，子类对象的onProgressUpdate()方法会被自动触发，用来更新界面上一些信息，以便使用户了解后台任务执行的进度。onPostExecute()则是在doInBackground()结束之后触发的，因此可以将后台计算结果在该方法中更新到UI界面上展示给用户。

下面以新闻条目的加载为例展示一下AsyncTask的具体用法，见下面阴影部分所示的内容。

```java
// 创建一个继承了 AsyncTask 的匿名类对象
AsyncTask<String, Void, Void> task =
        new AsyncTask<String, Void, Void>() {
    @Override
    protected Void doInBackground(String... params) {
        // 处理 execute()方法传递过来的参数值
        if (params!=null && params.length>0) {
            Log.i("NewsReader", params[0]);
        }
        // 通过 HttpGet 获取 RSS 数据
        HttpClient client = new DefaultHttpClient();
        HttpGet get = new HttpGet("http://news.163.com/"
                + "special/00011K6L/rss_newstop.xml");
        try {
            HttpResponse response = client.execute(get);
            // 检查服务器返回的响应码,200 表示成功
            if (response.getStatusLine()
                        .getStatusCode() == 200) {
                // 获取网络连接输入流,解析收到的 RSS 数据
                InputStream is = response.getEntity().getContent();
                List<Map<String, String>> items = getRssItems(is);
                newsList.clear();
                for (Map<String, String> item : items) {
                    NewsBean news = new NewsBean();
                    news.title = item.get("title");
                    news.description = item.get("description");
                    news.link = item.get("link");
                    news.pubDate = item.get("pubDate");
                    news.guid = item.get("guid");
                    newsList.add(news);
                }
            }
        } catch (Exception e) {
            e.printStackTrace();
        }
        // 销毁进度条
        pd.dismiss();
        return null;
    }
```

```
@Override
protected void onPostExecute(Void result) {
    // 数据加载完毕，通知 ListView 显示
    adapter.notifyDataSetChanged();
    super.onPostExecute(result);
}
};

// 启动执行异步任务
task.execute("张三");
```

由上面代码可以看出，使用 AsyncTask 与创建子线程所做的工作是类似的，最大的区别在于 AsyncTask 子类代码中可以直接修改 UI 界面上的内容，不再要求通过 Handler 来处理，相当于是 Thread 和 Handler 两者合起来的效果，doInBackground()中的代码是 Thread 中的内容，onPostExecute()则是 Handler 中的内容。

为了正确使用 AsyncTask 类，需要注意以下问题。

（1）AsyncTask 的实例必须在 UI 主线程中创建。

（2）AsyncTask 实例的 execute()方法必须在 UI 主线程中调用，可以根据需要将参数通过 execute()方法传递给 AsyncTask 对象。当然，如果不需要传递参数的话，可以直接调用无参 execute()方法（如 task.execute()）。

（3）不能直接调用 onPreExecute()、onPostExecute()，doInBackground()和 onProgressUpdate() 这几个方法，只要 AsyncTask 实例一启动，它们会自动执行。

6.9.7 Android SDK Source

Android 操作系统的源代码可以粗略地划分为两大部分，即底层的 Linux Kernel、Libraries 和 Android Runtime，以及上层的 Application Framework，最顶部的 Applications 就是编写的应用程序。如图 6.34 所示。

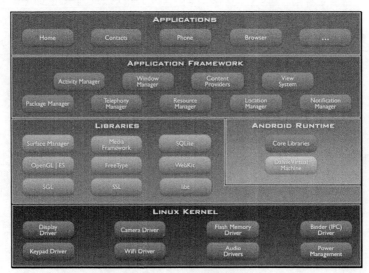

图 6.34 Android 体系结构

在开发应用程序过程中，有时候希望了解一下系统提供的接口 API 到底是如何工作的，这时候就涉及查看系统源代码的问题了。由于大部分时候都是基于 Applications Framework 即 Android SDK API 进行具体的开发工作，比如继承 android.app.Activity 类并覆盖其 onCreate() 方法，调用 super.onCreate() 即父类 android.app.Activity 中实现的 onCreate() 方法。如果想具体了解 android.app.Activity 类的 onCreate() 方法究竟做了什么工作，可以在 ADT 集成开发环境中关联 Android SDK API 的源代码，然后通过调试手段观察其运行过程。

（1）首先将 Android 的源代码下载下来。单击 ADT 的主菜单"Window"→"Android SDK Manager"，勾选 Android 4.2.2(API 17)分类下面的 Sources for Android SDK 将其下载下来，成功下载后在右侧应该出现 Installed 字样，如图 6.35 所示。

（2）以 ColorCard 色卡项目为例，打开 ColorCardActivity 类的代码，找到其中的 onCreate() 方法，按住键盘上的<Ctrl>键，将鼠标移至该方法里面的第一行代码 onCreate() 位置上，此时 super.onCreate 会变成一个链接，同时弹出一个小菜单，鼠标单击"Open Implementation"项即可，如图 6.36 所示。

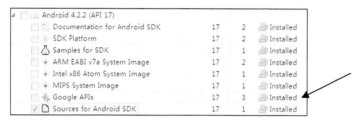

图 6.35　安装 Android SDK 源代码

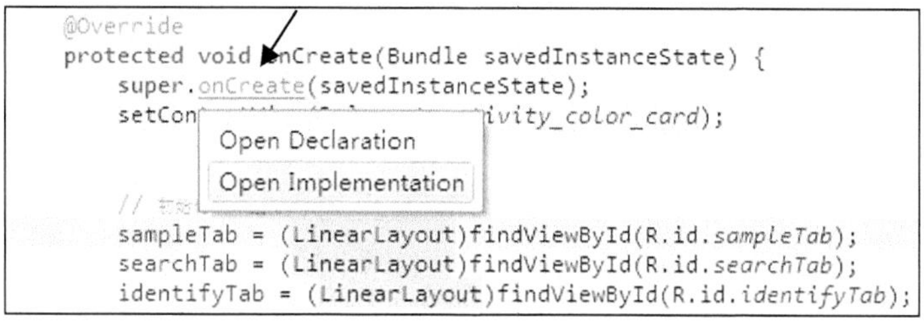

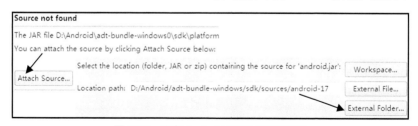

图 6.36　在代码中关联 Android SDK 源代码

（3）在 Source Attachment Configuration 窗体中，单击其中的"Attach Source"按钮，在弹出的对话框中单击"External Folder"按钮，并定位到 SDK 的源代码目录（默认为 <adt-bundle-windows>/sdk/sources/android-17），然后单击"OK"按钮，如图 6.37 所示。

图 6.37　设定 Android SDK 源代码目录

通过上面的步骤，ADT 将直接显示出 Activity 类的源代码，此时就可以在 Activity 类源代码中设置断点进行调试，单步执行，就像自己编写的程序一样，只不过这里的 Activity 源代码是不能修改的。

6.10 问题实践

1. 回顾最终完成的项目代码，仔细体会一下，看看自己从中学到了什么，并理一理与前面项目所涉及知识点的关联性。

2. Fragment1 的 ListView 组件显示新闻条目时，显示的是形如"Sat, 20 Jul 2013 11:02:29 GMT"的时间，请将其修改成"2013-07-20 11:02:29"这种时间格式。

3. 在 NewsActivity 显示新闻时，很多情况下都会遇到新闻标题超过屏幕宽度导致标题显示不完整的现象，请设置 TextView 组件的属性实现"跑马灯"效果，以便新闻标题太长时能自动水平滚动显示。

4. 单击 NewsActivity 的浏览新闻详细内容的图标时，只有在内容全部加载完毕时 WebView 才会显示。请给 WebView 组件增加进度条的提示，并在内容加载完毕时关闭进度条。

5. 在实现新闻阅读器底部导航栏时，只是将被单击导航项的图片换掉了，导航项的字体颜色并没有随之改变。请实现这一功能。

6. 新闻阅读器的 ListView 组件显示新闻条目时，定义了一个 NewsAdapter 适配器，但这个适配器还存在性能缺陷。造成这一问题的原因在于 NewsAdapter 类的 getView() 方法，这个方法中的 findViewById() 方法被重复调用，而列表行 View 对象是复用的，请对此进行优化，避免每次在布局文件中重复用 findViewById() 定位组件。

7. 目前 ListView 显示的新闻条目右端的缩略图是一张固定的图片，请考虑将其改为根据新闻条目的内容动态加载一张网络图片。

8. 请使用 Service 实现一个基于手机客户端的推送通知功能，也就是说，即使新闻阅读器程序没有启动，也能在有最新的新闻时，在系统通知栏发送一个通知消息，单击该通知即启动程序查看新闻内容。

9. 请将 ColorCard 色卡项目重构为使用 Fragment 实现。

10. CSDN 技术社区也提供了许多公开的 RSS 新闻数据源，请设计实现一款 CSDN 技术社区的客户端，使之能够获取 CSDN 站点上发布的新闻（比如"业界"的 RSS 数据源链接为"http://news.csdn.net/rss_news.html"），然后将其显示到 ListView 中。

项目 7
MapPhotos 地图相册的开发

【学习提示】

- 项目目标：开发一款基于 Google Map 的地图相册应用，实现地图浏览、定位、相机拍照和相册显示等功能
- 知识点：Google Map API；SQLite；Camera 控制；自定义 Gallery 图库
- 技能目标：理解 Google Map API；会使用 SQLite 保存数据；会构建自定义 Camera 并实现灵活的拍照控制；会利用地图组件编写 LBS 类应用

7.1 项目引入

随着移动互联网的发展，一些基于地理位置的应用如雨后春笋般普及开来。LBS（Location Based Services）又称为基于位置的服务，是指通过运营商的无线通信网络或 GPS 定位方式，获取移动终端用户的位置信息，并在地图平台的支持下为用户提供相应的服务。

在国外，成功的位置社交服务产品是著名的 Foursquare，创立于 2009 年 3 月，最初是在 iPhone 上发布的一款基于地理位置感知的社交应用，通过这个应用可以随时更新地理位置信息，传递心得，其本质是基于地理位置信息的社交网络，也就是位置社交服务。

LBS 包括两层含义，首先是确定移动设备或用户所在的地理位置，其次是提供与位置相关的各类信息服务。它们都是与定位相关的，如确定手机用户当前的地理位置，然后以当前位置为中心点的若干公里范围内寻找其他手机用户、宾馆、影院、图书馆、加油站等信息。所以，LBS 应用就是借助互联网或无线网络，在固定用户或移动用户之间完成定位和服务两大功能。

LBS 又可分为两种类型，即狭义上的位置签到服务和广义上的位置信息服务。狭义上的位置签到服务又分为位置社交、位置游戏、位置场景化等几种发展方向。广义上的位置信息服务则分为位置信息及本地生活信息两大方向。LBS 作为移动互联网的一项重要任务，通过手机定位赋予了应用智能化的体验。

一般来说，绝大部分 LBS 应用都会用到地图服务，从而与定位有机地相结合。在苹果的 iOS 平台，有一个名为"地图相册"的商业应用，由 Acamar 公司开发出来并在 Apple iTunes 上出售。此外，Google 旗下 Panoramio 是一个基于社区的通过照片来探索世界各地的站点，Panoramio 不同于其他图片分享网站，这里的每一张照片都包含了它的位置信息，都是一些可

以用来"看世界"的照片。用户上传照片后，可以对每一幅照片在地图上指定它的拍摄位置，这样其他用户就可以在地图上的相应位置看到所拍摄的照片。Panoramio 的界面效果如图 7.1 所示。

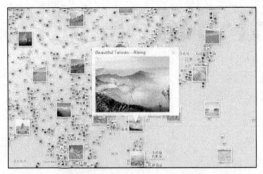

图 7.1 Panoramio 站点

本单元实现的地图相册，是一个建立在 Google Map 基础上的 LBS 应用，其运行效果如图 7.2 所示。

图 7.2 地图相册运行效果

7.2 MapPhotos 项目准备

（1）启动 Android Developer Tools 集成开发环境，选择主菜单"File"→"New"→"Android Application"以创建一个 Android 项目，按图 7.3 所示设定项目的名字和包名。

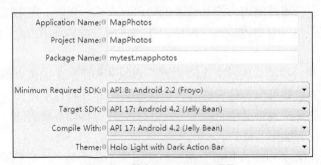

图 7.3 创建 MapPhotos 项目

（2）剩余步骤可根据需要设定应用程序的图标，其余全部按默认即可。
（3）请准备好几张图片素材，并将其复制至资源文件夹中。

（4）打开 activity_main.xml 布局文件，按照图 7.4 所示的外观效果进行设计，界面主体只包含一个 ListView 组件且占满全屏，并将其 id 命名为"photoListView"。

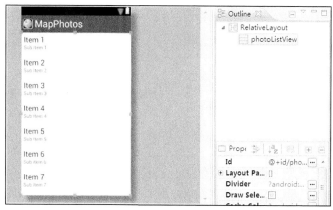

图 7.4　activity_main.xml 布局效果

（5）接下来为应用程序设计一个 ActionBar 风格的菜单。打开项目 res 中 menu 文件夹下的 main.xml，修改它的内容，在其中增加 3 个菜单项，如下面阴影部分所示。

```xml
<menu xmlns:android="http://schemas.android.com/apk/res/android" >
    <item
        android:id="@+id/menu_item_gallery"
        android:orderInCategory="100"
        android:icon="@drawable/gallery"
        android:showAsAction="always|withText"
        android:title="相册" />
    <item
        android:id="@+id/menu_item_add"
        android:orderInCategory="101"
        android:showAsAction="never"
        android:title="新增条目" />
    <item
        android:id="@+id/menu_item_remove"
        android:orderInCategory="102"
        android:showAsAction="never"
        android:title="移除条目" />
</menu>
```

（6）打开 MainActivity.java 文件，按下面阴影部分所示的内容进行修改。

```java
public class MainActivity extends Activity {
    @Override
    protected void onCreate(Bundle savedInstanceState) {
        super.onCreate(savedInstanceState);
        setContentView(R.layout.activity_main);
```

```java
        // 显示 ActionBar 的溢出菜单(即右端的 3 个点),
        // 默认则是按屏幕实际宽度以决定是否出现
        showOverflowMenu();
    }

    @Override
    public boolean onCreateOptionsMenu(Menu menu) {
        getMenuInflater().inflate(R.menu.main, menu);
        return true;
    }

    @Override
    public boolean onOptionsItemSelected(MenuItem item) {
        // 菜单项的单击事件响应处理,目前只是显示一个 Toast 提示
        switch (item.getItemId()) {
        case R.id.menu_item_gallery:
            Toast.makeText(this, "gallery", Toast.LENGTH_SHORT)
                .show();
            break;
        case R.id.menu_item_add:
            Toast.makeText(this, "add", Toast.LENGTH_SHORT)
                .show();
            break;
        case R.id.menu_item_remove:
            Toast.makeText(this, "remove", Toast.LENGTH_SHORT)
                .show();
            break;
        }
        return super.onOptionsItemSelected(item);
    }
    // 通过 Java 机制反射设置显示溢出菜单,因为 ViewConfiguration
    // 没有提供相应公开的方法来实现这一功能
    private void showOverflowMenu() {
        try {
            // 得到当前 Activity 的 ViewConfiguration 配置
            // 溢出菜单须通过 ViewConfiguration 进行设置
            ViewConfiguration config =
                    ViewConfiguration.get(this);
            // sHasPermanentMenuKey 是 ViewConfiguration 类的私有成员
            // 这里通过反射机制获取 ViewConfiguration 的这个私有成员
            java.lang.reflect.Field menuKeyField =
                ViewConfiguration.class.getDeclaredField(
```

```
                    "sHasPermanentMenuKey");
            if (menuKeyField != null) {
                // 解除ViewConfiguration类中对sHasPermanentMenuKey
                // 的private修饰，虚拟机将放宽对这个成员变量的限制
                menuKeyField.setAccessible(true);
                // 再通过menuKeyField修改sHasPermanentMenuKey的值
                menuKeyField.setBoolean(config, false);
            }
        } catch (Exception e) {
            e.printStackTrace();
        }
    }
}
```

（7）保存以上修改并运行程序，在横屏和竖屏情形下的运行效果如图7.5所示。

图7.5　ActionBar菜单效果

【提示】
ActionBar 是 Android 3.0 之后才引入的新对象，它是一个方便快捷的导航工具，可以作为活动的标题，突出一些关键的操作（如"搜索"、"创建"和"共享"等），还可以实现类似 TabWidget 的标签效果以及下拉导航的功能，而且 Android 系统能够根据不同的屏幕配置来适应ActionBar的外观,配合Fragement能实现复杂的程序界面。

当然，如果 ActionBar 在 Android 3.0 版本以前的系统上运行，就会自动降级为 Android 的"属性菜单"了，就像在 BMI 项目中所做的那样。

下面是本程序在 Android 2.3 版本中运行的效果，如图7.6所示。

图7.6　ActionBar 退化成属性菜单

7.3 相册条目实现

1. 相册条目界面设计

为了在主界面的 ListView 组件中显示地图相册的条目，需要事先设计好相册条目的布局文件，这一过程与前面的新闻阅读器是相似的。

（1）在 MapPhotos 项目 res 中的 layout 文件夹上单击鼠标右键，选择弹出菜单中的 "New"→"Android XML File" 项，然后设定新建的文件名为 "activity_main_listview_row.xml"，选定 Root Element 根元素为 LinearLayout，如图 7.7 所示。

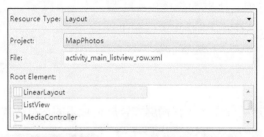

图 7.7 新建 activity_main_row.xml 布局

（2）打开新建的 activity_main_listview_row.xml 布局文件，分别往其中加入两个 ImageView 组件和一个 TextView 组件，调整好它们的相互位置，并使中间的 TextView 组件占满水平方向上剩余的屏幕空间，如图 7.8 所示。

图 7.8 activity_main_row.xml 界面效果

上述各组件的属性，请参考下面提供的完整布局 XML 文件内容。

```
<?xml version="1.0" encoding="utf-8"?>
<LinearLayout
    xmlns:android="http://schemas.android.com/apk/res/android"
    android:layout_width="match_parent"
    android:layout_height="wrap_content"
    android:background="#F0F8FF"
    android:gravity="center"
    android:orientation="horizontal" >
    <ImageView
        android:id="@+id/imageViewThumb"
        android:layout_width="60dp"
        android:layout_height="60dp"
        android:layout_margin="2dp"
```

```
        android:background="@drawable/emblem" />
    <TextView
        android:id="@+id/textViewTitle"
        android:layout_width="0dp"
        android:layout_height="64dp"
        android:layout_weight="1.0"
        android:gravity="center_vertical"
        android:hint="相册名称"
        android:textIsSelectable="true"
        android:textSize="14sp" />
    <ImageView
        android:id="@+id/imageViewMap"
        android:layout_width="64dp"
        android:layout_height="64dp"
        android:background="@drawable/gmap" />
</LinearLayout>
```

2. RowInfoBean 类定义

为了提供对相册数据的封装，接下来定义一个 Bean 类以存储每一行所需的数据。

（1）用鼠标右键单击 MapPhotos 项目 src 文件夹中的 mytest.mapphotos 包，选择弹出菜单中的 "New" → "Class" 项，设定类名为 RowInfoBean，并将所在包改为 mytest.mapphotos.bean，如图 7.9 所示。

图 7.9 新建 RowInfoBean 类

（2）修改 RowInfoBean 类的代码，下面阴影部分是它的全部内容，其中包含一个相册图标和一个相册标题。

```
package mytest.mapphotos.bean;

import android.graphics.drawable.Drawable;

public class RowInfoBean {
    public Drawable thumb;  // 相册图标
    public String title;    // 相册标题

    public RowInfoBean(Drawable thumb, String title) {
```

```
            this.thumb = thumb;
            this.title = title;
        }
    }
```

在 RowInfoBean 类中，仅仅是定义两个成员变量，然后提供一个用来初始化成员变量的构造方法。RowInfoBean 类中的两个成员变量对应的就是 ListView 组件中每一行的相册图标和文字标题，这在后面马上就能体会到它们的作用。

3．列出相册条目

打开 MainActivity 类的代码，按照下面阴影部分的内容进行修改。

```java
public class MainActivity extends Activity {
    private ListView photoListView;
    // ListView 显示的数据行
    private List<RowInfoBean> photoList =
            new ArrayList<RowInfoBean>();
    // 用于 ListView 组件显示行的 Adapter
    private PhotoAdapter photoAdapter;

    @Override
    protected void onCreate(Bundle savedInstanceState) {
        super.onCreate(savedInstanceState);
        setContentView(R.layout.activity_main);
        // 显示 ActionBar 的溢出菜单(即右端的 3 个点)
        showOverflowMenu();
        // 动态添加 5 个 RowInfoBean，以便 ListView 组件显示
        // 这是为了测试目的，以便在功能未实现之前看到效果
        Drawable thumb = getResources()
                .getDrawable(R.drawable.emblem);
        for (int i=0; i<5; i++) {
            photoList.add(new RowInfoBean(thumb, ""));
        }
        // 初始化 ListView 组件，设定其 Adapter 以便加载数据行显示
        photoListView = (ListView)
                findViewById(R.id.photoListView);
        photoAdapter = new PhotoAdapter(this);
        photoListView.setAdapter(photoAdapter);
    }
    ...
    private void showOverflowMenu() {
        ...
    }
```

```java
/**
 * adapter for listView
 */
protected class PhotoAdapter extends BaseAdapter {
    private Context context;
    private LayoutInflater layoutInflater;
    //
    public PhotoAdapter(Context context){
        this.context = context;
        this.layoutInflater = LayoutInflater.from(context);
    }
    @Override
    public int getCount() {
        return photoList.size();
    }
    @Override
    public Object getItem(int position) {
        return photoList.get(position);
    }
    @Override
    public long getItemId(int position) {
        return position;
    }
    // ListView 在显示数据行时，会反复调用
    // getView()获取界面显示组件对象
    @Override
    public View getView(final int position, View view,
                        ViewGroup parent) {
        // 如果没有复用的行界面，则
        // 动态加载一个"行"布局进来
        if (view == null) {
            view = layoutInflate.inflate(
                    R.layout.activity_main_listview_row,
                    null);
        }
        // 获取第 position 行显示的数据项
        RowInfoBean bean = photoList.get(position);
        // 初始化"行"布局中的组件，并设置其显示内容
        ImageView thumbView = (ImageView)
                view.findViewById(R.id.imageViewThumb);
```

```
            TextView titleView = (TextView)
                    view.findViewById(R.id.textViewTitle);
            thumbView.setBackgroundDrawable(bean.thumb);
            titleView.setText(bean.title);
            // 返回"行"布局视图给 ListView 显示
            return view;
        }
    }
}
```

保存以上所做修改并运行程序，运行结果如图 7.10 所示。

图 7.10　相册条目运行效果

在 MainActivity 类中，首先定义了两个成员变量即 photoList 和 photoAdapter。

```
// ListView 显示的数据行
private List<RowInfoBean> photoList =
            new ArrayList< RowInfoBean>();
// 用于 ListView 组件显示行的 Adapter
private PhotoAdapter photoAdapter;
```

其中，前者代表将在 ListView 组件中显示的数据（图标和文字标题），后者代表的是"适配器"，它是逻辑数据 photoList 和 ListView 组件内容显示之间的一个"转换器"。

此外，PhotoAdapter 类是被定义在 MainActivity 里面的一个内部类，其父类/超类为 BaseAdapter。PhotoAdapter 类需要做的，就是覆盖 BaseAdapter 的一系列方法，包括 getCount()、getItem()和 getView()等，之所以要这样，是因为 ListView 就如同一个"小窗口"，每次只显示全部数据行中的一小部分（假定要显示 1000 个数据行，实际上屏幕上每次只能看到某几行），系统会根据 ListView 在屏幕上占据的空间来决定要在 photoList 中取多少条数据进行显示，也就是说通过 ListView 每次看到的总是一部分数据行，这种机制有点像常见的"分页"处理。下面这行代码就是设置 photoListView 的数据适配器。

```
photoListView.setAdapter(photoAdapter);
```

当 ListView 组件有了合适的数据适配器（photoAdapter 对象）后，系统就能按照它提供的处理方法，在"数据"与"界面元素"之间进行转换，有点类似用变压器将 220V 交流电转换为 12V 直流电，实际上变压器的学名就是适配器。

4．新增和移除相册条目

接下来，继续实现在 ActionBar 菜单中的"新增条目"和"移除条目"功能。其中，"新增条目"比较简单，"移除条目"则要求则先选中 ListView 的某一行才能进行。

（1）打开 MainActivity 类，修改 onOptionsItemSelected()方法，将针对菜单项 R.id.menu_item_add 的处理改为下面阴影部分的内容。

```
public boolean onOptionsItemSelected(MenuItem item) {
    // 菜单项的点击事件响应处理
    switch (item.getItemId()) {
    case R.id.menu_item_gallery:
        ...
    case R.id.menu_item_add:
        // 在 photoList 动态数组中新增了数据，必须通过
        // photoAdapter 向 ListView 发通知才能更新界面显示
        Drawable thumb = getResources().getDrawable(
            R.drawable.emblem);
        photoList.add(new RowInfoBean(thumb, ""));
        photoAdapter.notifyDataSetChanged();
        break;
    case R.id.menu_item_remove:
        ...
    }
    return super.onOptionsItemSelected(item);
}
```

由此可见，"新增条目"的功能实现与前面 onCreate()方法循环添加是类似的，唯一不同的就是往 photoList 动态数组中添加了数据后，要调用 photoAdapter 对象的 notifyDataSetChanged()方法来通知 ListView 组件及时更新界面上的内容。

保存修改，运行程序，然后单击顶部 ActionBar 中的"新增条目"菜单项，看看是否能正常添加数据。

（2）添加代码实现 ListView 组件中数据行的长按"选中"功能，请按照下面阴影部分所示内容修改。

```
public class MainActivity extends Activity {
    ...
    // 用于 ListView 组件显示行的 Adapter
    private PhotoAdapter photoAdapter;
    private int seledRowIndex = -1;
    @Override
    protected void onCreate(Bundle savedInstanceState) {
        ...
```

```java
        // 初始化 ListView 组件，设定其 Adapter 以便加载数据行
        photoListView = (ListView)
                findViewById(R.id.photoListView);
        photoAdapter = new PhotoAdapter(this);
        photoListView.setAdapter(photoAdapter);
        // 长按条目的事件监听设置
        photoListView.setOnItemLongClickListener(
                new OnItemLongClickListener() {
            public boolean onItemLongClick(AdapterView parent,
                        View view,int position, long id) {
                // 处理选中或取消选中，-1 代表取消选中
                if (seledRowIndex == position) {
                    seledRowIndex = -1;
                }
                else {
                    seledRowIndex = position;
                }
                // 通知 ListView 更新显示
                photoAdapter.notifyDataSetInvalidated();
                // 返回 true 即让 Android 不再做后续的长按处理
                return true;
            }
        });
    }
    ...
    protected class PhotoAdapter extends BaseAdapter {
        ...
        @Override
        public View getView(final int position, View view,
                        ViewGroup parent) {
            ...
            RowInfoBean bean = photoList.get(position);
            thumbView.setBackgroundDrawable(bean.thumb);
            titleView.setText(bean.title);
            // 被选中行的高亮显示(改变其背景颜色)
            if (seledRowIndex == position) {
                view.setBackgroundColor(
                        Color.parseColor("#63B8FF"));
            }
            else {
```

```
                view.setBackgroundColor(
                        Color.parseColor("#F0F8FF"));
            }
            return view;
        }
    }
}
```

保存修改并运行,试试能否长按 ListView 组件某一行达到高亮显示的效果。在 MainActivity 类中新增了一个用来记住用户长按的数据行位置变量,即该数据行在 photoList 动态数组中的位置,然后通知 ListView 更新界面显示,此时被选中的数据行其背景颜色就被设置为某种颜色。另外,如果某行已被选中,再次长按同一数据行的话则会取消对该行的选中,此时 seledRowIndex 成员变量的值就被重置为-1,表明此时没有数据行被选中。

(3)确定了在 ListView 组件里选中的数据行,现在可以添加"移除条目"菜单项的代码了。打开 MainActivity 类,修改其中的 onOptionsItemSelected 方法,如下。

```
public boolean onOptionsItemSelected(MenuItem item) {
    // 菜单项的点击事件响应处理
    switch (item.getItemId()) {
    case R.id.menu_item_gallery:
        ...
    case R.id.menu_item_add:
        ...
    case R.id.menu_item_remove:
        // 删除被选中的数据行,并更新 ListView 的显示
        photoList.remove(seledRowIndex);
        photoAdapter.notifyDataSetChanged();
        break;
    }
    return super.onOptionsItemSelected(item);
}
```

保存修改并运行程序,当选中 ListView 中的某行,再单击 ActionBar 上的"移除条目"菜单项,此时被选中的数据行就被删除了,运行效果如图 7.11 所示。

图 7.11 移除相册条目运行效果

【提示】　删除选中的数据行后，仍有其他数据行被选中了，这显然是一个问题。为什么会造成这个现象呢，是因为删除选中的数据行时，seledRowIndex 变量中保存的仍是此前选中数据行的"位置值"，因此在做完删除处理之后，应该把 seledRowIndex 的值重置为-1 才行。完善后的代码如下面阴影部分所示。

```
switch (item.getItemId()) {
case R.id.menu_item_gallery:
    ...
case R.id.menu_item_add:
    ...
case R.id.menu_item_remove:
    if (seledRowIndex != -1) {
        // 删除被选中的数据行
        photoList.remove(seledRowIndex);
        // 重置选中项
        seledRowIndex = -1;
        // 更新 ListView 的显示
        photoAdapter.notifyDataSetChanged();
    }
    else {
        Toast.makeText(getApplicationContext(),
                "长按数据行以选中，再执行删除操作",
                Toast.LENGTH_SHORT)
            .show();
    }
}
```

5．相册条目名称修改

（1）打开项目 res 中 menu 文件夹下的 main.xml 文件，修改它的内容，在其中再增加一个菜单项，如下面阴影部分所示。

```xml
<menu xmlns:android="http://schemas.android.com/apk/res/android" >
    ...
    <item
        android:id="@+id/menu_item_remove"
        android:orderInCategory="102"
        android:showAsAction="never"
        android:title="移除条目" />
    <item
        android:id="@+id/menu_item_edit"
        android:orderInCategory="103"
        android:showAsAction="never"
        android:title="修改名称"/>
```

```
</menu>
```

（2）默认情况下，如果没有选中某个相册条目，此时的编辑菜单项是被禁用的。在 MainActivity 类的 onCreateOptionsMenu()方法中添加禁用菜单项的代码，如下。

```
public boolean onCreateOptionsMenu(Menu menu) {
    getMenuInflater().inflate(R.menu.main, menu);
    // 禁用"修改名称"菜单项
    MenuItem editMenu = menu.findItem(R.id.menu_item_edit);
    editMenu.setEnabled(false);
    return true;
}
```

（3）当用户长按选中 ListView 组件中的数据行时，就启用这个"修改名称"菜单项。如果用户单击这个菜单，此时显示一个 Dialog 对话框让用户设定相册条目的标题名字。现在要修改 MainActivity 类的代码，见下面阴影部分的内容。

```
public class MainActivity extends Activity {
    ...
    private int seledRowIndex = -1;
    private MenuItem editMenu; // 溢出菜单中的"修改名称"菜单项
    @Override
    protected void onCreate(Bundle savedInstanceState) {
        ...
        // 长按条目事件
        photoListView.setOnItemLongClickListener(
                new OnItemLongClickListener() {
            public boolean onItemLongClick(AdapterView parent,
                    View view, int position, long id) {
                // 处理选中或取消选中
                if (seledRowIndex == position) {
                    seledRowIndex = -1;
                    // 取消选中数据行时，禁用"修改名称"菜单项
                    editMenu.setEnabled(false);
                }
                else {
                    seledRowIndex = position;
                    // 选中数据行时，启用"修改名称"菜单项
                    editMenu.setEnabled(true);
                }
                // 通知 ListView 更新显示
                photoAdapter.notifyDataSetInvalidated();
                return true;
            }
```

```java
        });
    }
    public boolean onCreateOptionsMenu(Menu menu) {
        ...
        // 禁用"修改名称"菜单。注意：editMenu 已经改为成员变量了
        editMenu = menu.findItem(R.id.menu_item_edit);
        editMenu.setEnabled(false);
        return true;
    }
    ...
}
```

> 【提示】上面将 onCreateOptionsMenu()方法中的 editMenu 变量的定义调整为 MainActivity 类的成员变量了，这样做的目的是为了能在 onCreate()方法中对 editMenu 菜单项进行控制。

（4）当用户单击"修改名称"菜单项时，需要弹出一个对话框输入相册名称字符串，这部分代码就是 onOptionsItemSelected()方法中阴影部分的内容。

```java
public boolean onOptionsItemSelected(MenuItem item) {
    // 菜单项的点击事件响应处理
    switch (item.getItemId()) {
    case R.id.menu_item_gallery:
        ...
    case R.id.menu_item_add:
        ...
    case R.id.menu_item_remove:
        ...
    case R.id.menu_item_edit:
        // 得到当前选中的数据行
        final RowInfoBean bean =
                photoList.get(seledRowIndex);
        // 设定用来输入相册名称的输入框
        final EditText input = new EditText(this);
        input.setInputType(InputType.TYPE_CLASS_TEXT);
        input.setText(bean.title);
        // 动态创建对话框
        AlertDialog.Builder builder =
                new AlertDialog.Builder(this);
        // 设定对话框中的按钮（修改和返回）
        builder.setPositiveButton("修改",
                new DialogInterface.OnClickListener() {
```

```
                    @Override
                    public void onClick(DialogInterface dialog,
                                        int which) {
                        // 禁用修改条目菜单项
                        seledRowIndex = -1;
                        editMenu.setEnabled(false);
                        // 修改选中的数据行，并通知 ListView 更新界面显示
                        bean.title = input.getText().toString();
                        photoAdapter.notifyDataSetChanged();
                    }
                });
                builder.setNegativeButton("返回",
                        new DialogInterface.OnClickListener() {
                    @Override
                    public void onClick(DialogInterface dialog,
                                        int which) {
                        // 直接关闭对话框，参数 dialog 就是当前对话框
                        dialog.cancel();
                    }
                });
                // 设定对话框的标题和界面，然后显示对话框
                builder.setTitle("修改相册名称");
                builder.setView(input);
                AlertDialog dialog = builder.create();
                dialog.show();
                break;
        }
        return super.onOptionsItemSelected(item);
    }
```

【提示】

在这里，首先得到当前选中的数据行，即一个 RowInfoBean 对象，然后将这个对象中的初始值传给对话框。接下来又通过代码创建了一个 EditText 组件，对话框的创建是通过 AlertDialog 进行的。在创建对话框的代码中，首先构造一个 Builder 对象(Builder 类被定义为 AlertDialog 的内部类)，然后使用这个 Builder 对象设定对话框上的"修改"和"返回"按钮，并将前面创建的 EditText 组件作为对话框的显示内容。

保存以上修改，最终的运行效果如图 7.12 所示。

图 7.12　修改相册名称运行效果

7.4　地图实现

这一部分将重点实现基本的地图功能，即当用户单击 ListView 组件中的某个数据行时，应用程序将启动一个包含有 Google 地图的 Activity 界面。当然，为了达到这一目标，还有一些准备工作要先做好。

1．Google 地图环境设置

（1）首先检查 ADT 是否包含有"Google APIs"的运行环境，方法是单击打开 ADT 的主菜单"Window"→"Android SDK Manager"，勾选相应 Android 版本下面的 Google APIs 项，如图 7.13 所示。

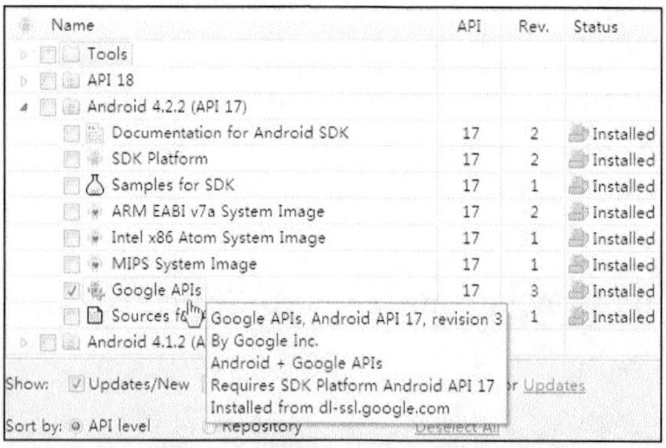

图 7.13　Google APIs 软件包

鉴于地图项目需要用到 Google Play services 支持，在 Android SDK Manager 中的 Extras 分类下面将其勾选上，如图 7.14 所示。

确保这两项选中之后，点击"Install package"按钮将其下载到机器上。

（2）将 Android SDK 中附带的 Google Play services 类库导入到 ADT 开发环境中，方法是：单击主菜单"File"→"Import"项，选中 Android 分类下面的"Existing Android Code Into Workspace"，单击"Next"按钮，然后选定 google_play_services 所在的文件夹（其中 Root Directory 就是 <adt-bundle-windows>/sdk/extras/google/google_play_services/libproject/google-play-services_lib 文件夹），这样 google-play-services_lib 项目就被成功导入进来，如图 7.15 所示。

图 7.14 Google Play services 软件包

图 7.15 选定 google_play_services 项目

（3）现在准备申请使用 Google Map 服务的 API Key，这项工作只需做一次。当然，在申请 API Key 之前，要求具备一个 Google 账户，如果没有的话，稍后也可以创建一个。

打开浏览器，进入 Google Developers（https://developers.google.com/），在该站点页面上找到"Developers Console"并单击进入开发者控制台页面（直接输入地址 https://console.developers.google.com 亦可）。然后在页面上输入 Google 账户的用户名和密码，如果没有的话可以单击底部的"Create an account"新建一个账户，如图 7.16 所示。

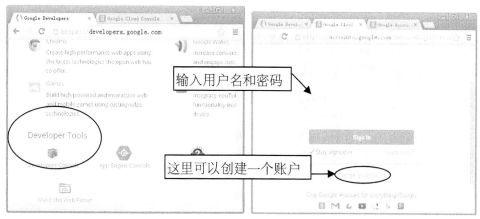

图 7.16 登录 Developers Console 页面

若初次访问 Developers Console 开发者控制台，页面上就会出现"You don't have any projects! Create a new project to get started."的提示信息，它的意思是"目前没有任何项目可用，请先创建一个新项目"。此时，应单击页面底部的 **CREATE PROJECT** 按钮，项目名字和 ID 保持默认的"My Project"即可，如图 7.17 所示，然后勾选同意服务条款，单击"Create"按钮完成项目的创建。

图 7.17　创建 Google APIs 的 Project

【提示】　在开发者控制台创建的 Project，与在 ADT 中创建的 Android 项目是完全不同的两个概念，不要将两者混淆。

（4）Developers Console 的项目建好之后，会自动进入 Google Developers Console 页面，如图 7.17 所示。

单击页面左侧的"APIs&auth"→"APIs"项，在右边列出的访问接口中，找到 Google Maps Android API v2 项，它的右侧默认是 OFF，请单击这个 OFF 开关，然后在出现的服务条款中勾选"I agree to these terms to ..."，最后单击"Accept"按钮，稍候 Google Maps Android API v2 项就处于启用状态了。

（5）继续在左侧找到"APIs&auth"→"Credentials"证书项并单击它，在出现的新页面中找到 Public API Access 下面的 CREATE NEW KEY 按钮并单击它，然后单击"Android Key"，如图 7.18 所示。

图 7.18　创建 Android key

现在浏览器上会显示一个类似对话框的界面，此时应填写 Android 应用程序的 keystore 数字签名文件的 SHA1 指纹和应用程序的包名，如图 7.19 所示。为了得到 keystore 数字签名文件的 SHA1 指纹，接下来要借助 keytool 工具来生成它。

为简单起见，这里直接使用 debug.keystore 签名文件。debug.keystore 文件是 ADT 开发环境自动产生的用于调试 Android 程序的签名文件。要了解它的存放位置，请点击 ADT 的主菜单"Window"→"Preferences"，在出现的窗体中选中左侧"Android"→"Build"，然后在窗体右侧即可看到这个文件所在目录，如图 7.20 所示。当然，在将应用程序发布为公开的产品时，应该使用自己的 keystore 文件，详细内容请参考前面拼图游戏单元中的"Android 程序打包"一节。

图 7.19 配置 API 项目的 Android Key

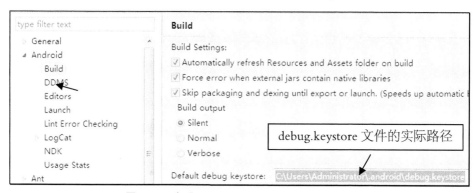

图 7.20 查看 debug.keystore 文件的保存路径

（6）打开一个命令行提示符窗体，在其中输入命令：keytool –list –v –keystore "C:\Users\Administrator\.android\debug.keystore"，如图 7.21 所示，注意应将 debug.keystore 文件的路径替换成实际找到的路径名。

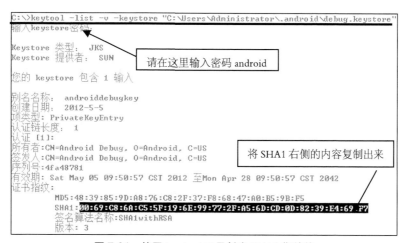

图 7.21 使用 keytool 工具创建 SHA1 指纹值

【提示】keytool 是 JDK 的 bin 文件夹下的一个可执行程序，如果没有事先设置过 JDK 的 PATH 环境变量的话，就要补上 keytool 的完整路径（如 D:\Java\jdk1.6.0_43\bin\keytool）。后面的 debug.keystore 的路径请使用双引号括起来，以避免文件夹中可能包含空格导致出现问题。

（7）将命令行提示符窗体上产生的 SHA1 值复制到图 7.19 所示的编辑框中，并在尾部加上包名";mytest.mapphotos"，然后单击"Create"按钮完成 API Key 的创建。注意，SHA1 指纹值与包名之间是一个半角的分号，如图 7.22 所示。

```
00:69:C9:6A:C5:5F:19:6E:99:77:2F:A5:6D:CD:0D:82:39:E4:69:F7;mytest.mapphotos
```

图 7.22　SHA1 和项目包名拼接

至此，就得到了 debug.keystore 签名文件所对应的 Android apps API Key，如图 7.23 所示。

图 7.23　生成的 API key

2．在模拟器中测试 Google 地图

（1）单击 ADT 集成开发环境的主菜单"Window"→"Android Virtual Device Manager"项，再通过"New"按钮创建一个名为 em4.2 的模拟器，各项参数设置如图 7.24 所示。

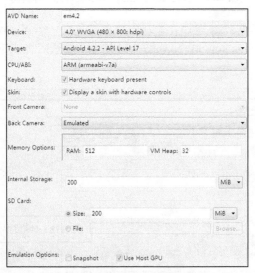

图 7.24　创建 Android 模拟器

单击"OK"按钮完成模拟器的创建，然后启动这个模拟器。注意，由于可能存在的硬件兼容问题，如果这个新建的模拟器无法启动，请尝试修改设置并去掉其中的"Use Host GPU"选项。当然，如果一切正常的话就不要做任何改动。

（2）从互联网上下载 com.android.vending.apk 和 com.google.android.gms.apk 两个文件（链接地址分别为：https://www.dropbox.com/s/46pqhhedk7oo33f/com.google.android.gms.apk 和 https://www.dropbox.com/s/ccnuqmsxdtb75xl/com.android.vending.apk，具体请参考 http://stackoverflow.com/questions/14040185/running-google-maps-v2-on-android-emulator 中的介绍），它们是 Google 服务框架的两个安装包。把这两个安装文件下载下来后，请将其放到 C:\ 目录下。

打开一个命令行提示符窗体，执行 adb install 命令，将上面两个 apk 文件安装到模拟器中，如图 7.25 所示。

图 7.25　安装 Google 服务框架到模拟器

【提示】　为验证 Google 地图是否在模拟器上可用，除正确安装 Google 服务框架软件包外，可以通过创建一个简单的测试项目，看看能否显示出真正的地图。

（3）新建一个 Android 项目，并按如图 7.26 所示的内容设置，其余步骤全部按默认即可。

图 7.26　新建 Google 地图测试项目

正常情况下，使用 Google Map API v2 地图要求 Android 的最低版本是 3.0，这里选定了 Android 4.0。当然，如果使用 android-support-v4.jar 就可以绕过这个限制，后续 MapPhotos 的地图实现中使用的就是这个兼容包。

【提示】　由于前面申请 API key 设定的包名是 mytest.mapphotos（即 SHA1 后面跟着的包名），所以这里的测试程序包名与此一致，否则就要重新申请一个 API key 了。

（4）在 TestGoogleMapV2 项目名字上单击鼠标右键，选择弹出菜单中的 Properties 项，在出现的窗体中的左侧选择 Android，然后在右侧通过 "Add" 按钮将这个 google-play-services_lib 添加进来，如图 7.27 所示。

图 7.27 添加 google-play-services_lib 引用库

 应确保 google-play-services_lib 项目和 TestGoogleMapV2 项目在同一个目录下，否则可能会出现问题。考虑到 TestGoogleMapV2 是通过 ADT 新建的项目，默认它们都是在同一个 workspace 文件夹中的。

（5）添加完 google-play-services_lib 后，单击"Apply"按钮使其生效。继续找到左侧的 Java Build Path，在右边的 Order and Export 栏目中勾选 Android Dependencies，如图 7.28 所示。

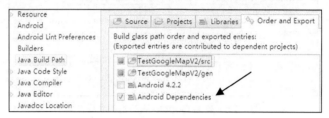

图 7.28 项目输出设置

（6）打开 activity_main.xml 布局文件，在其中添加地图组件的引用。

```
<RelativeLayout
     xmlns:android="http://schemas.android.com/apk/res/android"
     xmlns:tools="http://schemas.android.com/tools"
     android:layout_width="match_parent"
     android:layout_height="match_parent"
     tools:context=".MainActivity" >

     <fragment
         android:id="@+id/map"
         android:layout_width="match_parent"
         android:layout_height="match_parent"
         android:name=
             "com.google.android.gms.maps.MapFragment" />

</RelativeLayout>
```

（7）打开 MainActivity 类，修改其内容如下。

```
package mytest.mapphotos;

import android.app.Activity;
import android.os.Bundle;
import android.util.Log;
import com.google.android.gms.maps.GoogleMap;
import com.google.android.gms.maps.MapFragment;
```

```java
public class MainActivity extends Activity {
    private GoogleMap gmap;
    @Override
    protected void onCreate(Bundle savedInstanceState) {
        super.onCreate(savedInstanceState);
        setContentView(R.layout.activity_main);
        // 初始化地图组件
        MapFragment fm = (MapFragment) getFragmentManager().
            findFragmentById(R.id.map);
        gmap = fm.getMap();
        Log.i("GoogleMap", "gmap=" + gmap);
    }
}
```

（8）再打开 AndroidManifest.xml，修改其内容如下。

```xml
<?xml version="1.0" encoding="utf-8"?>
<manifest
    ...
    <uses-sdk
        android:minSdkVersion="14"
        android:targetSdkVersion="17" />
    <!--声明 Google Maps Android API v2
        使用 OpenGL ES version 2 渲染地图 -->
    <uses-feature
        android:glEsVersion="0x00020000"
        android:required="true" />
    <!-- 访问互联网、写 SD 卡、Google 服务、位置定位的权限 -->
    <uses-permission android:name="android.permission.INTERNET" />
    <uses-permission android:name=
        "android.permission.WRITE_EXTERNAL_STORAGE" />
    <uses-permission android:name=
        "com.google.android.providers.gsf.permission.READ_GSERVICES" />
    <uses-permission android:name=
        "android.permission.ACCESS_COARSE_LOCATION" />
    <uses-permission android:name=
        "android.permission.ACCESS_FINE_LOCATION"/>
    <application
        android:allowBackup="true"
        android:icon="@drawable/ic_launcher"
        android:label="@string/app_name"
        android:theme="@style/AppTheme" >
```

```xml
            <!-- 访问 Google 地图服务的 API_KEY -->
            <meta-data
                android:name="com.google.android.maps.v2.API_KEY"
                android:value="AIzaSyDjYl7xzK49MzI4cWuqKgEiqYS0MtyW4Ec" />
            <activity
                ...
            </activity>
        </application>
    </manifest>
```

保存以上所有修改，确保模拟器能正常联网，运行 TestGoogleMapV2，运行正常和异常的结果如图 7.29 所示。如果在模拟器或手机上出现缺失"Google Play service"的异常结果，那么主要是由 Android 系统缺少 Google Service Framework 引起的。

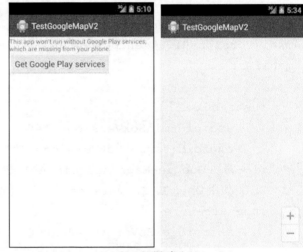

（运行正常）　　　　　　　　（运行异常）

图 7.29　Google 地图运行正常的结果和运行异常的结果

3．实现 Google 地图功能

（1）同上，先给 MapPhotos 项目添加 google-play-services_lib 支持库，方法是：在 MapPhotos 项目名字上单击鼠标右键，选择弹出菜单中的 Properties 项，然后选定左侧的 Android，在右边通过单击"Add"按钮将 google-play-services_lib 添加进来。如果不引用这个库项目的话，后面就会出现代码编译错误。

当然，同样要在 Java Build Path 的 Order and Export 栏目中勾选 Android Dependencies。

（2）接下来，用鼠标右键单击 MapPhotos 项目 src 文件夹中的 mytest.mapphotos 包，选择弹出菜单中的"New"→"Class"项，然后设定类名为 MapViewActivity，父类为 android.support.v4.app.FragmentActivity，如图 7.30 所示。

（3）修改 MainActivity 的内部类 PhotoAdapter 的 getView()方法，在其中添加如下阴影部分所示的代码，以便单击右侧地图图标时启动 MapViewActivity 的界面。

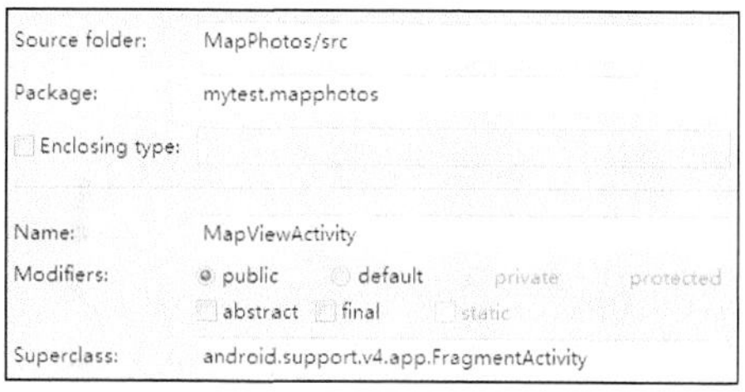

图 7.30　新建 MapViewActivity

```
/**
 * adapter for listView
 */
protected class PhotoAdapter extends BaseAdapter {
    ...
    @Override
    public View getView(final int position, View view,
                                    ViewGroup parent) {
        ...
        if (seledRowIndex == position) {
            view.setBackgroundColor(Color.parseColor("#63B8FF"));
        }
        else {
            view.setBackgroundColor(Color.parseColor("#F0F8FF"));
        }
        // 单击地图图标启动 MapViewActivity
        ImageView imageViewMap = (ImageView)
                    view.findViewById(R.id.imageViewMap);
        imageViewMap.setOnClickListener(new OnClickListener() {
            @Override
            public void onClick(View v) {
                Intent intent = new Intent(MainActivity.this,
                                    MapViewActivity.class);
                startActivity(intent);
            }
        });
        return view;
    }
}
```

（4）再给 MapViewActivity 配备一个包含地图界面的布局文件。用鼠标右键单击 MapPhotos 项目 res 中的 layout 文件夹，选择弹出菜单中的 "New" → "Android XML File" 项，在出现的窗体中设定文件名为 activity_map_view.xml，选中 Root Element 根元素列表中的 FrameLayout 项，单击 "Finish" 按钮完成创建工作，如图 7.31 所示。

图 7.31 新建 activity_map_view.xml

这里使用 FrameLayout 布局的原因是,需要在地图界面上覆盖一个拍照视图,FrameLayout 提供的"堆叠"机制允许做到这一点。

(5)打开 activity_map_view.xml 布局文件,在里面添加一个 MapView 组件,见下面阴影部分的内容。

```
<?xml version="1.0" encoding="utf-8"?>
<FrameLayout
    xmlns:android="http://schemas.android.com/apk/res/android"
    android:layout_width="match_parent"
    android:layout_height="match_parent" >
    <fragment
        android:id="@+id/map"
        android:layout_width="match_parent"
        android:layout_height="match_parent"
        class="com.google.android.gms.maps.SupportMapFragment"
        android:name="com.google.android.gms.maps.MapFragment"/>
</FrameLayout>
```

在组件面板中没有提供可视化的 MapView 组件,需要手工修改布局 XML 文件的内容。另处,此处添加的<fragment>元素与前面 TestGoogleMapV2 项目有所不同,因为地图相册项目在创建时并没有 Android 3.0 以上的版本要求,所以只能通过 Android 兼容支持包来使用地图功能。

(6)MapViewAcitivity 和 activity_map_view.xml 布局文件都创建好了,接下来修改 MapViewAcitivity 类的代码,覆盖 onCreate()方法,并将 MapViewAcitivity 与新建的布局界面关联起来。

完整代码如下面阴影部分所示。

```
package mytest.mapphotos;

import android.os.Bundle;
import android.support.v4.app.FragmentActivity;
import com.google.android.gms.maps.CameraUpdateFactory;
import com.google.android.gms.maps.GoogleMap;
```

```java
import com.google.android.gms.maps.SupportMapFragment;
import com.google.android.gms.maps.model.LatLng;
import com.google.android.gms.maps.model.MarkerOptions;

public class MapViewActivity extends FragmentActivity {
    private GoogleMap gmap;
    @Override
    protected void onCreate(Bundle savedInstanceState) {
        super.onCreate(savedInstanceState);
        setContentView(R.layout.activity_map_view);
        // 初始化地图组件
        SupportMapFragment fm = (SupportMapFragment)
                    getSupportFragmentManager()
                    .findFragmentById(R.id.map);
        gmap = fm.getMap();
        // 设置显示普通地图,且有缩放控制
        gmap.setMapType(GoogleMap.MAP_TYPE_NORMAL);
        gmap.getUiSettings().setZoomControlsEnabled(true);
        // 定位地图到某个经纬度,这里是 30.31032 和 120.38104
        LatLng latLng = new LatLng(30.31032, 120.38104);
        // 在地图上添加 Marker 标记
        gmap.addMarker(
                new MarkerOptions().position(latLng)
                    .title("haha"));
        // 移动观察相机到这个经纬度位置,使之可见
        gmap.moveCamera(
                CameraUpdateFactory.newLatLngZoom(latLng, 10));
    }
}
```

(7) 在运行程序之前还要在 AndroidMenifest.xml 配置文件中做一些设置,修改后的 AndroidMenifest.xml 文件内容如下。

```xml
<?xml version="1.0" encoding="utf-8"?>
<manifest
    ...
    <uses-sdk
        android:minSdkVersion="8"
        android:targetSdkVersion="17" />
    <!-- Google Maps Android API v2 要求 OpenGL ES version 2 -->
    <uses-feature
        android:glEsVersion="0x00020000"
```

```xml
        android:required="true" />
    <!-- 权限声明：联网、地图缓存、定位等 -->
    <uses-permission android:name="android.permission.INTERNET" />
    <uses-permission
        android:name="android.permission.WRITE_EXTERNAL_STORAGE"/>
    <uses-permission android:name=
        "com.google.android.providers.gsf.permission.READ_GSERVICES" />
    <uses-permission
        android:name="android.permission.ACCESS_COARSE_LOCATION" />
    <uses-permission
        android:name="android.permission.ACCESS_FINE_LOCATION" />
    <application
        android:allowBackup="true"
        android:icon="@drawable/ic_launcher"
        android:label="@string/app_name"
        android:theme="@style/AppTheme" >
        <!-- Google Map 的 API Key，请将 value 值修改为你自己的 API Key -->
        <meta-data
            android:name="com.google.android.maps.v2.API_KEY"
            android:value="AIzaSyDjYl7xzK49MzI4cWuqKgEiqYS0MtyW4Ec" />
        <activity
            android:name="mytest.mapphotos.MainActivity"
            android:label="@string/app_name" >
            ...
        </activity>
        <!-- 声明 MapViewActivity 并设定其界面无标题栏 -->
        <activity
            android:name="mytest.mapphotos.MapViewActivity"
            android:theme="@android:style/Theme.NoTitleBar" />
    </application>
</manifest>
```

请修改成实际的 api key

保存以上所有修改，运行程序，将看到如图 7.32 所示的运行结果。

图 7.32　显示 Google 地图和标记

【提示】值得注意的是,如果是在手机上运行程序,请确保手机系统包含了 Google 服务框架,否则会出现程序崩溃或不能显示地图的异常。众所周知,大部分国行版的 Android 手机都没有内置 Google 服务框架。

4. 在 Google 地图中进行定位

地理定位在 Android 中是以 LOCATION_SERVICE 服务的形式提供的,所以要得到手机当前所在的地理位置,首先就要获取到系统中的 LOCATION_SERVICE 服务。另外,还应在 Android 的设置中启用定位服务,否则定位将无法工作,在设置中启用定位的功能如图 7.33 所示。

图 7.33 启用定位功能

Android 的定位主要包括 GPS 定位和无线网络定位,分别对应 LocationManager.GPS_PROVIDER 和 LocationManager.NETWORK_PROVIDER。前者定位的精度要比后者高,但 GPS 定位需要手机配置有 GPS 模块,速度慢且耗电,因为天气原因或者障碍物可能导致无法获取卫星信息。网络定位耗电少,获取信息速度快,不依赖 GPS 模块,但定位精度不如 GPS 定位。所以,在条件允许的情况下,可考虑让 Android 使用多种定位途径来得到相对准确的地理位置信息。

打开 MapViewActivity 的代码,添加下面阴影部分所示的内容。

```
public class MapViewActivity extends FragmentActivity {
    private GoogleMap gmap;
    // 定位服务要用的"位置管理器"对象
    private LocationManager manager;
    private String provider;
    // 默认地理位置
    private double myLatitude = 30.31032;
    private double myLongitude = 120.38104;

    @Override
    protected void onCreate(Bundle savedInstanceState) {
        ...
        gmap.setMapType(GoogleMap.MAP_TYPE_NORMAL);
        gmap.getUiSettings().setZoomControlsEnabled(true);
        // 获取系统定位服务
        manager = (LocationManager) getSystemService(
```

```
                    Context.LOCATION_SERVICE);
    // 设置定位参数：最大精度，不要求海拔信息，省电模式
    Criteria criteria = new Criteria();
    criteria.setAccuracy(Criteria.ACCURACY_FINE);
    criteria.setAltitudeRequired(false);
    criteria.setPowerRequirement(Criteria.POWER_LOW);
    // 选择最佳定位方式(GPS 或 NETWORK)
    provider = manager.getBestProvider(criteria, true);
    // 允许定位到当前位置
    gmap.setMyLocationEnabled(true);
    LatLng latLng = getMyLocation();
    gmap.moveCamera(
        CameraUpdateFactory.newLatLngZoom(latLng, 10));
}

public LatLng getMyLocation() {
    LatLng position = null;
    // 得到系统最近一次检测到的地理位置
    Location location =
            manager.getLastKnownLocation(provider);
    // 如果系统检测到的位置无效，则使用默认位置
    if (location == null) {
        position = new LatLng(myLatitude, myLongitude);
    } else {
        position = new LatLng(location.getLatitude(),
        location.getLongitude());
    }
    // 记录当前位置经纬度值
    myLatitude = position.latitude;
    myLongitude = position.longitude;
    // 返回当前位置
    return position;
}
```
}

按下<Ctrl+Shift+O>组合键导入所需的包，保存所有修改并运行程序，查看是否能正确定位到当前所在的位置。

7.5 相机拍照实现

1．相机拍照界面设计

在地图界面，可以显示一个拍照按钮，当单击这个按钮时直接显示出相机预览的画面，

然后就可以进行拍照。为了做到这一点，首先需要修改地图界面的布局文件。

（1）打开 activity_map_view.xml 布局文件，在其中添加下面阴影部分的内容。

```xml
<?xml version="1.0" encoding="utf-8"?>
<FrameLayout
    xmlns:android="http://schemas.android.com/apk/res/android"
    android:layout_width="match_parent"
    android:layout_height="match_parent" >
    <fragment
        android:id="@+id/map"
        android:layout_width="match_parent"
        android:layout_height="match_parent"
        class="com.google.android.gms.maps.SupportMapFragment"
        android:name="com.google.android.gms.maps.MapFragment" />
    <RelativeLayout
        android:layout_width="match_parent"
        android:layout_height="match_parent">
        <ImageView
            android:id="@+id/popCamera"
            android:layout_width="48dp"
            android:layout_height="48dp"
            android:layout_alignParentRight="true"
            android:layout_centerVertical="true"
            android:src="@drawable/camera" />
    </RelativeLayout>
</FrameLayout>
```

[提示]
这里在 FrameLayout 中添加了一个 RelativeLayout 布局，然后放置一个 ImageView 组件并使其右对齐屏幕，实际运行效果如图 7.34 所示。FrameLayout 就是所谓的"帧布局"，它有点类似于叠扑克牌的效果，即在 FrameLayout 中放置的各个组件是以堆叠的形式显示在屏幕上的，先放的组件在下层，后放的组件在上层。由于这里是将包含 ImageView 组件的 RelativeLayout 放在 FrameLayout 的最后，所以它就在地图上面显示出来。

图 7.34　FrameLayout 叠放效果

（2）继续设计叠在 activity_map_view.xml 布局上显示的拍照界面，见下面阴影部分的内容。

```xml
<?xml version="1.0" encoding="utf-8"?>
<FrameLayout
    xmlns:android="http://schemas.android.com/apk/res/android"
    android:layout_width="match_parent"
    android:layout_height="match_parent" >
    ...
    <RelativeLayout
        android:layout_width="match_parent"
        android:layout_height="match_parent">
        <ImageView
            android:id="@+id/popCamera"
            android:layout_width="48dp"
            android:layout_height="48dp"
            android:layout_alignParentRight="true"
            android:layout_centerVertical="true"
            android:src="@drawable/camera" />
    </RelativeLayout>
    <LinearLayout
        android:id="@+id/cameraBar"
        android:layout_width="wrap_content"
        android:layout_height="wrap_content"
        android:layout_gravity="center|bottom"
        android:layout_marginBottom="10dp"
        android:orientation="horizontal" >
        <LinearLayout
            android:id="@+id/previewArea"
            android:orientation="horizontal"
            android:layout_width="200dp"
            android:layout_height="200dp"
            android:background="#F5F5F5" />
        <LinearLayout
            android:id="@+id/snapArea"
            android:orientation="horizontal"
            android:layout_width="wrap_content"
            android:layout_height="match_parent"
            android:gravity="center" >
            <ImageView
                android:id="@+id/snap"
                android:layout_width="wrap_content"
```

```
                android:layout_height="wrap_content"
                android:background="@drawable/snap" />
        </LinearLayout>
    </LinearLayout>
</FrameLayout>
```
保存修改并再次运行，将看到如图 7.35 所示的运行结果。

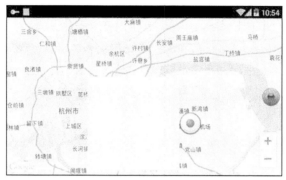

图 7.35 拍照界面效果

[提示] 默认情况下不应该显示相机拍照的界面，所以需要在 MapViewActivity 类中添加代码，在启动时将其隐藏，当单击右端那个"相机"图标时则可以动态切换是否显示相机界面。当然，拍照界面的隐藏也可以在布局文件中设置，将 cameraBar 布局的 android:visibility 属性设置为 invisiable 即可。

2．相机预览实现

（1）打开 MapViewActivity 类，按照下面阴影部分的内容进行修改。

```java
public class MapViewActivity extends FragmentActivity {
    ...
    // 默认地理位置
    private double myLatitude = 30.31032;
    private double myLongitude = 120.38104;
    // 拍照界面中的各个组件
    private ImageView popCamera;
    private LinearLayout cameraBar;
    private LinearLayout previewArea;
    private LinearLayout snapArea;
    private ImageView snap;

    @Override
    protected void onCreate(Bundle savedInstanceState) {
        ...
        gmap.moveCamera(
            CameraUpdateFactory.newLatLngZoom(latLng, 10));
        // 初始化拍照界面组件
```

```java
            popCamera = (ImageView)
                    findViewById(R.id.popCamera);
            cameraBar = (LinearLayout)
                    findViewById(R.id.cameraBar);
            previewArea = (LinearLayout)
                    findViewById(R.id.previewArea);
            snapArea = (LinearLayout)
                    findViewById(R.id.snapArea);
            snap = (ImageView) findViewById(R.id.snap);
            // 默认隐藏相机拍照界面
            cameraBar.setVisibility(View.INVISIBLE);
            // 动态切换显示拍照预览界面
            popCamera.setOnClickListener(new OnClickListener() {
                    @Override
                    public void onClick(View v) {
                        if(cameraBar.getVisibility() == View.VISIBLE) {
                            cameraBar.setVisibility(View.INVISIBLE);
                        }else if(cameraBar.getVisibility()
                                                 == View.INVISIBLE) {
                            cameraBar.setVisibility(View.VISIBLE);
                        }
                    }
            });
    }
}
```

保存修改并运行程序，单击最右侧相机图标，查看是否能动态显示拍照界面。

【提示】 当切换显示拍照界面时，如果滑动地图，屏幕上会出现闪烁现象，此时可以通过一个简单的办法来解决这个问题，见下面阴影部分的内容。

```xml
<?xml version="1.0" encoding="utf-8"?>
<FrameLayout
    ...
    <fragment
      android:id="@+id/map"
      android:layout_width="match_parent"
      android:layout_height="match_parent"
      class="com.google.android.gms.maps.SupportMapFragment"
      android:name="com.google.android.gms.maps.MapFragment" />
    <!-- 在地图上叠放一个透明的"图层" -->
    <View
```

```xml
      android:layout_width="match_parent"
      android:layout_height="match_parent"
      android:background="@android:color/transparent" />
   <RelativeLayout
      android:layout_width="match_parent"
      android:layout_height="match_parent">
      ...
</FrameLayout>
```

（2）前面只是切换显示拍照界面，还没有把实际的相机取景预览画面加载进来。为了做到这一点，必须先在项目配置文件 AndroidManifest.xml 中声明权限，见下面阴影部分的内容。

```xml
<?xml version="1.0" encoding="utf-8"?>
<manifest
    xmlns:android="http://schemas.android.com/apk/res/android"
    ...
    <uses-permission android:name=
        "android.permission.ACCESS_FINE_LOCATION"/>
    <!-- 权限声明：相机、读写 SD 卡 -->
    <uses-permission android:name="android.permission.CAMERA" />
    <uses-permission android:name=
        "android.permission.MOUNT_UNMOUNT_FILESYSTEMS" />
    <!-- 相机参数：相机拍照、自动聚焦和定位 -->
    <uses-feature android:name="android.hardware.camera" />
    <uses-feature android:name="android.hardware.camera.autofocus" />
    <uses-feature android:name="android.hardware.location.gps" />
    <application
        ...
</manifest>
```

（3）由于这里使用的是嵌入式的相机拍照界面，而不是像色卡项目那样调用系统自带的相机程序，所以需要自定义一个 CameraSurfaceView 类，请按下面阴影部分所示的内容修改。

```java
public class MapViewActivity extends FragmentActivity {
    ...
    private LinearLayout snapArea;
    private ImageView snap;
    // 相机和拍照的照片
    private Camera camera;
    private CameraSurfaceView cameraSurfaceView;
    private Bitmap picture;

    @Override
    protected void onCreate(Bundle savedInstanceState) {
```

```java
...
// 动态显示拍照预览界面
popCamera.setOnClickListener(new OnClickListener() {
    @Override
    public void onClick(View v) {
        if(cameraBar.getVisibility() == View.VISIBLE) {
            // 清除拍照界面中的组件并隐藏
            cameraBar.removeAllViews();
            cameraBar.setVisibility(View.INVISIBLE);
        }
        else if(cameraBar.getVisibility()
                            == View.INVISIBLE) {
            // 如果还没有CameraSurfaceView组件则创建它
            if (cameraSurfaceView == null) {
                cameraSurfaceView = new CameraSurfaceView(
                        getApplicationContext());
                // 设置预览画面置顶，避免被地图覆盖住
                cameraSurfaceView.setZOrderOnTop(true);
                // 将cameraSurfaceView放进previewArea布局

                LinearLayout.LayoutParams param = new
                    LinearLayout.LayoutParams(
                        LinearLayout.LayoutParams
                            .MATCH_PARENT,
                        LinearLayout.LayoutParams
                            .MATCH_PARENT);
                previewArea.addView(cameraSurfaceView,
                        param);
            }
            // 动态构建相机预览界面（取景预览和拍照）并显示
            cameraBar.removeAllViews();
            cameraBar.addView(previewArea);
            cameraBar.addView(snapArea);
            cameraBar.setVisibility(View.VISIBLE);
        }
    }
});
}
...
/**
```

```java
 * 自定义CameraSurfaceView类，实现相机预览和拍照界面
 */
private class CameraSurfaceView extends SurfaceView
                    implements SurfaceHolder.Callback{
    private SurfaceHolder surfaceHolder = null;
    public CameraSurfaceView(Context context) {
        super(context);
        // 保存surfaceHolder，设定回调对象
        surfaceHolder = this.getHolder();
        surfaceHolder.addCallback(this);
    }
    @Override
    public void surfaceCreated(SurfaceHolder holder) {
        if(camera == null){
            // 打开并连接相机
            camera = Camera.open();
        }
        try{
            // 设置预览画面显示
            camera.setPreviewDisplay(surfaceHolder);
        }catch(Exception e){
            // 若连接相机失败，则释放资源
            camera.release();
            camera = null;
            e.printStackTrace();
        }
    }
    @Override
    public void surfaceChanged(SurfaceHolder holder,
                    int format, int width, int height) {
        // 当界面变化时，暂停预览
        camera.stopPreview();
        surfaceHolder = holder;
        // 指定相机参数：图片分辨率，横、竖屏切换，自动聚焦
        Camera.Parameters param = camera.getParameters();
        List<Size> sizes = param.getSupportedPictureSizes();
        Collections.sort(sizes, new Comparator<Size>() {
            @Override
            public int compare(Size s1, Size s2) {
                // 倒排序，确保大的预览分辨率在前
```

```java
                return s2.width - s1.width;
            }
        });
        for (Size size : sizes) {
            // 拍照分辨率不能过大,否则易造成OutOfMemoryError
            if (size.width <= 1600) {
                param.setPictureSize(size.width, size
                        .height);
                break;
            }
        }
        // 横、竖屏镜头自动调整
        if (getResources().getConfiguration().orientation !=
                Configuration.ORIENTATION_LANDSCAPE) {
            // 设置为竖屏方向
            param.set("orientation", "portrait");
            camera.setDisplayOrientation(90);
        }
        else {
            // 设置为横屏方向
            param.set("orientation", "landscape");
            camera.setDisplayOrientation(0);
        }
        // 设置相机为自动聚焦模式
        List<String> focusModes =
                    param.getSupportedFocusModes();
        if (focusModes.contains(Camera.Parameters
                    .FOCUS_MODE_AUTO)) {
            param.setFocusMode(
                Camera.Parameters.FOCUS_MODE_AUTO);
        }
        // 使设置参数生效
        camera.setParameters(param);
        // 设置相机取景预览的缓冲区内存,取决于
        // 预览画面的宽、高和每像素占用的字节数
        int imgformat = param.getPreviewFormat();
        int bitsperpixel =
                    imageFormat.getBitsPerPixel(imgformat);
        Camera.Size camerasize = param.getPreviewSize();
        int frame_size = ((camerasize.width *
```

```
                        camerasize.height) * bitsperpixel) / 8;
            byte[] frame = new byte[frame_size];
            // 设置相机取景预览时,将取景画面的
            // 图像数据保存到frame数组缓冲区中
            camera.addCallbackBuffer(frame);
            camera.setPreviewCallbackWithBuffer(previewCallback);
            // 启动相机取景预览
            camera.startPreview();
        }
        @Override
        public void surfaceDestroyed(SurfaceHolder holder) {
            // 停止预览,释放系统相机服务
            // 必须先调用setPreviewCallback(null)方法
            camera. setPreviewCallback(null);
            camera.stopPreview();
            camera.release();
            camera = null;
        }
        /*
        * Camera 取景预览回调接口
        */
        private Camera.PreviewCallback previewCallback =
                new Camera.PreviewCallback(){
            @Override
            public void onPreviewFrame(byte[] data,
                    Camera camera) {
                // 准备将下一帧预览画面图像保存到data
                // 缓冲区中,也即前面的frame字节数组
                camera.addCallbackBuffer(data);
            }
        };
    }// of CameraSurfaceView
}
```

[提示]

在MapViewActivity类中定义了一个CameraSurfaceView类,这个类与前面拼图游戏项目中类似,都是通过继承SurfaceView类来实现的。SurfaceView有几个重要的接口,如surfaceCreated()、surfaceChanged()和surfaceDestroyed()等几个方法是在界面创建、显示和销毁过程中依次由系统自动调用的。

在切换显示相机拍照界面的代码中,所做的不仅仅是简单地将它隐藏或显示,而是根据需要动态构建相机取景预览画面。需要特别注意的是,由于 Google Map SDK v2 也是基于

SurfaceView 实现的,所以通过 cameraSurfaceView.setZOrderOnTop(true)方法的调用,将这里的相机取景界面置顶显示,否则将导致切换显示拍照界面时无法看到预览画面的情况,读者可以尝试将这行代码注释掉,查看效果如何。

现在请导入所需的包,运行程序,相机取景预览效果如图 7.36 所示。

图 7.36　拍照界面效果

3．相机拍照实现

在 MapViewActivity 类中继续添加代码,完成单击红色圆圈按钮进行拍照的功能。

```java
public class MapViewActivity extends FragmentActivity {
    ...
    @Override
    protected void onCreate(Bundle savedInstanceState) {
        ...
        // 动态显示拍照预览界面
        popCamera.setOnClickListener(new OnClickListener() {
            ...
        });
        // 拍照处理
        snap.setOnClickListener(new OnClickListener() {
            @Override
            public void onClick(View v) {
                if(camera == null)return;
                // 启动相机聚焦,即正式拍照之前先让镜头聚焦
                camera.autoFocus(new AutoFocusCallback() {
                    @Override
                    public void onAutoFocus(
                            boolean success, Camera camera) {
                        if (!success) {
                            Toast.makeText(
                                    getApplicationContext(),
                                    "警告: 相机无法聚焦",
                                    Toast.LENGTH_SHORT)
```

```java
                                    .show();
                            return;
                        }
                        // 自动聚焦成功则执行拍照处理
                        camera.takePicture(null,null,
                                new PictureTakenCallback())
                    }
                });
            }
        });
    }
    ...
    private class CameraSurfaceView extends SurfaceView
                    implements SurfaceHolder.Callback{
        ...
    }
    /**
     * 相机拍照回调接口
     */
    private class PictureTakenCallback
                        implements PictureCallback{
        @Override
        public void onPictureTaken(byte[] data, Camera camera) {
            // 视情况释放照片内存
            if (picture != null && !picture.isRecycled()) {
                picture.recycle();
            }
            // 暂停相机预览
            camera.stopPreview();
            // 将相机取景预览画面解码为图像数据
            picture = BitmapFactory.decodeByteArray(
                            data, 0, data.length);
            // 竖屏预览时旋转了 90 度,故照片需往回旋转 90 度
            if (getResources().getConfiguration().orientation
                    == Configuration.ORIENTATION_PORTRAIT) {
                // 构造旋转矩阵,主要用在图像处理中
                Matrix matrix = new Matrix();
                matrix.postRotate(90); // 设置矩阵旋转 90 度
                int w = picture.getWidth();
                int h = picture.getHeight();
```

```java
                    // 将照片旋转 90 度
                    try {
                        Bitmap tbmp = Bitmap.createBitmap(picture,
                                    0, 0, w, h,matrix, true);
                        picture.recycle();
                        picture = tbmp;
                    }
                    catch (OutOfMemoryError oom) {
                        // 旋转照片失败
                    }
                } else {
                    // 相机拍照默认是横屏,不做任何处理
                }
                if(picture != null){
                    //
                    // TODO: 处理拍照内容,比如保存为照片文件
                    //
                    // 释放照片内存
                    picture.recycle();
                    picture = null;
                    Toast.makeText(getApplicationContext(),
                                "[ 已拍照]",
                                Toast.LENGTH_SHORT)
                        .show();
                }
                //拍照结束继续预览
                camera.startPreview();
            }
        }
    }
```

在拍照处理中,首先让相机启动自动聚焦功能,如果聚焦成功就可以直接处理拍下来的照片,如果遇到暗光线或其他情况导致无法聚焦的,就放弃拍照处理。

拍照是通过 PictureTakenCallback 类来完成的。如果相机成功聚焦并拍照,照片数据会由系统作为 onPictureTaken()方法的第一个参数传递进来,它是一个 byte[]数组,为了将其转换为图像,还必须通过 decodeByteArray()方法进行解码。当然,由于拍照可能是在横屏或竖屏情形下进行的,系统相机默认是横屏拍照,也就是说横屏环境下解码的图像是正常的,竖屏时得到的图像与实际预览看到的画面相差一个 90 度的旋转,所以在竖屏拍照情况下还需将图像转回 90 度,这样才能得到正常的图像画面。

值得注意的是,在前面的预览参数设置时,拍照画面的最大宽度为 1600 像素,如果预览画面设置过大的话,可能会导致这里的拍照处理造成 OutOfMemoryError 异常现象,即内存不

足的问题，主要原因是由 Android 的虚拟机运行环境的内存分配限制所造成的。

当然，这里只是把拍照的数据解码为图像对象，后面需要考虑保存照片。在进行这项工作之前，需要着重考虑数据保存的途径和存储方式。

7.6 相册数据保存

本项目是一个地图相册，也就是说通过相机拍照保存的照片应该与所在的地理位置有关。为了做到这一点，需要同时保存照片文件和拍照时所在的地理位置。虽然照片本身可以保存 Exif 信息从而得到相关的拍摄参数，包括地理位置等，但这里准备通过其他途径来处理。

在拼图游戏和手机防盗器这两个项目中，使用的是 SharedPreferences 来保存相关数据，它比较适合数据量小的情况。如果要保存相对多的数据，应该考虑使用 Android 系统自带的 SQLite 来实现。当然，如果必要，可以直接将照片数据以文件的形式保存到手机的内置或外置 SD 卡中，甚至还可以通过网络将数据保存到远程服务器上，就像在网页中表单提交所做的那样。本项目要实现的是拍照照片直接以文件形式存放到 SD 卡，照片、拍照地理位置以及对应的相册条目信息统一通过 SQLite 进行处理。

SQLite 是一个轻量级的数据库，它的操作与平常所使用的数据库软件是类似的，支持基本的 SQL 语句进行查询、删除、修改和保存数据。经过初步分析，现将地图相册保存的数据表设计如下，见表 7.1 和表 7.2。

表 7.1 相册条目表（t_album）

列号	列名	类型	说明
1	_id	integer primary key autoincrement	行标识，值自动增长
2	title	varchar	标题
3	thumb	varchar	缩略图图像文件

表 7.2 相册信息表（t_album_picture）

列号	列名	类型	说明
1	_id	integer primary key autoincrement	行标识，值自动增长
2	latitude	double	纬度值
3	longitude	double	经度值
4	picture	varchar	照片文件名
5	thumb	varchar	缩略图文件名
6	album_id	integer	所属的相册

其中，相册条目表对应的是程序主界面中的 ListView 组件的相册条目，一个相册即一条 ListView 的数据行，因此这张表里面保存的信息是和 ListView 组件显示内容相对应的。相册信息表则是每个相册中保存的照片信息，包括照片文件名、拍照时的地理位置等，而且使用了一个 album_id 字段来和相册条目表记录相关联，它们之间是一对多的关系，即一个相册可包含多张照片。

接下来，在 MainActivity 类中定义一个用来初始化数据库表的方法，然后在 onCreate()方法中调用已准备好的数据库表。打开 MainActivity 类，在其中添加一个 initDB()方法，然后在 onCreate()中调用它，以便程序启动时根据需要创建数据库表。

（1）打开 MainActivity 类，并按照下面阴影部分的内容修改。

```java
@Override
protected void onCreate(Bundle savedInstanceState) {
    super.onCreate(savedInstanceState);
    setContentView(R.layout.activity_main);
    // 初始化数据库
    initDB();
    // 显示 ActionBar 的溢出菜单(即右端的 3 个点)
    showOverflowMenu();
    ...
}

private void initDB() {
    // 打开数据库（如果不存在则自动创建）
    SQLiteDatabase db = openOrCreateDatabase("maphotos.db",
                    Context.MODE_PRIVATE, null);
    String sql;
    // 构造创建 t_album 表的 SQL 语句
    sql = "create table if not exists t_album(" +
        " _id integer primary key autoincrement," +
        " title varchar, thumb varchar)";
    // 执行 SQL 语句
    db.execSQL(sql);
    // 构造创建 t_album_picture 表的 SQL 语句
    sql = "create table if not exists t_album_picture(" +
        "_id integer primary key autoincrement," +
        " latitude double, longitude double," +
        " picture varchar, thumb varchar, album_id integer)";
    db.execSQL(sql);
    // 关闭数据库
    db.close();
}
```

【提示】
执行以上代码时，Android 会在机身存储卡的 "/data/data/mytest.mapphotos/databases/" 文件夹下创建指定的 maphotos.db 数据库文件，其中就包含有两张表。当然，如果要通过文件管理器查看数据库和表的话，需要安装 RootExplorer 之类的管理软件，且要求当前所用的 Android 系统已成功获取 root 权限，如图 7.37 所示。

图 7.37　Android 保存数据创建的 SQLite 数据库

有了数据库，当程序启动时就可以从数据库中获取数据了，而不是像前面所做的那样直接在 ListView 组件中固定显示 5 条相册条目数据。因此，需要修改前面的代码，即当程序启动时从数据库表动态获取相册，在添加或删除相册条目时数据库也应该做同步修改。

（2）修改 RowInfoBean 类的定义，在其中增加下面阴影部分的内容。

```
public class RowInfoBean {
    public int id; // 相册 id
    public Drawable thumb; // 相册图标
    public String title; // 相册标题

    public RowInfoBean(Drawable thumb, String title) {
        this.thumb = thumb;
        this.title = title;
    }
    public RowInfoBean() {
        // do nothing
    }
}
```

上述代码所做的修改，是在其中增加一个 id 成员变量，它与数据库表中的_id 字段值是对应的，唯一代表一条相册数据。当然，为方便起见，还增加了一个重载的无参构造方法，因为 RowInfoBean 类中已经定义了一个包含参数的构造方法，编译器不会再自动插入一个无参构造方法，也就无法在不提供参数前提下去创建新的对象了。

（3）修改 MainActivity 类的代码，在其中添加一个新的 loadAlbumFromDb()方法并在 onCreate()中调用，当然 onCreate()中原有的添加 5 个相册条目的代码就不再需要了，见下面阴影部分的内容。

```
@Override
protected void onCreate(Bundle savedInstanceState) {
    ...
    showOverflowMenu();
    // // 动态添加 5 个 RowInfoBean，以便 ListView 组件显示出 5 行
    // Drawable thumb = getResources()
    //         .getDrawable(R.drawable.emblem);
    // for (int i=0; i<5; i++) {
```

```java
//            photoList.add(new RowInfoBean(thumb, ""));
//        }
        // 从数据库获取相册以便 ListView 组件显示
        photoList.clear();
        loadAlbumFromDb();
        // 初始化 ListView 组件,设定其 Adapter 以便加载数据行
        photoListView = (ListView) findViewById(R.id.photoListView);
        ...
    }
    private void loadAlbumFromDb() {
        // 打开数据库
        SQLiteDatabase db = openOrCreateDatabase("maphotos.db",
                    Context.MODE_PRIVATE, null);
        // 设定默认的缩略图
        Drawable defaultThumb = getResources()
                .getDrawable(R.drawable.emblem);
        // 执行表查询获取所有相册
        String sql = "select * from t_album";
        Cursor cursor = db.rawQuery(sql, null);
        // 通过游标,循环处理查询每一条记录,并生成对应的相册条目数据
        while(cursor.moveToNext()) {
            RowInfoBean bean = new RowInfoBean();
            bean.id = cursor.getInt(
                        cursor.getColumnIndex("_id"));
            bean.title = cursor.getString(
                        cursor.getColumnIndex("title"));
            // 处理缩略图
            String thumb = cursor.getString(
                    cursor.getColumnIndex("thumb"));
            if (thumb==null || thumb.equals("")) {
                bean.thumb = defaultThumb;
            }
            else {
                bean.thumb = new BitmapDrawable(getResources(),
                    BitmapFactory.decodeFile(thumb));
            }
            photoList.add(bean);
        }
        // 关闭游标和数据库
```

```
        cursor.close();
        db.close();
    }
```

在 loadAlbumFromDb()方法中，首先打开数据库执行 SQL 查询将所有数据检索出来，然后对数据库查询的结果集游标进行循环，将查询出来的每条数据转换成 RowInfoBean 对象加入到 photoList 动态数组中。当然，考虑到表记录的 thumb 可能没有值（比如新增一个相册条目时），这里给它设置了一个默认的缩略图。如果表记录的 thumb 存在对应的图片文件，就将图片文件解码成这里需要的 Drawable 对象保存到 bean 对象的 thumb 成员变量中。

（4）继续修改 ActionBar 中的"新增条目"菜单项的事件响应代码，使其增加的相册不仅在 ListView 中新增一个数据行，而且还要将其保存至数据库表中。

```
public boolean onOptionsItemSelected(MenuItem item) {
    // 菜单项的单击事件响应处理
    switch (item.getItemId()) {
    case R.id.menu_item_gallery:
        ...
    case R.id.menu_item_add:
        // 创建输入框控件，设定输入数据为文本
        final EditText txtTitle = new EditText(this);
        txtTitle.setInputType(InputType.TYPE_CLASS_TEXT);
        // 动态创建对话框
        AlertDialog.Builder builder2 = new AlertDialog.Builder(this);
        // 设定对话框中的按钮（修改和返回）事件处理
        builder2.setPositiveButton("确定",
                new DialogInterface.OnClickListener() {
            @Override
            public void onClick(DialogInterface dialog,
                            int which){
                String title = txtTitle.getText().toString();
                // 将新增相册保存到数据库
                SQLiteDatabase db = openOrCreateDatabase(
                        "maphotos.db",
                        Context.MODE_PRIVATE, null);
                String sql = "insert into t_album(title, thumb)" +
                        " values('" + title + "', '')";
                db.execSQL(sql);
                db.close();
                // 重新加载数据库数据并显示
                photoList.clear();
                loadAlbumFromDb();
                photoAdapter.notifyDataSetChanged();
```

```
                    }
                });
                builder2.setNegativeButton("取消",
                        new DialogInterface.OnClickListener() {
                    @Override
                    public void onClick(DialogInterface dialog,
                                    int which){
                        dialog.cancel();
                    }
                });
                // 设定对话框标题和界面, 然后显示
                builder2.setTitle("新相册名称");
                builder2.setView(txtTitle);
                AlertDialog dlg = builder2.create();
                dlg.show();
                break;
        case R.id.menu_item_remove:
            ...
        case R.id.menu_item_edit:
            ...
    }
    return super.onOptionsItemSelected(item);
}
```

保存修改并导入所需的包, 运行程序, 当新增一个相册条目时, 在数据库表中也多了一条对应的记录, 运行效果如图 7.38 所示。

图 7.38 新增相册运行效果

修改相册名称和删除相册条目的数据库处理是类似的, 只需设定不同的 SQL 语句交给 SQLite 执行就可以了, 这两项工作请读者自行完成。

7.7 地图相册实现

这一部分,将完成地理位置的拍照以及照片在地图上显示的功能,而且在每拍完一张照片,还应该及时更新 ListView 组件中的缩略图显示。另外,为了在地图界面存储或查看照片时能区分出是哪个相册,还需要在对 MainActivity 中的 ListView 数据行单击时,将相册记录的 id 传递给 MapViewActivity。

(1)修改 MainActivity 的 ListView 数据行的单击代码,在 PhotoAdapter 内部类中增加启动地图的参数传递处理。

```
protected class PhotoAdapter extends BaseAdapter {
    ...
    @Override
    public View getView(final int position, View view,
            ViewGroup parent){
        ...
        // 获取单击的数据行
        final RowInfoBean bean = photoList.get(position);
        thumbView.setBackgroundDrawable(bean.thumb);
        ...
        imageViewMap.setOnClickListener(new OnClickListener() {
            @Override
            public void onClick(View v) {
                Intent intent = new Intent(
                        MainActivity.this,MapViewActivity.class);
                // 将相册 id 和 title 传递给 MapViewActivity
                intent.putExtra("album_id", bean.id);
                intent.putExtra("album_title", bean.title);
                startActivity(intent);
            }
        });
        return view;
    }
}
```

这样在 MapViewActivity 就可以得到从 MainActivity 传递过来的相册 id,具体实现代码将在后面添加。现在的重点是将拍照功能实现完整,即拍照后保存照片到 SD 卡上,同时将照片和地理位置信息保存到数据库,然后在地图上显示照片缩略图。当然,为了辅助处理好这些工作,下面定义一个名为 CommonUtils 的工具类。

(2)用鼠标右键单击 MapPhotos 项目 src 文件夹中的 mytest.mapphotos 包,选择弹出菜单中的 "New" → "Class" 项,设定类名为 CommonUtils,并将所在包改为 mytest.mapphotos.util,如图 7.39 所示。

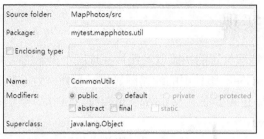

图 7.39 新建 CommonUtils 类

（3）修改 CommonUtils 类的代码，下面阴影部分是它的全部内容。

```java
package mytest.mapphotos.util;

import java.io.File;
import java.io.FileNotFoundException;
import java.io.FileOutputStream;
import java.io.IOException;
import java.text.SimpleDateFormat;
import java.util.Date;
import java.util.Locale;

import android.content.Context;
import android.graphics.Bitmap;
import android.graphics.BitmapFactory;
import android.graphics.BitmapFactory.Options;
import android.os.Environment;

public class CommonUtils {
    public static final String PICTURE_PATH; // 照片保存目录
    public static final String THUMB_PATH; // 缩略图保存目录
    /**
     * static 代码块，它在 CommonUtils 类首次加载时执行一次
     */
    static {
        // 获取系统外置存储的目录，即 SD 卡的路径
        String sdPath = Environment
                        .getExternalStorageDirectory()
                        .getAbsolutePath();
        PICTURE_PATH = sdPath + "/MapPhotos/Picture/";
        THUMB_PATH = PICTURE_PATH + ".thumb/";
    }
    /**
```

```java
 * 生成一个以当前时间命名的照片文件名字符串
 */
public static String getPictureNameByNowTime(){
    String filename = null;
    SimpleDateFormat sdf = new SimpleDateFormat(
            "yyyyMMddHHmmss", Locale.CHINA);
    Date now = new Date();
    filename = sdf.format(now) + ".jpg";
    return filename;
}
/**
 * 保存照片文件,并返回最终生成的照片文件完整路径
 */
public static String savePicture(Context context,
                Bitmap bitmap,String path){
    File file = new File(path);
    if(!file.exists()){
        file.mkdirs();
    }
    String filename = getPictureNameByNowTime();
    String completePath = path + filename;
    // 调用compress()方法将图像压缩为JPEG格式保存到文件
    try {
        FileOutputStream fos =
                new FileOutputStream(completePath);
        bitmap.compress(
                Bitmap.CompressFormat.JPEG, 100, fos);
        fos.flush();
        fos.close();
    } catch (Exception e) {
        e.printStackTrace();
    }
    return completePath;
}
/**
 * 解码照片文件,返回指定尺寸的Bitmap对象
 */
public static Bitmap decodeBitmapFromFile(String
        absolutePath, int reqWidth, int reqHeight) {
```

```java
        Bitmap bm = null;
        // 获取指定照片的分辨率大小
        final BitmapFactory.Options options =
                        new BitmapFactory.Options();
        options.inJustDecodeBounds = true;
        BitmapFactory.decodeFile(absolutePath, options);
        // 计算采样倍率
        options.inSampleSize = calcInSampleSize(options,
                    reqWidth, reqHeight);
        // 按照指定倍率对照片进行解码,
        // 解码后即得到指定大小的Bitmap对象
        options.inJustDecodeBounds = false;
        bm = BitmapFactory.decodeFile(absolutePath, options);
        return bm;
}
/**
 * 计算解码尺寸倍率。结果是1 则为原始图像大小,2 则
 * 为原图像的二分之一,依此类推
 */
public static int calcInSampleSize(Options options,
                    int reqWidth, int reqHeight) {
        // 图像原始尺寸
        final float height = options.outHeight;
        final float width = options.outWidth;
        // 假定默认采样比例是1,即原图像大小
        int inSampleSize = 1;
        // 根据宽高的比例计算期望的倍率,四舍五入取整
        if (height > reqHeight || width > reqWidth) {
            // 将较小的值,与期望的宽或高比较计算,
            // 以保证缩放后的图像有正常的宽高比例
            if (width < height) {
                // Math.round()是四舍五入处理
                inSampleSize = Math.round(width/reqWidth);
            } else {
                inSampleSize = Math.round(height/reqHeight);
            }
        }
        return inSampleSize;
}
/**
```

```
 * 将图像文件解码为 128x128 的尺寸的 Bitmap 对象。得到的
 * 图像大小不一定正好是 128x128 尺寸,但宽和高均不超 128
 */
public static Bitmap getPicture128(String path,
                                    String filename) {
    String imageFile = path + filename;
    return decodeBitmapFromFile(imageFile, 128, 128);
}
public static Bitmap getPicture128(String absolutePath) {
    return decodeBitmapFromFile(absolutePath, 128, 128);
}
/**
 * 将图像文件解码为 64x64 的尺寸的 Bitmap 对象。得到的
 * 图像大小不一定正好是 64x64 的尺寸,但宽和高均不超 64
 */
public static Bitmap getPicture64(String path, String filename) {
    String imageFile = path + filename;
    return decodeBitmapFromFile(imageFile, 64, 64);
}
public static Bitmap getPicture64(String absolutePath) {
    return decodeBitmapFromFile(absolutePath, 64, 64);
}
}
```

在 CommonUtils 类中定义的方法主要是针对照片处理而设计的,包括照片文件保存、照片解码等,这些方法将在拍照和地图照片显示的功能实现中用到。static 代码块则是用来设定应用程序照片和缩略图的保存路径,这个代码块将在 CommonUtils 类首次加载到内存时执行。

(4)修改 MapViewActivity 类的代码,在其中定义两个成员变量,然后找到 PictureTakenCallback 内部类,在 onPictureTaken() 方法中完成照片文件的保存、地图照片的显示。

```
public class MapViewActivity extends FragmentActivity {
    ...
    private Bitmap picture;
    private int albumId; // 相册 id
    private String albumTitle; // 相册标题

    @Override
    protected void onCreate(Bundle savedInstanceState) {
        super.onCreate(savedInstanceState);
        setContentView(R.layout.activity_map_view);
        // 获取从 MainActivity 传递过来的相册信息
```

```java
            Intent intent = getIntent();
            albumId = intent.getIntExtra("album_id", -1);
            albumTitle = intent.getStringExtra("album_title");
            // 初始化地图组件，设置显示普通地图，且有缩放控制
            ...
    }
    ...
    /**
     * 相机拍照回调接口
     */
    private class PictureTakenCallback implements PictureCallback{
        @Override
        public void onPictureTaken(byte[] data, Camera camera) {
            ...
            if(picture != null){
                // 从GoogleMap 组件中获取当前地理位置
                Location location = gmap.getMyLocation();
                myLatitude = location.getLatitude();
                myLongitude = location.getLongitude();
                // 保存照片文件到SD 卡
                String picPath = CommonUtils.savePicture(
                        getApplicationContext(), picture,
                        CommonUtils.PICTURE_PATH);
                Bitmap thumb64 =
                        CommonUtils.getPicture64(picPath);
                // 保存缩略图文件到SD 卡
                String thumb64Path = CommonUtils.savePicture(
                        getApplicationContext(), thumb64,
                        CommonUtils.THUMB_PATH);
                // 获得照片、缩略图的文件名（不含所在的目录名）
                String picname = new File(picPath).getName();
                String thumb64name =
                        new File(thumb64Path).getName();
                // 保存照片数据到数据库
                SQLiteDatabase db = openOrCreateDatabase(
                        "maphotos.db",
                        Context.MODE_PRIVATE, null);
                String sql = String.format(
                        "insert into t_album_picture(latitude, " +
                        " longitude, picture, thumb, album_id)" +
```

```
                        " values(%f, %f, '%s', '%s', %d)",
                        myLatitude, myLongitude, picname,
                        thumb64name, albumId);
                db.execSQL(sql);
                // 修改相册条目的图标设置为最近一次拍照的缩略图
                sql = String.format("update t_album "+
                        "set thumb='%s' where _id=%d",
                        thumb64name, albumId);
                db.execSQL(sql);
                db.close();
                // 在地图上显示照片缩略图地标
                MarkerOptions mo = new MarkerOptions();
                mo.position(new LatLng(
                        myLatitude, myLongitude));
                mo.icon(BitmapDescriptorFactory.fromBitmap(
                        thumb64));
                gmap.addMarker(mo);
                // 释放图片内存
                picture.recycle();
                ...
            }
            // 拍照结束继续预览
            camera.startPreview();
        }
    }
}
```

在拍照处理中，先得到当前拍照所在的地理位置，然后通过前面定义的 CommonUtils 类将照片文件保存到存储卡中，并生成一个 64×64 的缩略图，当然还得将照片、缩略图和地理位置信息插入到数据库表中。在这里，缩略图起到两个作用，即通过 MarkOptions 在地图上显示一个地标，并作为相册条目的缩略图。

保存所有修改，运行程序并拍照，在地图上将会出现拍好的照片缩略图。当然，尽管把缩略图当成主界面 ListView 条目的缩略图，但此时并不能在主界面的 ListView 组件上显示出来。因此，接下来主要解决这一问题。

（5）修改 MainActivity 类的 loadAlbumFromDb() 方法，纠正缩略图的加载显示工作，见下面阴影部分的内容。

```
private void loadAlbumFromDb() {
    ...
    while(cursor.moveToNext()){
        ...
```

```
            if (thumb==null || thumb.equals("")) {
                bean.thumb = defaultThumb;
            }
            else {
                // 处理缩略图的完整文件路径
                thumb = CommonUtils.THUMB_PATH + thumb;
                bean.thumb = new BitmapDrawable(getResources(),
                        BitmapFactory.decodeFile(thumb));
            }
            photoList.add(bean);
        }
        ...
    }
```

考虑到总是将最后拍照的照片作为相册的缩略图,因此要从 MapViewActivity 回到 MainActivity 时能及时更新 ListView 组件的显示内容,还需要修改 MainActivity 类中启动 MapViewActivity 的代码,同时处理回到 MainActivity 重新加载数据显示的工作。

(6)打开 MainActivity 类,按照下面阴影部分的内容修改。

```
public class MainActivity extends Activity {
    public static final int TO_MAPVIEW = 11;  // 请求码
    public static final int MAPVIEW_BACK = 12; // 返回码
    ...
    protected class PhotoAdapter extends BaseAdapter {
        ...
        @Override
        public View getView(final int position,View view,
                    ViewGroup parent) {
            ...
                @Override
                public void onClick(View v) {
                    Intent intent = new Intent(MainActivity
                        .this,MapViewActivity.class);
                    intent.putExtra("album_id", bean.id);
                    intent.putExtra("album_title", bean.title);
                    // 以 TO_MAPVIEW 为请求码启动 MapViewActivity
                    startActivityForResult(intent, TO_MAPVIEW);
                }
            ...
        }
    }
    @Override
```

```
        protected void onActivityResult(int requestCode,
                    int resultCode, Intent data) {
            // resultCode 可以识别是从哪个Activity 回来的
            // requestCode 可以识别回来的Activity 是谁启动的
            switch(resultCode){
            case MAPVIEW_BACK:
                // 从MapViewActivity 返回时重新加载一次相册条目
                photoList.clear();
                loadAlbumFromDb();
                // 更新 ListView 组件显示
                photoAdapter.notifyDataSetChanged();
                break;
            }
            super.onActivityResult(requestCode, resultCode, data);
        }
    }
```

（7）打开 MapViewActivity 类，按照下面阴影部分的内容修改。
```
    public class MapViewActivity extends FragmentActivity {
        ...
        private class PictureTakenCallback implements PictureCallback {
            ...
        }
        @Override
        public void onBackPressed() {
            // 按<Back>键时返回给前一个Activity 的结果码
            setResult(MainActivity.MAPVIEW_BACK);
            finish();
        }
    }
```

这样就解决了在 MapViewActivity 拍照后回到 MainActivity 更新 ListView 组件显示相册条目缩略图的问题。

（8）最后还剩一个问题，即单击相册条目进入地图界面时，应该将本相册包含的所有照片缩略图显示在地图上。打开 MapViewActivity 类的代码，修改其中的 onCreate()方法的代码，如阴影部分内容所示。
```
    public class MapViewActivity extends FragmentActivity {
        ...
        @Override
        protected void onCreate(Bundle savedInstanceState) {
            ...
            // 选择最佳定位方式(GPS 或NETWORK)
```

```
            provider = manager.getBestProvider(criteria, true);
            // 从数据库中加载相册中的照片
            SQLiteDatabase db = openOrCreateDatabase(
                    "maphotos.db",
                    Context.MODE_PRIVATE, null);
            String sql = "select * from t_album_picture " +
                    " where album_id=" + albumId;
            Cursor cursor = db.rawQuery(sql, null);
            while(cursor.moveToNext()){
                // 提取经纬度信息、缩略图文件保存路径
                double latitude = cursor.getDouble(
                        cursor.getColumnIndex("latitude"));
                double longitude = cursor.getDouble(
                        cursor.getColumnIndex("longitude"));
                String thumb = CommonUtils.THUMB_PATH +
                        cursor.getString(
                                cursor.getColumnIndex("thumb"));
                // 获取缩略图
                Bitmap bmp = BitmapFactory.decodeFile(thumb);
                // 循环添加地标
                MarkerOptions mo = new MarkerOptions();
                mo.position(new LatLng(
                        latitude, longitude));
                mo.icon(BitmapDescriptorFactory.fromBitmap(
                        bmp));
                gmap.addMarker();
            }
            // 关闭游标、数据库
            cursor.close();
            db.close();
            // 定位到当前位置
            gmap.setMyLocationEnabled(true);
            ...
        }
    }
```

至此，照片拍照和将照片在地图上显示功能均已实现完整。

7.8 图库浏览

最后阐述一下当单击地图上的照片图标时，调用系统图库浏览器查看当前照片，然后再

设计一个自定义的图库浏览 Activity，以此作为本项目的尾声。

1. 使用系统自带图库浏览程序显示照片

修改 MapViewActivity 的 onCreate()方法，见下面阴影部分的内容。

```
@Override
protected void onCreate(Bundle savedInstanceState) {
    ...
    while(cursor.moveToNext()){
        ...
        String thumb = CommonUtils.THUMB_PATH +
                cursor.getString(
                        cursor.getColumnIndex("thumb"));
        // 得到每一条记录的picture 字段，即照片的文件名
        String picture = cursor.getString(
                cursor.getColumnIndex("picture"));
        // 循环将照片缩略图作为地标添加到地图上
        Bitmap bmp = BitmapFactory.decodeFile(thumb);
        MarkerOptions mo = new MarkerOptions();
        mo.position(new LatLng(latitude, longitude));
        mo.icon(BitmapDescriptorFactory.fromBitmap(bmp));
        // 将照片文件名设置为地标的title
        mo.title(picture);
        gmap.addMarker(mo);
    }
    // 关闭游标、数据库
    cursor.close();
    db.close();
    // 单击地标，打开系统图库浏览器显示图片
    gmap.setOnMarkerClickListener(new OnMarkerClickListener() {
        @Override
        public boolean onMarkerClick(Marker marker) {
            // 从地标的title 属性得到照片文件名
            String picture = marker.getTitle();
            String path = CommonUtils.PICTURE_PATH + picture;
            File file = new File(path);
            // 启动系统自带图库显示照片
            Intent intent = new Intent();
            intent.setAction(Intent.ACTION_VIEW);
            intent.setDataAndType(Uri.fromFile(file), "image/*");
            startActivity(intent);
            return false;
```

```
            }
        });
        // 定位地图到当前位置
        gmap.setMyLocationEnabled(true);
        ...
}
```

保存以上修改，运行程序，单击照片地标，此时将使用系统安装的默认图库浏览器打开并显示照片。不过，调用系统图库浏览器显示照片不是这里的重点，因此接下来将设计一个自定义的图库浏览器。

2．自定义图库浏览功能

（1）用鼠标右键单击 MapPhotos 项目 src 文件夹中的 mytest.mapphotos 包，选择弹出菜单中的"New"→"Class"项，然后设定类名为 GalleryActivity，超类/父类为 android.app.Activity，如图 7.40 所示。

图 7.40　新建 GalleryActivity 类

（2）在 MapPhotos 项目 res 中的 layout 文件夹上单击鼠标右键，选择弹出菜单中的"New"→"Android XML File"项，在出现的窗体中设置文件名为 activity_gallery.xml，选定 Root Element 根元素为 LinearLayout，最后单击"Finish"按钮完成创建工作。

（3）打开 activity_gallery.xml 文件，按照图 7.41 所示的界面进行设计，完整的 XML 文件内容见下面阴影部分所示。

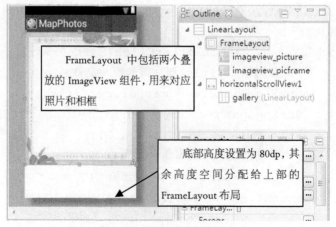

图 7.41　相册浏览界面设计

```
<?xml version="1.0" encoding="utf-8"?>
```

```xml
<LinearLayout
    xmlns:android="http://schemas.android.com/apk/res/android"
    android:layout_width="match_parent"
    android:layout_height="match_parent"
    android:orientation="vertical" >
    <FrameLayout
        android:layout_width="match_parent"
        android:layout_height="0dp"
        android:layout_weight="1.0" >
        <ImageView
            android:id="@+id/imageview_picture"
            android:layout_width="match_parent"
            android:layout_height="match_parent" />
        <ImageView
            android:id="@+id/imageview_picframe"
            android:layout_width="match_parent"
            android:layout_height="match_parent"
            android:background="@drawable/picframe" />
    </FrameLayout>
    <HorizontalScrollView
        android:id="@+id/horizontalScrollView1"
        android:layout_width="match_parent"
        android:layout_height="80dp"
        android:layout_marginBottom="4dp"
        android:layout_marginTop="4dp"
        android:scrollbars="none" >
        <LinearLayout
            android:id="@+id/gallery"
            android:layout_width="wrap_content"
            android:layout_height="match_parent"
            android:orientation="horizontal" >
        </LinearLayout>
    </HorizontalScrollView>
</LinearLayout>
```

（4）打开 GalleryActivity 类的源代码，在其中实现图库浏览和照片显示的功能，完整内容如下面阴影部分所示。

```
package mytest.mapphotos;

import mytest.mapphotos.util.CommonUtils;
import android.app.Activity;
```

```java
import android.content.Context;
import android.database.Cursor;
import android.database.sqlite.SQLiteDatabase;
import android.graphics.Bitmap;
import android.os.Bundle;
import android.os.Environment;
import android.view.Gravity;
import android.view.View;
import android.view.View.OnClickListener;
import android.view.ViewGroup.LayoutParams;
import android.widget.ImageView;
import android.widget.LinearLayout;

public class GalleryActivity extends Activity {
    private LinearLayout gallery; // 底部显示照片缩略图的长廊
    private ImageView pictureView; // 显示照片的组件

    @Override
    protected void onCreate(Bundle savedInstanceState) {
        super.onCreate(savedInstanceState);
        setContentView(R.layout.activity_gallery);
        // 初始化界面组件
        gallery = (LinearLayout) findViewById(R.id.gallery);
        pictureView = (ImageView)
                findViewById(R.id.imageview_picture);
        // 获取 Intent 传递过来的相册 id
        int albumId = getIntent().getIntExtra("album_id", -1);
        if(albumId == -1){
            // 如果相册 id 无效，显示所有相册的照片
            getAllPicture();
        }
        else {
            // 显示相册 id 为 albumId 的所有照片
            getAllPictureById(albumId);
        }
    }
    /**
     * 获取所有照片
     */
    private void getAllPicture() {
```

```java
        // 检查存储卡是否有效
        if(!(Environment.MEDIA_MOUNTED.equals(
                Environment.getExternalStorageState()))){
            return;
        }
        // 从数据库中获取所有拍照的照片文件名
        SQLiteDatabase db = openOrCreateDatabase(
                "maphotos.db",
                Context.MODE_PRIVATE, null);
        String sql =
            "select * from t_album_picture order by _id desc";
        Cursor cursor = db.rawQuery(sql, null);
        while (cursor.moveToNext()) {
            String picture = cursor.getString(
                        cursor.getColumnIndex("picture"));
            String path = CommonUtils.PICTURE_PATH + picture;
            // 根据照片图像创建缩略图view，加入到gallery 布局
            View view = getImageView(path);
            gallery.addView(view);
        }
        cursor.close();
        db.close();
}
/**
 * 获取指定相册的照片
 */
private void getAllPictureById(int albumId) {
    // 检查存储卡是否有效
    if(!(Environment.MEDIA_MOUNTED.equals(
            Environment.getExternalStorageState()))) {
        return;
    }
    SQLiteDatabase db = openOrCreateDatabase(
            "maphotos.db",
            Context.MODE_PRIVATE, null);
    // 从数据库中获取特定相册中的照片文件名。
    // SQL 字符串中包含"?"占位符
    String sql = "select * from t_album_picture " +
            "where album_id=? order by _id desc";
    // 执行SQL 语句，提供占位符对应的参数值
```

```java
        Cursor cursor = db.rawQuery(sql,
                new String[]{String.valueOf(albumId)});
        // 循环处理每一条记录,获取照片文件名,
        // 生成View组件,然后加入到线性布局组件
        while (cursor.moveToNext()) {
            String picture = cursor.getString(
                    cursor.getColumnIndex("picture"));
            String path = CommonUtils.PICTURE_PATH + picture;
            View view = getImageView(path);
            gallery.addView(view);
        }
        // 关闭游标、数据库
        cursor.close();
        db.close();
    }
    /**
     * 根据传入的照片文件名,动态生成View组件
     */
    private View getImageView(final String path) {
        int width = dip2px(80);
        int height = dip2px(80);
        // 从照片解码80x80的缩略图
        Bitmap bitmap = CommonUtils.decodeBitmapFromFile(
                path, width, height);
        // 创建ImageView组件代表照片缩略图,
        ImageView imageView = new ImageView(this);
        // 设定ImageView的大小、缩放形式和显示图像
        imageView.setLayoutParams(new LayoutParams(width, height));
        imageView.setScaleType(ImageView.ScaleType.CENTER_CROP);
        imageView.setImageBitmap(bitmap);
        // 将ImageView加入到LinearLayout中
        final LinearLayout layout = new LinearLayout(this);
        // 设定LinearLayout的大小、重心和右侧空白边距
        layout.setLayoutParams(new LayoutParams(width, height));
        layout.setGravity(Gravity.CENTER);
        layout.setPadding(0, 0, dip2px(5), 0);
        layout.addView(imageView);
        // 单击缩略图则显示对应的照片
        layout.setOnClickListener(new OnClickListener() {
            @Override
```

```java
            public void onClick(View v) {
                int w = pictureView.getWidth();
                int h = pictureView.getHeight();
                Bitmap picture = CommonUtils
                        .decodeBitmapFromFile(path, w, h);
                pictureView.setScaleType(
                        ImageView.ScaleType.CENTER_CROP);
                pictureView.setImageBitmap(picture);
            }
        });
        return layout;
    }
    /**
     * 将 dp/dip 为单位的长度转换为 px 绝对像素值
     */
    private int dip2px(float dip) {
        final float scale =
                getResources().getDisplayMetrics().density;
        return (int) (dip * scale + 0.5f);
    }
}
```

（5）修改 MainActivity 类中 onOptionsItemSelected()方法的代码，实现主界面相册菜单的功能，主要是调用 GalleryActivity 浏览指定相册的照片或全部照片。

```java
public boolean onOptionsItemSelected(MenuItem item) {
    // 菜单项的单击事件响应处理
    switch (item.getItemId()) {
    case R.id.menu_item_gallery:
        int albumId = -1;
        // 如果选中了数据行，则得到对应相册的 id。注意，
        // seledRowIndex 是 ListView 的数据行号，不是相册 id
        if (seledRowIndex != -1) {
            RowInfoBean bean = photoList.get(seledRowIndex);
            albumId = bean.id;
        }
        // 启动相册浏览，同时将相册 id 传递过去
        Intent intent = new Intent(this, GalleryActivity.class);
        intent.putExtra("album_id", albumId);
        startActivity(intent);
        break;
    case R.id.menu_item_add:
```

```
            ...
        }
        return super.onOptionsItemSelected(item);
    }
```

GalleryActivity 必须在 AndroidMenifest.xml 中进行配置才能使用，然后保存以上所有修改，运行程序，最终效果如图 7.42 所示。

图 7.42　图库浏览运行效果

7.9　知识拓展

7.9.1　GoogleMap

在 Android SDK 中附带了一套用来开发基于 Google 地图的 Google Maps Android API，目前推荐的版本是 V2，以前的 V1 版本已经被废弃了。尽管早期使用 V1 版本的地图应用仍可使用地图服务，但 Google 已也不再提供 V1 版本 API_KEY 的申请服务。Google Maps Android APIV2 的开发需要 Google Play Services 支持，所以必须确保在 Android SDK Manager 中将 Google Play Services 开发包下载到系统上。

新的 Google Maps Android API v2 允许创建颇具特色的交互式地图应用，这个版本提供了以下几项特性。

（1）Google Maps Android API v2 被包含在 Google Play Services SDK 中，可以直接在 AndroidSDK Manager 中下载到该 API 包。

（2）地图被封装到一个名为 MapFragment 的类中，它是一个 Fragment 类的扩展，对于复杂的 Activity 可以将地图直接加入其中，就像普通的 Fragment 一样。使用 MapFragment 对象，可以在手机这样的小屏幕设备上显示地图，也可以在平板计算机之类的大屏设备上构造复杂的包含地图的界面。

（3）因为地图是封装在 MapFragment 类中的，它允许在标准 Activity 中使用，不要求像 V1 版本的地图那样要求应用程序继承 MapActivity 类。

（4）新的地图 API 充分使用了矢量图形元素，因此需要携带的数据量更少，渲染效果也更快，对网络的要求则更低。

（5）完善了缓存机制，用户即使在离线状态下也可以看到缓存的地图数据，而不是只显示一块空白。

（6）新的地图已经支持 3D 场景，因此用户可以以不同的角度来观察地图，操作上更加逼真。有关 Google Maps API V2 的 API_KEY 申请过程在前面的项目开发中已有完整的说明，这里不再赘述。除此之外，还应在 AndroidMenifest.xml 文件中声明所需权限。

```
<!-- 权限声明：联网、网络状态检测、地图缓存、定位等 -->
<uses-permission android:name="android.permission.INTERNET" />
<uses-permission android:name=
        "android.permission.ACCESS_NETWORK_STATE" />
<uses-permission android:name=
        "android.permission.WRITE_EXTERNAL_STORAGE" />
<uses-permission android:name=
        "com.google.android.providers.gsf.permission.READ_GSERVICES" />
<uses-permission android:name=
        "android.permission.ACCESS_COARSE_LOCATION" />
<uses-permission android:name=
        "android.permission.ACCESS_FINE_LOCATION" />
```

为了在应用程序界面显示地图，需要在对应的界面布局文件中添加如下所示的 Fragment 元素。

```
<fragment
    android:id="@+id/map"
    android:layout_width="match_parent"
    android:layout_height="match_parent"
    class="com.google.android.gms.maps.SupportMapFragment"
    android:name="com.google.android.gms.maps.MapFragment" />
```

这里设定了地图组件的 android:name 属性，同时还指定了地图组件对应的 class 实现类。换句话说，应用程序在执行时需要根据这个实现类才能创建地图组件。

在开发地图应用过程中，常用的几个组件分别是 MapFragment、GoogleMap、Marker 和 Polyline 等几个类。其中，MapFragment 是用来代替 V1 版本中的 MapActivity，使得普通的 Android 应用程序也能够使用 Google 地图；GoogleMap 则是渲染地图数据的核心组件，还可通过 GoogleMap 设定地图显示的各种属性；Marker 则允许在地图界面上添加"地标"，设定地标的行为（如单击事件响应）等；Polyline 可以将地图上的若干个地标显示为一条连接折线，相当于地标的轨迹。

要在代码中获取 GoogleMap 组件，只要调用 MapFragment 组件的 getMap()方法即可，代码如下。

```
SupportMapFragment fm = (SupportMapFragment)
            getSupportFragmentManager().findFragmentById(R.id.map);
GoogleMap gmap = fm.getMap();
```

GoogleMap 组件即是地图对象，通过它可以改变地图的各种属性。比如，设置地图的类型、缩放控制、是否显示当前位置和地图观察点镜头等。代码示例如下。

```
// 设置地图类型
gmap.setMapType(GoogleMap.MAP_TYPE_HYBRID);
// 设置地图上显示缩放控制
gmap.getUiSettings().setZoomControlsEnabled(true);
// 设置显示"我的位置"控制按钮
gmap.setMyLocationEnabled(true);
// 将地图观察点镜头移至某个经纬度位置，10 代表地图缩放比例
gmap.moveCamera(CameraUpdateFactory.newLatLngZoom(latLng, 10));
```

GoogleMap 组件共包含 4 种不同的地图类型，它们分别是 MAP_TYPE_NORMAL（普通地图）、MAP_TYPE_SATELLITE （卫星地图）、MAP_TYPE_HYBRID （混合地图）和 MAP_TYPE_TERRAIN （地形地图），如图 7.43 所示。当然还可以设置其类型为 MAP_TYPE_NONE，这样在地图上将不显示任何东西。

图 7.43 Google 地图的几种显示类型

GoogleMap 组件还允许响应地图单击、地图长按、地标单击、地标拖动和信息窗口单击等事件，对应的方法分别为 setOnMapClickListener()、setOnMapLongClickListener()、setOnMarkerClickListener()、setOnMarkerDragListener()和 setOnInfoWindowClickListener()，可以根据实际需要实现相应的接口方法。

Marker 组件代表地图上的一个图标标识，也就是所谓的地标。要在地图上添加地标，只需通过创建 MarkOptions 对象并设置该对象的各种属性，然后将其加入到 GoogleMap 组件即可，示例代码如下。

```
// 设置地标的标题、位置、图标和是否可拖动属性、信息窗口显示内容
MarkerOptions mo = new MarkerOptions();
mo.title("地标名字");
mo.position(new LatLng(latitude, longitude);
mo.icon(BitmapDescriptorFactory.fromBitmap(bmp));
mo.draggable(false);
mo.snippet("地标描述内容");
```

```
// 将 MarkerOptions 加入到地图组件，返回一个地标对象
Marker marker = gmap.addMarker(mo);
```

值得注意的是，GoogleMap 组件的 addMarker()方法需要一个 MarkOptions 类型的对象作为参数，成功添加后才返回一个 Mark 地标对象，这一点与想象的有点不大一样。

地标 Marker 单击时，默认会显示一个称为 Info Windows 的信息窗口，可以通过 GoogleMap 组件的 setInfoWindowAdapter(InfoWindowAdapter) 方法来自定义想要的信息窗口。InfoWindowAdapter 接口有两个方法需要实现，即 getInfoWindow(Marker) 和 getInfoContents(Marker)。当单击地标信息窗口时，GoogleMap 组件会先调用 getInfoWindow(Marker)方法，如果返回 null 则继续调用 getInfoContents(Marker)方法，如果仍然返回 null 的话，最后就显示默认样式的信息窗口。此外，信息窗口与地标一样也可以响应单击事件。

有关 Google Maps Android API v2 的更多开发资料请参考 Android 官方站点，网址为 "https://developers.google.com/maps/documentation/android/"

7.9.2 Camera

在 Android 平台上进行与相机有关的开发，有两种途径：一是借助 Intent 和 MediaStroe 调用系统自带的相机应用来实现拍照功能，二是使用 Android SDK 提供的 Camera API 来定制拍照功能。使用 Android 系统自带的相机应用可以很简单地完成拍照功能，就像在 ColorCard 色卡项目所做的那样。考虑到系统自带的相机应用是一个独立 Activity，如果希望在应用程序自身界面嵌入一个 Camera，比如设计二维码识别或其他图像采集之类的应用，那么调用系统自带相机完成取景就不大合适了。此时应该使用 Android SDK 提供的 Camera 组件来辅助实现所需功能，从而获得更高的自由度和灵活性。

Android 的 Camera 组件主要包含取景（Preview）和拍摄（Take Picture）两大功能，对应的类是 android.hardware.Camera。在使用 Camera 拍照之前，需要在项目的 AndroidManifest.xml 文件中声明使用相机的权限，同时还设定相机的自动对焦、GPS 信息保存等特性，配置信息如下。

```
<!-- 权限声明：相机 -->
<uses-permission android:name="android.permission.CAMERA" />
<!-- 相机参数：相机拍照、自动聚焦和定位 -->
<uses-feature android:name="android.hardware.camera" />
<uses-feature android:name="android.hardware.camera.autofocus" />
<uses-feature android:name="android.hardware.location.gps" />
```

Camera 组件不能像 Button 那样直接添加到界面布局中，它需要"关联"到 SurfaceView 中的 Surface（相当于显存）。为了控制 Camera 相机的初始化、启动取景和停止取景等，一般都应提供一个实现 SurfaceHolder.Callback 接口的对象。SurfaceHolder.Callback 接口包括以下 3 个方法。

（1）public void surfaceCreated(SurfaceHolder holder)。

（2）public void surfaceChanged(SurfaceHolder holder, int format, int width, int height)。

（3）public void surfaceDestroyed(SurfaceHolder holder)。

这3个接口方法对应的是 Surface 的生命周期，即创建、尺寸变化（比如横、竖屏切换等）和销毁这3个阶段。在 surfaceCreated()方法中主要做的是调用 Camera.open()方法初始化相机，通过 SurfaceHolder 对象设置承载取景画面的 Surface。surfaceChanged()方法的执行发生在 SurfaceView 变化时，当 SurfaceView 被创建时也要经过这个阶段，就像在拼图游戏中的 onSizeChanged()方法那样。为避免重复，Camera 组件的大部分参数设置工作都在这个方法中进行，如预览尺寸、横竖屏设置、取景内存缓冲区和取景回调接口等，具体代码可以参考本单元项目 CameraSurfaceView 类的定义。

对于 Camera 组件的拍照，因为相机镜头聚焦需要一个过程，因此在调用 autoFocus()方法是应设定一个 AutoFocusCallback 接口对象的参数。当相机聚焦成功后，再通过 takePicture()方法可进行拍照处理。同样，takePicture()方法也需要提供一个 PictureCallback 接口对象作为方法的参数，Camera 组件会将拍下来的照片图像数据传递给这个接口对象的 onPictureTaken()方法，即：

```
public void onPictureTaken(byte[] data, Camera camera)
```

其中，第一个 byte[]类型的参数 data 就是 Camera 拍照生成的图像数据，它是一个二进制的字节数组，使用 BitmapFactory.decodeByteArray()方法对其解码就能得到最终图像，也即 Bitmap 对象。有了这个 Bitmap 对象，后续还就可以做各种处理，如将图像显示到屏幕上，或者保存到存储卡。

由于 Camera 和 GoogleMap 组件都是使用 SurfaceView 实现的，此时在屏幕上会同时存在两个 SurfaceView，而每个 SurfaceView 其实都是完全独立的窗口。因此，为了不造成 Camera 取景画面被地图覆盖，在显示 Camera 取景画面时需调用 setZOrderOnTop()方法将其置顶，即 z-Order 的值为最大。

```
// 设置置顶显示，否则相机取景预览画面将被地图覆盖住显示不出来
cameraSurfaceView.setZOrderOnTop(true);
```

7.9.3 SharedPreferences

作为一个完整的 Android 应用程序，数据存储操作是必不可少的，从拼图游戏项目开始基本上都涉及了数据保存的工作。Android 系统主要提供了 4 种数据存储方式，它们分别是 SharePreference、SQLite、ContentProvider 和 File。除了最后一种 File 方式可以指定保存到外置存储卡上，Android 应用程序的数据被统一存放于系统内置存储卡的 "/data/data/<程序包名>"目录中。比如，本单元项目的数据保存路径如图 7.44 所示（需使用 Root Explorer 之类的应用程序才能打开这个目录，且要求系统已获取 ROOT 权限）。

图 7.44　SharePreference 保存的数据

SharedPreferences 是一种轻型的数据存储手段，它的本质是基于 XML 文件存储"key->value"这种键值对数据，所以主要用来存储一些简单的配置信息，存储位置位于"/data/data/<程序包名>/shared_prefs"目录下。SharedPreferences 本身只能获取数据，存储修改数据都是通过 Editor 对象来实现的。

使用 SharedPreferences 存储数据包括以下几个步骤。

（1）通过 Context 调用 getSharedPreferences()方法获取 SharedPreferences 对象。考虑到常用的 Activity 和 Service 都是 Context 类型的对象（Activity 和 Service 都是从 Context 继承而来的），所以做到这一点比较容易。但是，如果在非 Context 场合，则需要传递一个 Context 类型的参数。

```
SharedPreferences prefs =
        getSharedPreferences(PREFS_STR, MODE_PRIVATE);
```

其中，getSharedPreferences()方法的两个参数分别对应保存数据的 xml 文件的文件名和操作模式。操作模式的取值可以是 MODE_PRIVATE、MODE_WORLD_READABLE、MODE_WORLD_WRITEABLE 和 MODE_MULTI_PROCESS 当中的某一个，用以控制数据访问的权限。

（2）调用 SharedPreferences 对象的 edit()方法获取 Editor 对象。

```
SharedPreferences.Editor editor = prefs.edit();
```

（3）通过 Editor 对象存储"key->value"键值对数据，这里的 key 可以根据实际需要进行设定。也就是说，Editor 对象与 Java 中的 HashMap 功能是类似的。

```
editor.putString("PROGRESS", progress);
```

（4）通过 Editor 对象的 commit()方法提交数据。这一步不可缺少，只有这样保存到 SharedPreferences 中的数据才会被真正写到设备内置的存储卡中。

```
editor.commit();
```

要获取保存在 SharedPreferences 中的数据，只需简单调用 SharedPreferences 对象中的 getXXX()方法即可，例如：

```
SharedPreferences prefs =
        getSharedPreferences(PREFS_STR, MODE_PRIVATE);
String progress = prefs.getString("PROGRESS", "");
```

SharedPreferences 存储数据的方式简单方便，但也存在固有的缺陷。比如，只能存储 boolean/int/float/long/String 等几种简单的数据类型，无法进行条件查询等复杂的操作。如果数据量较大，并且希望有灵活的数据检索功能，应该使用像 SQLite 这样的数据库方式。

7.9.4 SQLite

SQLite 是一个专为嵌入式设备设计的轻量级数据库，它支持 SQL 语言，并且只利用很少的内存就有很好的性能。此外它还是开源的，任何人都可以使用它，许多著名的开源项目都使用了 SQLite，其中 Android 运行时环境就包含了完整的 SQLite 实现。SQLite 基本符合 SQL-92 标准，但不支持一些标准的 SQL 功能，如外键约束（FOREIGN KEY Constrains）、嵌套事务等。

SQLite 采用的是动态数据类型，会根据存入值自动判断和处理，它支持以下几种常用数据类型。

- NULL：代表空值，即不存在值
- VARCHAR(n)：长度不定但最大长度为 n 的字符串，且 n 在 4000 以内
- CHAR(n)：长度固定为 n 的字符串，n 在 254 以内
- INTEGER：整型数
- REAL：8 字节的 IEEE 标准浮点小数
- TEXT：文本字符串
- BLOB：二进制 BLOB 数据块，以输入的数据格式进行存储
- DATA：日期类型，包含了年、月、日
- TIME：时间类型，包含小时、分、秒

Android 为 SQLite 的开发提供了一个名为 SQLiteDatabase 的类，封装了一些用来操作数据库表和记录的 API，这些 API 可以创建或删除表，也可以像普通数据库那样进行增、删、改、查操作。SQLiteDatabase 是一个数据库对象，它不仅支持执行 SQL 语句，还提供了一些操作数据库的直接方法。下面是 SQLite 数据库的几个常用 API。

1．打开或创建数据库

```
public SQLiteDatabase openOrCreateDatabase(String name, int mode,
        SQLiteDatabase.CursorFactory factory)
```

该方法的 name 参数是数据库的名字；mode 参数是指打开数据库的模式，共有 MODE_PRIVATE、MODE_WORLD_READABLE 和 MODE_WORLD_WRITEABLE 等几种，与 SharedPreferences 是类似的；factory 参数是一个可选的用来实例化游标的工厂类对象，一般设为 null 即可。

2．执行 SQL 语句

```
public void execSQL(String sql)
public void execSQL(String sql, Object[] bindArgs)
public Cursor rawQuery(String sql, String[] selectionArgs)
```

这几个方法都可以用来执行标准的 SQL 语句，并且支持 SQL 语句中使用"?"占位符。其中，sql 参数是将要执行的 SQL 语句字符串；bindArgs 和 selectionArgs 都是用来替换 SQL 语句中"?"占位符的值数组，SQL 语句中有几个占位符则 bindArgs 和 selectionArgs 数组里面就应该包含几个元素值。最终执行 SQL 语句时，"?"占位符将被替换为具体的值。

3．查询结果集的循环处理

查询出来的结果集处理流程形式如下。

```
Cursor cursor = db.rawQuery(sql, null);
while(cursor.moveToNext()) {
    // 每次循环只处理一条记录的每个字段
    int id = cursor.getInt(cursor.getColumnIndex("_id"));
    String name = cursor.getString(cursor.getColumnIndex("name"));
    ...
}
cursor.close();
```

4．关闭数据库

```
public void close()
```

这个方法用来关闭当前打开的数据库，不需任何参数。

通过上述 API，只要给定特定数据操作的 SQL 语句，便可完成各种数据处理任务。前面说过，SQLiteDatabase 类还提供了若干 API 来直接操作数据，使用这些 API 时不需要构造 SQL 语句字符串，它们包括如下内容。

```
public long insert(Sting table,String nullColumnHack,
                   ContentValues values)
public int delete(String table,String whereClause,String[] whereArgs)
public int update(String table,ContentValues values,
                  String whereClause,String[] whereArgs)
public Cursor query(String table,String[] columns,String selection,
                    String[] selectionArgs,String groupBy,
                    String having,String orderBy)
public void close()
```

以上 5 个方法对应数据库记录的增、删、改、查和关闭数据库等几种操作，这里仅举一例予以说明，其他方法请参考它们的 API 文档。

```
// 以下代码与SQL 插入语句等效:
// insert into user(name,passwd) values('abc', '123')
ContentValues vals = new ContentValues();
vals.put("name", "abc");
vals.put("passwd", "123");
db.insert("user" "_id", vals);


// 以下代码与SQL 删除语句等效:
// delete from user where age>'18'
db.delete('user', 'age>?', new String[]{'18'});
```

7.9.5 ContentProvider

如前所述，Android 应用程序的数据被统一存放于系统内置存储卡的 "/data/data/<程序包名>" 目录中，因此默认情况下这些数据都是应用程序自身私有的。但是如果希望在多个应用程序之间共享数据，更合适的方式应该是使用 Android 提供的 ContentProvider 机制来实现。尽管在使用 SharedPrefereces 或 SQLite 保存数据时，也可以指定操作模式为 MODE_WORLD_READABLE 或 MODE_WORLD_WRITEABLE，从而将数据暴露给外部应用共享，但这种数据共享会因当前应用存储数据的手段不同而不同。举例来说，假如当前应用程序最先使用 SharedPrefereces 保存数据，后来因为某些原因改为 SQLite 方式存储，此时，第三方应用程序如果仍旧要访问这些数据的话，就必须跟着调整为 SQLite 方式访问，从而导致共享数据的访问方式无法统一，而 ContentProvider 的引入正是为了解决这样的问题。

ContentProvider 在 Android 中的作用是对外共享数据，就像每个国家都有一个专门负责外交之类的部门。不过有一点需要注意，ContentProvider 本身并不真正保存数据，它仍要依赖其它底层具体的数据存储手段，如 SQLite 等，所以，从这个意义上看，它更像是底层数据访问的一个"公共窗口"。通过 ContentProvider 这个统一的窗口把应用中的数据共享给其他应用访问，其他应用就可以根据 ContentProvider 对当前应用中的数据进行增、删、改、查操作。

作为四大组件之一，ContentProvider 的目的是提供一种统一的数据访问途径，它与 Activity/Service/BroadcastReceiver 这三大组件的工作机制有所不同，也就是说它不是为了实现应用程序逻辑功能而设计的。以手机通讯录数据为例，无论使用的是什么联系人管理程序，系统中的联系人数据应该只有一份，这就涉及在不同应用程序之间共享同一份数据的问题，因此就要用到 ContentProvider 机制。

ContentProvider 提供了诸如 insert()、delete()、query()和 update()之类的方法，用于实现对共享数据的存取操作。为此，每个 ContentProvider 需要对外暴露一个公共的 URI 字符串，就像平常接触到的网页地址的作用一样，其他应用程序正是通过这个 URI 来访问当前应用的数据。

实现一个具体的 ContentProvider，需要遵循以下 3 个步骤。

（1）定义一个继承 ContentProvider 的类。

（2）在 AndroidManifest.xml 配置文件中注册这个自定义的 ContentProvider，同时声明一个对外暴露该 ContentProvider 的 URI 标识。

（3）其他应用程序通过 URI 标识来获取 ContentProvider，从而访问提供的数据。

在这里，URI 代表一个通用资源标志符，它类似于常用的网站链接，如"content://com.test.data.myprovider/book/6"。一个完整的 URI 由以下 4 部分组成。

（1）标准前缀，如"content://"、"tel://"等。当前缀为"content://"时，说明是要访问 ContentProvider 提供的数据。

（2）标识，以确定是由哪个 ContentProvider 提供数据。URI 的名字为小写字母，如 com.test.data.myprovider，且应保证其唯一性。

（3）访问路径，可以将其理解为数据库中表的名字，如上面举例中的 book。

（4）ID，如 book 后面的数字 6，这是一个可选项。如果 URI 中包含目标数据的 ID，则返回该 ID 对应的数据，否则就返回全部数据。

下面，以一个简单的示例来说明如何对外暴露一个 ContentProvider 以向外部提供数据。假如在应用程序 A 中定义了一个继承 ContentProvider 的 MyProvider 类，并重写其中的若干方法，代码如下。

```java
public class MyProvider extends ContentProvider {
    @Override
    public boolean onCreate() {
        // 在 Create 中初始化一个数据库和一张表，并插入一条测试数据
        SQLiteDatabase db = getContext().openOrCreateDatabase(
                "test.db",Context.MODE_PRIVATE, null);
        db.execSQL("create table book(" +
                "_id INTEGER PRIMARY KEY AUTOINCREMENT" +
                ", name TEXT NOT NULL)");
        ContentValues values = new ContentValues();
        values.put("name", "android develop");
        db.insert("book", "_id", values);
```

```java
            db.close();
            return true;
        }
        @Override
        public String getType(Uri uri) {
            // 返回 URI 对应的 MIME 数据类型
            return null;
        }
        @Override
        public Uri insert(Uri uri, ContentValues values) {
            // 插入新数据
            return null;
        }
        @Override
        public int delete(Uri uri, String selection,
                    String[] selectionArgs) {
            // 删除一条数据
            return 0;
        }
        @Override
        public int update(Uri uri, ContentValues values,
                    String selection, String[] selectionArgs) {
            // 修改现有数据的内容
            return 0;
        }
        @Override
        public Cursor query(Uri uri, String[] projection, String
            selection, String[] selectionArgs, String sortOrder) {
            // 向外提供数据查询，为简化起见没有对 URI 做任何解析工作
            SQLiteDatabase db = getContext().openOrCreateDatabase(
                    "test.db", Context.MODE_PRIVATE, null);
            Cursor c = db.query("book",
                    null, null, null, null, null, null);
            return c;
        }
    }
```

在 MyProvider 类中，总共实现了六个方法，其中 onCreate()是在 ContentProvider 被其他应用第一次访问时执行的，这里为了测试的目的只是添加一条测试数据，getType()方法用于返回当前 Uri 所代表数据的 MIME 类型，其他四个方法分别对应数据的增、删、改、查操作。从这里也可看出，SQLite 是 ContentProvider 提供底层存储数据的一种理想手段，因为增、删、

改、查操作都是和数据库操作直接对应的，包括它们的调用参数的类型也是如此。当然，为简单起见，这里并没有具体实现getType()、insert()、delete()和update()等几个方法的代码。

接下来在应用程序 A 的 AndroidManifest.xml 文件中声明 ContentProvider，其中的 authorities 属性就是对外暴露 ContentProvider 的 URI 标识，因此需要保证其唯一性。

```
<application
    ...
    <activity …> ... </activity>
    <provider
        android:name="mytest.MyProvider"
        android:authorities="com.test.data.myprovider" />
</application>
```

当另一个应用程序 B 需要通过 ContentProvider 获取程序 A 对外暴露的数据时，可以这样做：

```
// 获取Context, Activity 和 Service 都是 Context 对象
Context ctx = MainActivity.this;
// 借助ContentResolver 对象来访问ContentProvider
ContentResolver resolver = ctx.getContentResolver();
// 获取 Uri 对象，参数是 ContentProvider 访问标识
Uri uri = Uri.parse("content://com.test.data.myprovider");
// 根据 URI 获取 ContentProvider 提供的数据
Cursor cursor = resolver.query(uri, null, null, null, null);
cursor.moveToFirst();
for(int i=0; i<cursor.getCount(); i++){
    int index = cursor.getColumnIndexOrThrow("name");
    Log.d("my content provider", cursor.getString(index));
    cursor.moveToNext();
}
```

以上就是 ContentProvider 的基本使用步骤。由此可见，这种存储方式相比单纯的 SharedPreferences 或 SQLite 访问，其复杂性是显而易见的，但是 ContentProvider 存储机制仍是必不可少的，特别是在当今网络环境应用越来越广泛的场合。

7.9.6 Intent

在 Android 应用中，无论是 Activity/Service/BroadcastReceiver/ContentProvider 中的哪一类组件，它们在系统中都是完全独立的。其中，Activity/Service/BroadcastReceiver 是用来实现程序逻辑功能的，它们之间可以相互调用、协调工作。ContentProvider 只是为了数据的共享，其性质和 Activity/Service/BroadcastReceiver 这三者完全不一样。Activity、Service、BroadcastReceiver、ContentProvider 共同构成一个应用程序的组成部分。

在 Android，一个应用程序包含的各种组件并不要求都是来自同一个 apk 安装包，可以是来自系统已安装的其他 apk 软件包中的组件。那么，到底什么是组件呢？所谓组件，最直接的理解就是 Android 应用程序的组成部分，一个 Android 应用程序通常要包含若干个组件，就

像一辆汽车要包含很多零部件一样。不过，这里的组件概念更为宽泛，并不是一般意义上所说的按钮、下拉框之类的控件，而是一种抽象意义上的"软件单元"。既然 Android 应用是由组件构成的，此时 Acivity、Service、BroadcastReceiver 和 ContentProvider 这四大组件实际上就变成了 Android 平台上的"积木块"。当安装一个.apk 软件包到 Android 平台时，相当于往 Android 平台上安放了几个积木块，这就是 Android 所谓"组件"的理解，也是为什么每个 Android 项目中创建的 Acivity、Service、BroadcastReceiver 和 ContentProvider 类后必须在 AndroidManifest.xml 预先配置才能被系统识别。因为 apk 包在安装时，Android 正是借助 AndroidManifest.xml 中的配置信息来注册这些组件的，它掌握了所有安装到 Android 平台中的组件的信息，无论这个组件是来自哪个 apk 软件包。Android 组件模型原理如图 7.45 所示。

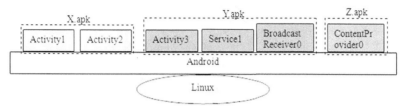

图 7.45　Android 组件模型

　　Android 应用是由各种组件构成的，但一般情况下，组件之间并不能直接打交道，也就是说不能在 Activity1 中直接创建一个 Activity2 的对象并启动它显示在屏幕上。Android 组件之间的调用必须依靠 Intent 来协助，因为只有 Android 系统才掌握组件的一切。

　　Intent 翻译成中文就是"意图"，它表达的含义也很直接，说明它充当的是一个传话筒的角色，相当于一个负责"带话"的信使。Intent 负责对应用中一次操作的动作（Action）、动作涉及的数据（Data）、附加数据（Extras）等进行描述，Android 收到 Intent 请求后，会根据此 Intent 中携带的信息，负责找到所要的目标组件，然后再将此 Intent 转交给该组件，从而完成一次组件的调用工作。因此，Intent 只是起到一个媒介作用，负责提供组件之间调用所需的信息，从而实现调用者与被调用者之间的"解耦"（即不直接相互依赖），各组件之间保持高度的独立性。Intent 的工作原理如图 7.46 所示。

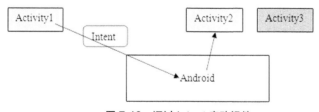

图 7.46　通过 Intent 启动组件

　　在 Android SDK 参考文档中，对 Intent 的定义是"执行某次操作的一个抽象描述"，它包含以下几个属性。

　　（1）待执行动作的 action 描述，如 ACTION_VIEW、ACTION_EDIT 等，以表达查看和修改的意图。Android 提供了一套标准 action 定义，包括 ACTION_MAIN、ACTION_VIEW、ACTION_EDIT 和 ACTION_PICK 等，它们都是一些常量字符串，比如 ACTION_VIEW 对应的字符串值为"android.intent.action.VIEW"。当然，可以根据实际需要来定义自己的 action 描述，然后提供对应 Activity 组件来具体处理这个自定义的动作描述即可。

（2）提供给待执行动作的 data 数据。Android 使用一个 URI 来表示具体数据，如在联系人应用中，指向某联系人的 URI 可能为"content://contacts/1"，通过这个 URI 可以找到最终的数据。

（3）Intent 的 category，是提供给被执行动作的附加类别信息。例如，CATEGORY_LAUNCHER 表示 Intent 的接收者应该在 Android 的 Launcher 启动器中作为顶级应用出现。

（4）Intent 的 type，以显式方式指明 Intent 的 MIME 数据类型。一般 Intent 的数据类型能够根据数据内容来判定，但通过设置这个属性，可以强制采用指定的显式类型而不再进行推导。

（5）Intent 的 component，指定 Intent 的目标组件的类名称。通常 Android 会根据 Intent 中携带的其他属性信息，如 action、data、type 或 category 进行查找，直到找到一个与之匹配的目标组件。但是，如果明确指定了 component 这个属性的话，Intent 将直接使用这个指定的组件，而不再执行上述查找过程。如果指定了 component 属性，Intent 的其他所有属性都是可选的。

（6）Intent 的 extras 附加信息，是其他所有附加信息的集合。使用 extras 属性可以为组件提供更多的扩展信息。比如，如果执行"发送电子邮件"这个动作，可以将电子邮件的标题、正文等保存到 Intent 的 extras 属性中传递给负责电子邮件发送的组件。

上述 6 个属性中，action 和 data 属性对 Intent 来说是最重要的。Intent 的 action、data、type、category、component 和 extras 一起作为几个关键语素构成了一种简单的"语言系统"，从而完整表达 Intent 体现出来的"真正意图"。

那么，Android 是如何具体解析 Intent 从而了解调用者的真实"意图"呢？组件要向 Android 系统表达调用意图，存在两种方式，一种是"显式 Intent"调用，另一种则是"隐式 Intent"调用。为了简要说明他们的特点，下面以示例代码来分别阐述"显式 Intent"和"隐式 Intent"的区别，以便更好地理解它们。

```
// 显式 Intent 情形 1
intent = new Intent(MainActivity.this, MapViewActivity.class);
startActivity (intent);
// 显式 Intent 情形 2
intent = new Intent();
intent.setClass(MainActivity.this, MapViewActivity.class);
// 显式 Intent 情形 3
startActivity(intent);
intent = new Intent();
intent.setComponent(new ComponentName("mytest.mapphotos",
                    "mytest.mapphotos.MapViewActivity"));
startActivity(intent);
```

上面三个代码段的作用是相同的，都是启动 MapViewActivity 组件，其中第一、二两种情形是完全等价的，只是前者利用 Intent 构造方法传入两个参数，省略了 setClass()方法的调用。在这里，直接设置了 Intent 中的 component 属性，这个属性是通过调用 setClass(Context, Class)方法或 setComponent(ComponentName)方法来指定的，以此为依据通知系统启动 MapViewActivity 组件。因此，这种 Intent 被称之为"显式 Intent"。

再如下面的代码片段：
```
Intent intent = new Intent();
// 设定 action 属性。ACTION_VIEW 值为：android.intent.action.VIEW
intent.setAction(Intent.ACTION_VIEW);
// 设定 data 和 type 属性
intent.setDataAndType(Uri.fromFile(file), "image/*");
startActivity(intent);
```

这段代码中的 Intent 与前面的显式 Intent 明显不同，从代码中看不出要启动的到底是哪个组件，因为没有指定 comonent 属性，这就是所谓的"隐式 Intent"。不过，由于这里的 Intent 已经包含了足够的信息，系统可以判断出调用者的"真实意图"是什么，根据 Intent 中的信息在所有可用组件中找到满足此 Intent 的组件，然后启动它。因为相册 Activity 已经在系统中注册了此 IntentFilter，故相册应用将被启动起来显示图片。

对于显式 Intent，Android 系统不需要做额外的解析，要启动的目标组件已经很明确了。Android 需要解析的是那些隐式 Intent，通过解析这种 Intent 本身携带的信息，从而将 Intent 传递给能够处理此"意图"的 Activity、BroadcastReceiver 或 Service 组件。Android 在解析隐式 Intent 时，是通过查找在 AndroidManifest.xml 中注册的所有 Intent 和其中的 IntentFilter，最终找到所匹配的组件。在这个解析过程中，Android 要通过 action、type、category 这三个属性来判断。

以 MainActivity 组件的启动为例，来看一下 Android 是如何利用 Intent 来启动目标组件并显示界面的。以下是地图相册应用中的配置文件部分内容。

```xml
<activity
    android:name="mytest.mapphotos.MainActivity"
    android:label="@string/app_name" >
    <intent-filter>
        <action android:name="android.intent.action.MAIN" />
        <category android:name="android.intent.category.LAUNCHER" />
    </intent-filter>
</activity>
```

当单击系统应用程序列表中的"地图相册"图标时，系统会在当前应用的 IntentFilter 中查找 action 属性为 android.intent.action.MAIN 且 category 属性为 android.intent.category.LAUNCHER 这两者同时匹配的组件。在新建 Android 项目时，因为 ADT 已自动在 AndroidManifest.xml 配置文件中为组件 mytest.mapphotos.MainActivity 添加了符合这两个条件的 IntentFilter，所以 Android 就启动 MainActivity 组件，也就是应用程序启动出现的界面。

最后，简要说明一下 Intent 中 FLAG 的作用。Intent 中定义了 20 多种 FLAG，在启动 Activity 时可灵活设置 Intent 的 FLAG 参数，从而影响目标 Activity 在任务栈中的行为。仅举一例，假定 A、B、C、D 都是某应用的 Activity，其中 A 是启动的初始 Activity，然后从 A 依次启动到 B、C、D。当希望从 D 回到 A 时，简单的做法是按下 3 次<Back>键。实际上，也可以在 D 中使用 Intent 的 FLAG 参数来从 D 直达 A，即 B、C、D 这 3 个 Activity 自动被清除出任务栈，A 上升为栈顶从而在屏幕上显示，如下面阴影部分代码所示。

```
Intent intent = new Intent(this, A.class);
```

```
intent.addFlags(Intent.FLAG_ACTIVITY_CLEAR_TOP |
                Intent.FLAG_ACTIVITY_SINGLE_TOP);
startActivity(intent);
```

7.9.7 Context

在 Android 应用程序开发时，还有一个经常用到的 Context 概念，即"上下文"。这个 Context 就像一只无形的手，很多类和方法的调用都需要借助 Context，通过它才可以访问当前包的资源（如 getResources()、getAssets()等），也能启动其他 Activity、Service、BroadcastReceiver 组件，还可以得到各种系统服务（如 getSystemService()等）。从这里可以看出，Context 实际上是提供了应用程序的运行环境，只有在 Context 这个大环境里，各个组件才可以访问资源，才能完成和其他组件、服务的交互。

首先看一下 Context 与 Application、Service、Activity 等几个常用类之间的关系，如图 7.47 所示。

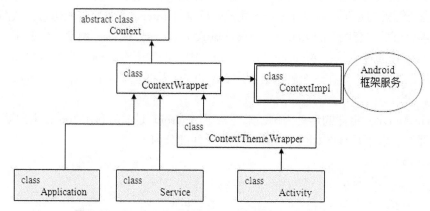

图 7.47　Context/Activity/Service/Application 之间的关系

最上面的 Context 是一个抽象类，下面的 Application、Service、Activity 类都间接继承了 Context 这个抽象类。ContextWrapper 类是 Context 抽象类的实现者，但它实际上只是一个 Context 抽象类所要求功能的一个"封装"（因为抽象类中有抽象方法，子类就必须提供抽象方法的实现代码），但真正提供具体功能代码的实际上是 ContextImpl 类，因此 ContextImpl 类才是那只真正伸向 Android 核心框架服务的手，Application、Service、Activity 类正是借助 ContextWrapper 间接将触手伸向 Android 核心框架服务。比如，向 Android 要求获取应用程序的资源文件，用到的 getResource()方法就是通过 ContextWrapper 调用 ContexImpl 的具体方法来得到的。

因为 Activity、Service 类都继承了 ContextWrapper，换句话说 Activity 和 Service 组件都是"上下文"，都具备获取系统资源的能力。对于 Application，这是一个应用对象，Acivity、Service、BroadcastReceiver 和 ContentProvider 这四大组件必须在<application>应用对象内部声明才能被 Android 系统所接受。在 Activity 和 Service 中要获得这个 Application 对象，可以通过调用 getApplication()得到，此外还可以通过调用 getApplicationContext()得到这个 Application 对象，因为 Application 对象也同样代表一个 Context。

值得注意的是，尽管 Acivity、Service 和 Application 都是继承自 Context，都有访问系统资源和服务的能力，都代表了应用程序的"上下文运行环境"，但它们并不是同一个对象，因为各个组件本身仍是独立的。

7.9.8 开发资源参考

得益于开放源代码和互联网的分享精神,在开发 Android 应用时有很多非常有价值的参考资源,这些资源为学习 Android 技术带来了巨大帮助。除了前面阐述的 Android SDK 附带的各种 Sample 样例项目(典型的如 ApiDemo、BluetoothChat、Snake 等),在 ADT 中创建 Android Sample Project 类型的项目时就可以看到全部 Sample 样例项目列表。Android 官方站点也提供了学习 Android 技术的各种教程和技术文档,如 Training、API Guide、Reference、Tool 和 Google Services 等。另外,在 Android 应用 UI 设计方面,Google Android 官方站点还专门提供了 Android Design 指南。所以,应该充分利用好这些宝贵的技术资源。

在国内,ITEYE、CSDN 等站点是流行的 IT 技术社区,每天都会提供最新 IT 技术资讯,很多热心网友在其上写技术博客文章,回答论坛问题等。在国外,StackOverflow 是一个专注技术问答型的社区,来自全球的技术人员会在上面回答提出的各种技术问题,也可以查阅别人遇到的问题以供参考。

此外,著名的 GitHub 是一个用户遍及全球的项目代码仓库,主要提供基于 GIT 的版本托管服务。GitHub 于 2008 年上线,目前除了 Git 代码仓库托管及基本的 Web 管理界面以外,还提供了订阅、讨论组、文本渲染、在线文件编辑器、协作图谱(报表)、代码片段分享等功能。正因为这些功能所提供的便利加上长期积累,GitHub 的用户活跃度很高,在开源世界里享有很高的声望,甚至形成了所谓的社交化编程文化(Social Coding)。GitHub 允许免费创建不限数量的公开代码仓库,如果有其他要求的话也可以申请成为收费会员。GitHub 上包含了大量开源的项目库,其中与 Android 有关的资源如图 7.48 所示。

图 7.48　GitHub 开源项目库站点

下面,列举几个托管在 GitHub 上的 Android 应用开发经典共享库,可以根据实际需要将它们应用到实际项目中,以提高开发效率,避免重复开发。

1. SlidingMenu 和 MenuDrawer

SlidingMenu 和 MenuDrawer 都是类似于 Google 应用中非常流行的侧滑/抽屉菜单开发库,能够实现左右滑动的动态菜单效果,目前国内的网易、新浪和搜狐等新闻客户端都实现了侧滑菜单功能。如图 7.49 所示。

图 7.49　侧滑菜单项目

2．UrlImageViewHelper

UrlImageViewHelper 框架是一个异步的 HTTP 图像加载库，可实现 ImageView 组件直接显示网络图片的功能。使用时，只需给定图片对应的 URL，UrlImageViewHelper 会自动加载网络图片，并使用缓存技术将下载的图片显示到 Imageview 上，使开发者省去了图片加载处理的复杂过程，而不必关心网络图片加载及图片缩放和缓存问题。如图 7.50 所示。

图 7.50　UrlImageViewHelper 项目

3．Universal Image Loader for Android

Universal Image Loader for Android 的目的也是为了实现异步的网络图片加载、缓存及显示，它支持多线程异步加载，它最初来源于 Fedor Vlasov 的项目，后来经过大规模的重构和改进。如图 7.51 所示。

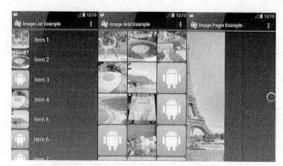

图 7.51　UniversalImageLoader 项目

4．Pull To Refresh for Android

Pull To Refresh for Android 是一个下拉刷新库，能够实现 ListView 组件的下拉自动刷新数据显示的功能，并且下拉时会有反弹的动画效果，如图 7.52 所示。

图 7.52　PullToRefresh 项目

5．libGDX

libGDX 是一个跨平台的 2D/3D 的游戏开发框架，它由 Java/C/C++ 语言编写而成，对商业使用和非商业使用均免费。代码托管于 Github 中，当前最新版本为 1.2.0，兼容 Android、Windows、Mac OSX/iOS、WebGL 等平台。libGDX 主要是用 Java 写的，其中也掺杂了一些 C/C++ 代码，主要是为了处理一些对性能要求很高的场合（如物理引擎或者音频处理等），但它已经把所有的本地代码通过 Java 封装好了。相对来说，libGDX 的效率优势还是很明显的，所以使用 libGDX 来开发 Android 平台上的游戏不失为一个很好的选择，如图 7.53 所示。

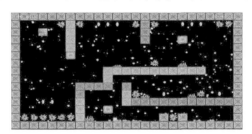

图 7.53　libGDX 编写的游戏项目

6．ActionBarSherlock

ActionBarSherlock 是一个独立的开发库，是对 Android Support Library 的一个扩展。ActionBarSherlock 通过一套 API 和主题，使得开发者可以在更多 Android 版本上使用 ActionBar 设计模式。在 Android 4.0 以上版本，ActionBarSherlock 自动使用本地 ActionBar 实现，在没有 ActionBar 功能的早期 Android 版本上则实现了一个自定义的 ActionBar，如图 7.54 所示。

图 7.54　ActionBarSherlock 项目

7.10 问题实践

1. 回顾最终完成的项目代码，仔细体会一下，看看自己从中学到了什么，并理一理与前面项目所涉及知识点的关联性。

2. 在 GalleryActivity 类中，getAllPicture()和 getAllPictureById()这两个方法的代码基本上都是一样的，请重构 GalleryActivity 的代码，将这两个方法整合成一个方法。

3. ActionBar 菜单中的"移除条目"默认情况下应该是禁用的，直到用户选中 ListView 中的某条相册数据行时才生效，请予以修改。

4. 当前 ActionBar 菜单中的删除条目、修改条目功能还没有实现完整，请添加相关代码，实现对数据库的同步修改。

5. 如何实现 ListView 数据行的多选功能，即多次长按不同的数据行能够实现多选功能，同时，当用户按下<Back>键时取消选定的行。

6. 目前，在单击相册条目右端的地图图标时才会进入到 MapViewActivity 地图界面，请修改为单击 ListView 中相册条目中的任一位置都能启动到地图界面。

7. 请将当前相册名称显示在 MapViewActivity 的顶部，如图 7.55 所示。

图 7.55

8. 在图库浏览部分，当单击 MapViewActivity 界面上的地标时，目前是通过调用系统自带的相册应用显示照片。请将其修改成用一个 Dialog 来显示当前地标对应的图片。

9. MapViewActivity 界面中显示的相机取景画面宽和高均固定为 200dp，请根据相机支持的取景画面宽度比例，动态调整预览画面的大小。

10. 相机取景画面在设计时被固定在界面底部，请修改代码，实现触摸单击取景画面时，可将取景画面移动至屏幕任意位置。

11. 请将相册浏览界面修改为类似于下面的界面显示（见图 7.56），即当前照片的底部缩略图要比其他照片缩略图更大一些，以达到突出显示的效果。

图 7.56

12. 请实现在地图拍照时，如果当前到了某个关注点位置的附近，应用程序会给出一个 Toast 提示信息。

13. 请修改手机防盗器项目，手机发送的地址信息不是发到邮箱中，而是发到某个服务器上。然后再编写一个客户端程序，从服务器上获取丢失手机的地理位置，然后在地图上显示出来。